“十三五”普通高等教育规划教材

数理统计

主　编　王慧丽

中国财经出版传媒集团
中国财政经济出版社

图书在版编目（CIP）数据

数理统计／王慧丽主编. --北京：中国财政经济出版社，2020.12
“十三五”普通高等教育规划教材
ISBN 978-7-5223-0236-2

Ⅰ.①数… Ⅱ.①王… Ⅲ.①数理统计-高等学校-教材 Ⅳ.①O212

中国版本图书馆 CIP 数据核字（2020）第 261075 号

责任编辑：蔡　宾　　　　责任校对：李　丽
封面设计：陈宇琰

数理统计
SHULI TONGJI

中国财政经济出版社 出版
URL：http：//www. cfeph. cn
E-mail：cfeph@ cfeph. cn
（版权所有　翻印必究）
社址：北京市海淀区阜成路甲 28 号　邮政编码：100142
营销中心电话：010-88191522　编辑部门电话：010-88190666
天猫网店：中国财政经济出版社旗舰店
网址：https：//zgczjjcbs. tmall. com
北京密兴印刷有限公司印刷　各地新华书店经销
成品尺寸：185mm×260mm　16 开　11.5 印张　273 000 字
2020 年 12 月第 1 版　2020 年 12 月北京第 1 次印刷
定价：40.00 元
ISBN 978-7-5223-0236-2
（图书出现印装问题，本社负责调换，电话：010-88190548）
本社质量投诉电话：010-88190744
打击盗版举报热线：010-88191661　QQ：2242791300

前　言

数理统计学是研究随机现象统计规律性的一门科学，它研究如何以有效的方式收集、整理和分析受到随机因素影响的数据，从而对研究对象的某些特征做出统计推断，是一门涉及数据的采集、整理、加工、生成、传输的科学方法论。随着社会经济的发展和科学技术的进步，统计学的应用领域越来越广，数理统计的方法在工业、农业、社会、经济、管理、工程以及自然科学领域等都具有广泛的应用。特别是云计算、互联网技术的快速发展，以及大数据时代的到来，对统计学人才理论与实践能力提出了更高的要求，如何帮助他们尽快掌握处理数据的思想和方法日益成为人们关注的焦点问题。

本书根据全国普通高等院校“数理统计”课程的教学基本要求而编写，共分为6章，介绍数理统计的基本理论与基本方法，内容包括：数理统计的基本概念、抽样分布、参数估计、统计决策与贝叶斯估计、参数的假设检验以及分布的检验等。每章结束配有适量的习题，便于检验学生对所学知识的掌握。

本教材结合近年来数理统计课程的讲义及教学中积累的经验，对数理统计学的基础与核心内容的阐述，尽量做到循序渐进，由浅入深，叙述严谨，分析透彻。方法应用部分，通过对典型实例的分析介绍方法，培养学生应用所学知识解决实际问题的能力。在内容的安排上，将抽样分布定理、参数的区间估计以及假设检验问题，通过单正态总体以及两正态总体的框架贯穿起来，以正态总体的两个抽样分布定理为理论依据，将正态总体参数区间估计枢轴量的构造以及假设检验统计量的构造联系在一起。同时，在经典统计学派的基础上，增加了贝叶斯学派的相关思想，介绍了统计决策以及贝叶斯估计的相关理论。

在教材的编写过程中融入了作者在近年来完成校级教改项目、精品在线课程以及指导学生竞赛、参与科研等相关的应用成果，体现了数理统计教学中的双创教育理念。本书可作为统计学、经济统计学、应用统计学的专业教材，也可以为作为经济、管理等专业学生的参考书目。

前　言

目　　录

第 1 章　统计量与抽样分布

数理统计学是研究随机现象统计规律性的一门科学，它以概率论为基础，研究如何以有效的方式收集、整理和分析受到随机因素影响的数据，从而对研究对象的某些特征做出统计推断，是一门涉及数据的采集、整理、加工、生成、传输的科学方法论。

数理统计是一门应用很强的数学学科，已被广泛应用到自然科学和工程技术的各个领域，数理统计方法也成为各学科从事科学研究以及在生产、管理、经济等部门进行有效工作的必不可少的数学工具。

本章从基本概念出发，讲解什么是总体、样本和统计量，进而推导统计量的抽样分布，最后介绍次序统计量以及充分统计量，介绍常用的概率分布族。本章内容是后续章节学习的基础。

1.1　总体与样本

1.1.1　总体和分布

在一个统计问题的研究中，我们把研究对象的全体称为总体，其中每个成员称为个体。例如，在考察某批灯泡的质量时，该批灯泡的全体就组成一个总体，而其中的每个灯泡就是个体。在实际问题中，总体是客观存在的人群或物类。

每个人或物都有很多侧面需要研究，如研究学龄前儿童这个总体，每个 3 ~ 6 岁的儿童就是一个个体，每个个体都有很多侧面，如身高、体重、性别、血色素等。但是，在实际应用中，人们所关心的并不是总体中个体的一切方面，所研究的问题往往是总体中个体的某一项或某几项数量指标。若我们只限于研究儿童的血色素（X）的高低，那每个学龄前儿童对应一个数。考察灯泡质量时，我们并不关心灯泡的形状、式样等特征，而只研究灯泡的寿命、亮度等数量指标特征。如果只考察灯泡寿命这一项指标时，由于一批灯泡中每个灯泡都有一个确定的寿命值，因此自然把这批灯泡寿命值的全体视为总体，而其中每个灯泡的寿命值就是个体。

如果撇开实际背景，那么总体就是一堆数，这堆数中有的出现的机会大，有的出现的机会小。因此，在数理统计中，任何一个总体都可以用一个随机变量来描述，即通过概率分布来描述这个总体。从这个意义上讲，总体就是一个分布，其数量指标就是服从这个分布的随机变量，因此，常常用随机变量的符号或分布的符号来表示总体。总体的分布及数字特征，表示总体的随机变量的分布及数字特征，对总体的研究也就归结为对表示总体的随机变量的研究。以后我们说“从某总体中抽样”和“从某分布中抽样”是同一个意思。

例 1.1.1　为了解网上购物的情况，特在某市调查如下三个问题：

（1）网上购物居民占全市居民的比例；

（2）过去一年内网购居民的购物次数；

（3）过去一年内网购居民的购物金额。

研究这三个问题要涉及三个不同的总体，分别叙述如下：

第一个问题所涉及的总体是某市的居民。为了明确表示这个总体，我们可以把该市居民过去一年内至少在网上购物一次的居民记为1，其他居民记为0。这样一来，该总体就可以看作由很多1和0组成的总体。若记“1”在该总体中所占比例是 p，则该总体可以由两点分布 $b(1,p)$ 来表示。

第二个问题所涉及的总体由过去一年内至少网购一次的该市市民组成，每个成员对应一个自然数，这个自然数就是该市居民的网购次数 Y，若记 p_k 为网购次 k 的居民在总体中所占的比例，则该总体可用如下离散分布表示：

$$P(Y=k)=p_k,\quad k=1,2,3,\cdots$$

第三个问题所涉及的研究对象与第二个问题相同，但是研究的指标不同，这里的指标是一年内网购的总金额 Z，它不是离散性变量，而是连续性变量，相应的分布式连续分布函数 $F(z)$。这个分布函数不大可能是对称分布，而是偏态分布，因为网购金额少的居民占多数，网购金额高的居民占少数，只有极少数人的网购金额特别高。因此这不是一个对称分布，而是一个右偏分布，如对数正态分布 $LN(\mu,\sigma^2)$ 或伽玛分布 $Ga(\alpha,\lambda)$ 等。

从这个例子可以看出，任何一个总体可以用一个分布描述，尽管其分布的确切形式尚不知道，但它一定存在。

例 1.1.2　彩色浓度是彩电质量好坏的一个重要指标，20 世纪 70 年代在美国销售的 SONY 牌彩电有两个产地：美国和日本，两地的工厂按照同一设计、同一工艺、同一质量标准进行生产。其彩色浓度的标准值为 m，允许范围是 $(m-5,m+5)$，否则为不合格。在 20 世纪 70 年代后期，美国消费者购买日产 SONY 彩电的热情明显高于购买美产 SONY 彩电，这是为什么呢？

1979 年 4 月 17 日日本《韩日新闻》刊登的调查报告显示，这是由两地管理者和操作者对质量标准认知上的差异引起总体分布不同而造成的。日厂管理者和操作者认为产品的彩色浓度应该越接近目标值 m 越好，因而在目标值 m 附近的彩电多，远离 m 的彩电少，因此他们的生产线使日产 SONY 彩电的彩色浓度服从正态分布 $N(\mu,\sigma^2)$, $\sigma=5/3$。而美厂的管理者和操作者认为只要产品的彩色浓度在 $(m-5,m+5)$ 之间，产品都是合格的，所以他们的生产线使美产 SONY 彩电的彩色浓度服从 $(m-5,m+5)$ 上的均匀分布。

若把彩色浓度在 $[m-\sigma,m+\sigma]$ 之间的彩电称为Ⅰ等品，在 $[m-2\sigma,m-\sigma)\cup(m+\sigma,m+2\sigma]$ 之间的彩电称为Ⅱ等品，在 $[m-3\sigma,m-2\sigma)\cup(m+2\sigma,m+3\sigma]$ 之间的彩电称为Ⅲ等品，其余的彩电为Ⅳ等品，可以看到，虽然两个产地的产品均值相同，但由于概率分布不同，各等级彩电的比例也不同，具体比例见表 1－1。

表 1－1　**各等级彩电的比例（%）**

等级	Ⅰ	Ⅱ	Ⅲ	Ⅳ
美产	33.3	33.3	33.3	0
日产	68.3	27.1	4.3	0.3

虽然日产彩电在生产过程中有一定的次品（0.3%），但其Ⅰ等品的比例明显高于美产彩电，且Ⅲ等品比例明显低于美产彩电。并且随着时间的延长，Ⅰ等品会退化为Ⅱ等品，Ⅱ等品会退化为Ⅲ等品等。因为美产彩电的Ⅲ等品比例很高，所以退化为次品的也会偏多，这就是日产彩电受欢迎的原因。

总体的分类，按照不同的分类标准，总体可分成不同类别，根据个体数量可以分为有限总体和无限总体。现实世界中大部分是有限总体，如我们班的全体同学；当个体数量很多以致不易数清或样本容量很大时可看作无限总体。本书主要研究无限总体，有限总体将是抽样调查和抽样检验的研究对象。

以上所述问题只涉及一个指标，用一个随机变量 X 或分布函数 $F(x)$ 来描述，但有的时候，我们需要同时研究多个变量间的关系，如某企业广告投资与销售之间的关系，此时总体可用二维随机向量 (X,Y) 或其联合分布函数 $F(x,y)$ 表示。类似地，可以定义更高维的总体，高维总体是多元统计分析的研究对象。

1.1.2　样本

数据采集的方式有全面调查与抽样调查，因此研究总体分布及其特征有如下两种方法：

（1）普查，又称全数检查，即对总体中每个个体都进行检查或观察。因普查费用高、时间长，不常使用，破坏性检查（灯泡寿命试验）更不会使用。只有在少数重要场合才会使用普查。如我国规定每 10 年进行一次人口普查，期间 9 年中每年进行一次人口抽样调查。

（2）抽样，即从总体抽取若干个个体进行检查或观察，用所获得的数据对总体进行统计推断。由于抽样费用低、时间短，实际使用频繁。本书将在简单随机抽样（下面说明）的基础上研究各种合理的统计推断方法，这是统计学的基本内容。应该说，没有抽样就没有统计学。

样本：从总体中抽出的部分个体组成的集合称为样本，样本中所包含的个体称为样品，样本中样品个数称为样本容量或样本量。

由于抽样前不知道哪个个体被抽中，也不知道被抽中的个体的测量或试验结果，因此，容量为 n 的样本可看作 n 维随机变量，用大写字母 $X_1,X_2,\cdots,X_n$ 表示，用小写字母 $x_1,x_2,\cdots,x_n$ 表示其观察值，这就是我们常说的数据。一切可能观察值的全体 $X=\{x_1,x_2,\cdots,x_n\}$ 称为 n 维样本空间。有时为了方便起见，不区分大小写，样本及其观察值都用小写字母 $x_1,x_2,\cdots,x_n$ 表示。当需要区分时，读者可以从上下文中识别。

例 1.1.3　样本的例子

（1）香港海洋公园的一次性门票为 250 港币，可以一年内无限次入场的年票价格为 695 港币。为检验该票价制度的合理性，随机抽取 1000 位年票持有者，记录了他们 2009 年 1—4 月入园游览的次数，见表 1－2。

表 1－2　　游览系数统计

游览次数	0	1	2	3	4	5 +
人数	545	325	110	15	5	0

这是一个容量为 1000 的样本。

（2）某厂生产的挂面包装上说明“净含量 450 克”，随机抽取 48 包，称得重量如表 1－3

所示。

表 1－3　挂面重量统计

449.5	461	457.5	444.7	456.1	454.7	441.5	446.0	454.9	446.2
446.1	456.7	451.4	452.5	452.4	442.0	452.1	452.8	442.9	449.8
458.5	442.7	447.9	450.5	448.3	451.4	449.7	446.6	441.7	455.6
451.3	452.9	457.2	448.4	444.5	443.1	442.3	439.6	446.5	447.2
449.4	441.6	444.7	441.4	457.3	452.4	442.9	445.8		

这是一个容量为 48 的样本。

(3) 在某林区，随机抽取 340 株树木测量其胸径，经整理后得到如表 1－4 所示的数据。

表 1－4　树木胸径测量统计

胸径长度（cm）	10～14	14～18	18～22	22～26	26～30	30～34	34～38	38～42	42～46
株数	4	11	34	76	112	66	22	10	5

这是一个容量为 340 的样本。

可以看出，前两个例子是完全样本，第三个是分组样本，虽然分组样本有部分信息损失，但它也是样本的一种表示形式，在大样本场合，人们通过分组数据可以获得总体的印象。

样本来自总体，样本中必含有总体信息。我们的目的是依据从总体中抽取的样本，对总体的分布或某些特征进行分析推断，因而要求抽取的样本能很好地反映总体的特征，且便于处理。

为了使所抽取的样本能很好地反映总体，抽样方法的确定很重要。最理想的抽样方法就是简单随机抽样，对样本提出了两点要求：

①随机性：总体的每一个个体有同等机会被选入样本。这说明样本中每个 X_i 的分布相同，均为总体 X 的分布。

②独立性：样本中每个个体的选取不影响其他个体的选取。这意味着样本中每个个体 X_i 是相互独立的。

满足上述两点要求的样本称为简单随机样本，上述的抽样方式称为简单随机抽样。若无特别说明，今后提到的样本均指简单随机样本。简单随机样本可看做是相互独立同分布（$i.i.d$）的随机变量序列。

样本的观测值：$(X_1,X_2,\cdots,X_n)$ 的一组确定的值 $(x_1,x_2,\cdots,x_n)$ 称为样本容量为 n 的样本的观测值，一切可能的观察值的全体 $X=\{x_1,x_2,\cdots,x_n\}$ 称为 n 维样本空间。

1.1.3　从样本认识总体的图表方法

样本来自总体，样本必含有总体信息，但由于样本是随机抽样得到的，样本的数据常常杂乱无章，需要对样本进行整理和加工才能显示隐藏在数据背后的规律来。对样本进行整理与加工的方法有图表法和构造统计量，常用的图表法，如：频数频率表、直方图、茎叶图以及正态概率图等。

1. 频数频率表

当样本量 n 较大时，把样本整理为分组样本可得频数频率表，它可按照观察值的大小显示出样本数据的分布状况。

如：光通量是灯泡亮度的质量特征。现有一批 220 伏 25 瓦白炽灯泡要测其光通量的分布，为此从中随机抽取 120 只，测得其光通量如表 1－5 所示。

表 1－5　120 只白织灯泡光通量的测试数据

206	203	197	208	206	209	206	208	202	203
216	213	218	207	208	202	194	203	213	211
193	213	208	208	204	206	204	206	208	209
213	203	206	207	196	201	208	207	213	208
210	208	211	211	214	226	211	223	216	224
211	209	219	201	219	211	208	221	211	218
218	190	218	221	208	199	214	207	207	214
206	217	214	211	212	213	211	212	216	206
210	216	204	216	208	209	214	214	199	204
211	201	216	208	209	208	209	202	211	207
202	205	206	214	206	213	206	207	200	198
200	202	203	211	216	206	222	213	209	219

为了挖掘这组数据的有用信息，对数据进行分组，获得频数频率表，即分组样本，具体操作如下：

（1）找出这组数据的最大值$x_{\max}$与最小值$x_{\min}$，计算其差$x_{\max}-x_{\min}$；

（2）根据样本量 n 确定组数 k，经验表明，组数不宜过多，一般以 5～20 组较为适宜。一般可以按照表 1－6 选择组数。

表 1－6　组数的选择

样本容量	<50	50～100	100～250	>250
组数	5～7	6～10	7～14	10～20

（3）确定各组端点$a_0<a_1<\cdots<a_k$，通常两边端点取值为最大值以及最小值，即$a_0=x_{\min}$，$a_k=x_{\max}$。分组可以等间隔，也可以不等间隔，但等间隔用得较多，在等间隔分组时，组距 $d\approx R/k$。

（4）用唱票法统计落在每个区间$(a_{i-1},a_i]$中的频数n_i与频率$f_i=n_i/n$，把它们按照顺序归在一张表上就得频数频率表。从频数频率表中可以看出样本中的数据在每个小区间上的频数以及频率的分布状态。

为了使这些信息直观地表示出来，也可在频数频率表的基础上画直方图。

2. 直方图

我们将以频数频率表为基础，介绍样本直方图的构造方法。

在横坐标轴上标出各小区间端点$a_0,a_1,\cdots,a_k$，并以小区间$(a_{i-1},a_i]$为底画一个高为频数n_i的矩形。对每个 $i=1,2,\cdots,k$ 都如此处理，就形成若干矩形连在一起的频数直方图。

直方图的优点是能把样本中的数据用图形显示出来，在样本量较大的场合，直方图常常是总体分布的影子。如今直方图在实际中已为众人熟悉，广泛使用，各种统计软件都有画直方图的功能。

直方图的缺点是不稳定，它依赖于分组，不同分组可能会得出不同的直方图。因此，从直方图上可得总体分布的直观印象，认定总体分布还需要其他统计方法进一步确定。

3. 茎叶图

表 1-7 列出某种新型铝锂合金 80 个样本的压力强度数据，单位是磅/平方英寸（psi）。表中数据是按检验顺序记录下来的，时大时小，杂乱无章。该样本虽含有压力强度总体的很多信息，但一些问题并不容易回答，如压力强度总体的分布可能是什么类型？在 120psi 以下的样本比例是多少？对这批数据可用茎叶图进行整理，以便回答一些问题。

表 1-7　80 个铝锂合金样本的压力强度

105	221	183	186	121	181	180	143
97	154	153	174	120	168	167	141
245	228	174	199	181	158	176	110
163	131	154	115	160	208	158	133
207	180	190	193	194	133	156	123
134	178	76	167	184	135	229	146
218	157	101	171	165	172	158	169
199	151	142	163	145	171	148	158
160	175	149	87	160	237	150	135
196	201	200	176	150	170	118	149

茎叶图的构造步骤：

（1）把每个数字x_i（至少两位数）分为两部分，高位部分称为“茎”，低位部分称为“叶”。为此先要考察数据，发现该样本中的数据在 76～245 之间，因此可选择百分位数与十分位为茎，个位数为叶。

（2）画出垂线，左侧放茎，右侧放叶。通常选择茎的个数要比样本量少一些，最好选择 5～20 个茎。

（3）在茎的旁边按数据集里出现的顺序列出相应的叶，用软件画出茎叶图时还需要将叶由小到大进行排列，这种图常称为有序茎叶图，手工绘制茎叶图时通常不排序。

（4）在叶的一侧加一列，写上这个茎上叶的频数，需要时可在茎与叶旁边加上单位。

在比较同性质的两个样本时，还可以采用背靠背的茎叶图。它是一个简单直观的比较方法。此时将茎放在中间，为两样本公用，左右两边分别是各自样本的叶。

4. 正态概率图

正态分布是实际中最常用的分布，然而，如何判断一组数据（样本）是来自正态分布呢？国家标准上规定了集中方法，最常用的就是正态概率图方法。

正态概率图又称正态 Q-Q 图，是把样本中的数据按照规定点到正态概率纸上完成的，而正态概率纸是一种有特殊刻度的坐标纸，如图 1-1 所示，其横坐标是普通的等间隔刻度，纵坐标是正态分布的 p 分位数的刻度，但标以累计概率 $100p\%$，这样可以省去计算分位数的步骤。其刻度是中间密，两头疏，上下对称。正态概率图可借助软件来实现，如 SPSS，Minitab，Stata，Eviews 等。

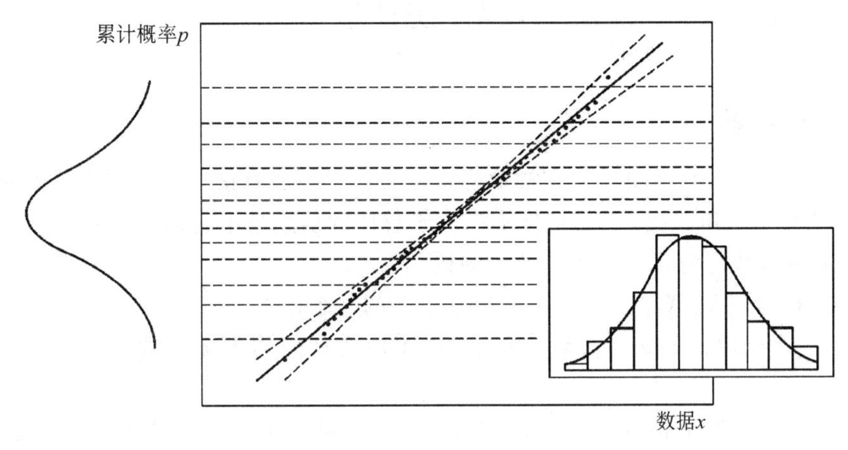

图 1－1　正态概率纸

1.1.4　样本的联合分布

设总体 X 具有分布函数 $F(x)$，$(X_1,X_2,\cdots,X_n)$ 为来自这一总体的一组样本，$(x_1,x_2,\cdots,x_n)$ 为样本的一组观测值，则 $(X_1,X_2,\cdots,X_n)$ 的联合分布函数为

$$F(x_1,x_2,\cdots,x_n)=\prod_{i=1}^{n}F(x_i)$$

若 X 具有概率密度函数 $f(x)$，则 $(X_1,X_2,\cdots,X_n)$ 的联合概率密度函数为

$$f(x_1,x_2,\cdots,x_n)=\prod_{i=1}^{n}f(x_i)$$

例 1.1.4　设总体 $X\sim N(\mu,\sigma^2)$，$(X_1,X_2,\cdots,X_n)$ 为来自总体 X 的一组样本，相应的观测值记为 $(x_1,x_2,\cdots,x_n)$，求 $(X_1,X_2,\cdots,X_n)$ 的联合概率密度函数。

解： $X\sim N(\mu,\sigma^2)$，则总体的概率密度函数为

$$f(x)=\frac{1}{\sqrt{2\pi}\sigma}e^{-\frac{(x-\mu)^2}{2\sigma^2}}$$

从而样本 $(X_1,X_2,\cdots,X_n)$ 的联合概率密度函数为：

$$f(x_1,x_2,\cdots,x_n)=\prod_{i=1}^{n}\frac{1}{\sqrt{2\pi}\sigma}e^{-\frac{(x-\mu)^2}{2\sigma^2}}=\frac{1}{(\sqrt{2\pi}\sigma)^n}e^{-\sum\limits_{i=1}^{n}\frac{(x_i-\mu)^2}{2\sigma^2}}$$

例 1.1.5　设总体 X 服从参数为 p 的两点分布，求样本 $(X_1,X_2,\cdots,X_n)$ 的联合概率分布律。

解： 总体 X 服从参数为 p 的两点分布，从而有分布律

$$P(X=x)=p^x(1-p)^{1-x}(x=0,1)$$

从而样本 $(X_1,X_2,\cdots,X_n)$ 的联合概率分布律为：

$$\begin{aligned}P(X_1=x_1,X_2=x_2,\cdots,X_n=x_n)&=\prod_{i=1}^{n}p^{x_i}(1-p)^{1-x_i}\\&=p^{\sum\limits_{i=1}^{n}x_i}(1-p)^{n-\sum\limits_{i=1}^{n}x_i}(x_i=0,1)\end{aligned}$$

1.2　统计量

1.2.1　统计量

样本是总体的代表和反映，但在抽取样本之后，并不能直接利用样本进行推断，而需要对样本进行“加工”和“提炼”，把样本中关于总体的信息集中起来，这便是针对不同问题构造出来的某种函数，为此，引入统计量的概念。

定义 1.2.1　设$(X_1,X_2,\cdots,X_n)$是来自总体X的一个样本，$g(X_1,X_2,\cdots,X_n)$是样本$(X_1,X_2,\cdots,X_n)$的一个函数，若$g(X_1,X_2,\cdots,X_n)$中不包含任何的未知参数，则称$g(X_1,X_2,\cdots,X_n)$是一个统计量。

设$(x_1,x_2,\cdots,x_n)$为样本$(X_1,X_2,\cdots,X_n)$的观测值，则$g(X_1,X_2,\cdots,X_n)$为统计量的观察值。

简单而言，不包含任何未知参数的样本的函数就是统计量。

例 1.2.1　设总体$X\sim N(\mu,\sigma^2)$，其中μ未知，σ^2已知，$(X_1,X_2,\cdots,X_n)$为取自这一总体的样本，下列哪个不是统计量（　　）。

（A）$X_1+X_2+\cdots+X_{n-1}-nX_n$　　（B）$\sum_{i=1}^{n}(X_i-\mu)^2$

（C）$\frac{1}{\sigma^2}(X_1^2+X_2^2+\cdots+X_n^2)$　　（D）$\max(X_1,X_2,\cdots,X_n)$

显然，（B）选项中包含了未知参数μ，不是统计量，其余的选项都是样本的函数，并且不含未知参数，是统计量。

1.2.2　几个常见的统计量

设$(X_1,X_2,\cdots,X_n)$是来自总体X的一个样本，$(x_1,x_2,\cdots,x_n)$为相应的观测值，则有如下常见的统计量：

（1）样本均值：$\overline{X}=\frac{1}{n}\sum_{i=1}^{n}X_i$

（2）样本方差：$S^2=\frac{1}{n-1}\sum_{i=1}^{n}(X_i-\overline{X})^2$

$$S_n^{\ 2}=\frac{1}{n}\sum_{i=1}^{n}(X_i-\overline{X})^2$$

（3）样本标准差：$S=\sqrt{\frac{1}{n-1}\sum_{i=1}^{n}(X_i-\overline{X})^2}$

（4）样本k阶原点矩：$A_k=\frac{1}{n}\sum_{i=1}^{n}X_i^k\quad k=1,2,\cdots$

（5）样本k阶中心距：$B_k=\frac{1}{n}\sum_{i=1}^{n}(X_i-\overline{X})^k\quad k=1,2,\cdots$

（6）样本的偏度：$\hat{\beta}_s=\frac{B_3}{B_2^{3/2}}$

（7）样本的峰度：$\hat{\beta_k}=\dfrac{B_4}{B_2^2}-3$

几个常见统计量的数字特征。

定理 1.2.1　设$(X_1,X_2,\cdots,X_n)$是来自总体 X 的一个样本，总体 X 的期望与方差存在，分别记为 $E(X)=\mu,D(X)=\sigma^2$，则有

$$E(\overline{X})=\mu,\ D(\overline{X})=\frac{\sigma^2}{n},\ E(S^2)=\sigma^2$$

证明：根据期望与方差的运算性质，有

$$E(\overline{X})=E\left(\frac{1}{n}\sum_{i=1}^{n}X_i\right)=\frac{1}{n}\sum_{i=1}^{n}E(X_i)=\mu$$

$$D(\overline{X})=D\left(\frac{1}{n}\sum_{i=1}^{n}X_i\right)=\frac{1}{n^2}\sum_{i=1}^{n}D(X_i)=\frac{\sigma^2}{n}$$

$$\begin{aligned}E(S^2)&=E\left[\frac{1}{n-1}\sum_{i=1}^{n}(X_i-\overline{X})^2\right]=\frac{1}{n-1}\sum_{i=1}^{n}E[(X_i-\overline{X})^2]\\&=\frac{1}{n-1}\sum_{i=1}^{n}\{D(X_i-\overline{X})+[E(X_i-\overline{X})]^2\}\\&=\frac{1}{n-1}\sum_{i=1}^{n}\left[D\left(X_i-\frac{1}{n}\sum_{i=1}^{n}X_i\right)\right]\\&=\frac{1}{n-1}\sum_{i=1}^{n}\left[D\left(\frac{n-1}{n}X_i-\frac{X_1+X_2+\cdots+X_{i-1}+X_{i+1}+\cdots+X_n}{n}\right)\right]\\&=\frac{n}{n-1}\left[\frac{(n-1)^2}{n}+\frac{n+1}{n^2}\right]\sigma^2=\sigma^2\end{aligned}$$

定理结论成立。

1.2.3　样本的经验分布函数

根据样本来估计和推断总体 X 的分布函数 $F(X)$，是数理统计要解决的一个重要问题，为此，引入经验分布函数的概念。

定义 1.2.2　设总体 X 的分布函数为 $F(x)$，设$(x_1,x_2,\cdots,x_n)$为样本$(X_1,X_2,\cdots,X_n)$的观测值，将其由小到大排序为$x_{(1)}\leqslant x_{(2)}\leqslant\cdots\leqslant x_{(n)}$，则称$F_n^*(x)$为经验分布函数

$$F_n(x)=\begin{cases}0 & x<x_{(1)}\\ \vdots & \vdots\\ \dfrac{k}{n} & x_{(k)}\leqslant x<x_{(k+1)}\\ \vdots & \vdots\\ 1 & x\geqslant x_{(n)}\end{cases}$$

从上述定义可以看出，经验分布函数$F_n(x)$在点 x 处的函数值 $P(X'\leqslant x)$就是 n 个观察值中小于或等于 x 的频率。它与一般离散性随即变量的分布函数一样是一个阶梯型非降、右连续的有界函数，且 $0\leqslant F_n(x)\leqslant 1$。

注意：对于同一总体，若样本量 n 固定，而样本观察值$x_1,x_2,\cdots,x_n$不同，其经验分布函

数$F_n(x)$也会有所差异，不是很稳定，但是只要增加样本容量 n，经验分布函数$F_n(x)$将呈现出某种稳定趋势，即$F_n(x)$将在概率意义下越来越接近总体分布函数 $F(x)$。因此，当样本容量 n 很大时，验分布函数$F_n(x)$是总体分布函数 $F(x)$的一个优良估计。

例 1.2.2　观察 8 只同时注射某种药剂的小白鼠的生存时间，得一组观察结果 3,4,5,6,7,10,10,12（天），写出该样本的经验分布函数。

解：根据经验分布函数的定义，对观察数据按照由小到大的顺序排序，即可写出样本的经验分布函数，具体表示为：

$$F_n(x)=\begin{cases}0 & x<3\\ 1/8 & 3\leqslant x<4\\ 2/8 & 4\leqslant x<5\\ 3/8 & 5\leqslant x<6\\ 4/8 & 6\leqslant x<7\\ 5/8 & 7\leqslant x<10\\ 7/8 & 10\leqslant x<12\\ 1 & x\geqslant 12\end{cases}$$

例 1.2.3　某食品厂生产午餐肉罐头，从生产线上随机抽取 5 只罐头，称其净重（单位：克）为：351,347,355,344,351，计算该组样本所对应的经验分布函数。

解：根据经验分布函数的定义可知

$$F_n(x)=\begin{cases}0 & x<344\\ 1/5 & 344\leqslant x<347\\ 2/5 & 347\leqslant x\leqslant 351\\ 4/5 & 352\leqslant x<355\\ 1 & x\geqslant 355\end{cases}$$

定理 1.2.2（格里汶科定理）　对任给的自然数 n，设$(X_1,X_2,\cdots,X_n)$是取自总体分布函数 $F(x)$的一组样本，$(x_1,x_2,\cdots,x_n)$是相应的观察值，$F_n(x)$为其经验分布函数，记 $D_n=\sup\limits_{-\infty<x<+\infty}|F_n(x)-F(x)|$，则有$D_n$依概率收敛于零，即 $P(\lim\limits_{n\to\infty}D_n=0)=1$。

这个定理中的D_n是衡量$F_n(x)$与 $F(x)$在一切 x 上的最大距离，由于经验分布函数$F_n(x)$是样本的函数，故D_n也是样本的函数。对于不同的样本观察值，D_n间还是有差别的。

1.2.4　估计量

定义 1.2.3　用于估计未知参数的统计量称为点估计量，或称为估计量。参数 θ 的估计量常用 $\hat{\theta}=\hat{\theta}(X_1,X_2,\cdots,X_n)$表示，参数 θ 的可能取值范围称为参数空间，记为 $\Theta=\{\theta\}$。

这里参数常指如下几种：

（1）分布中所含的未知参数；

（2）分布中的期望、方差、标准差、分位数等特征数；

（3）某事件的概率等。

一个参数的估计量不止一个，如何评价优劣性呢？常用的评价标准有多个，如无偏性、有效性、均方误差最小与相合性等，这里先讲无偏性。

定义 1.2.4　设 $\hat{\theta}=\hat{\theta}(X_1,X_2,\cdots,X_n)$ 是参数 θ 的一个估计，若对于参数空间 $\Theta=\{\theta\}$ 中的任意一个 θ 都有，$E(\hat{\theta})=\theta,\forall\theta\in\Theta$，则称 $\hat{\theta}$ 为 θ 的无偏估计，否则称为 θ 的有偏估计。

当估计 $\hat{\theta}$ 随着样本容量 n 的增加而逐渐趋于真值 θ 时，若记 $\hat{\theta}=\hat{\theta}_n$，则有 $\lim\limits_{n\to\infty}E(\hat{\theta}_n)=\theta$，$\forall\theta\in\Theta$，则 $\hat{\theta}_n$ 为 θ 的渐近无偏估计。

说明：估计的无偏性不具有不变性。一般而言，若 $\hat{\theta}$ 为 θ 的无偏估计，$g(\hat{\theta})$ 不一定为 $g(\theta)$ 的无偏估计，除非 $g(\theta)$ 是 θ 的线性函数。

根据上述无偏估计的定义可知，样本均值是总体均值的无偏估计，样本方差是总体方差的无偏估计。

在分组样本场合，样本均值与样本方差的近似计算公式为

$$\overline{X}=\frac{1}{n}\sum_{i=1}^{n}n_iX_i,S^2=\frac{1}{n-1}\sum_{i=1}^{n}n_i(X_i-\overline{X})^2$$

其中，k 为分组样本的组数，X_i 与 n_i 分别是第 i 组的组中值与样品个数，且 $n=\sum\limits_{i=1}^{k}n_i$。

1.3　抽样分布

在对总体分布做出假定的条件下，从样本对总体的某些特征做出一些推理，此种推理都具有统计学的味道，故称为统计推断。R. A. 费希尔把统计推断归为如下三大类：

（1）抽样分布（精确的与近似的）；

（2）参数估计（点估计与区间估计）；

（3）假设检验（参数检验与非参数检验）。

本节先学习抽样分布相关知识，在讲解抽样分布之前，先学习数理统计上常用的三个分布，即卡方分布、t 分布以及 F 分布。

1.3.1　卡方分布

定义 1.3.1　设 $X_1,X_2,\cdots,X_n$ 相互独立，且都服从 $N(0,1)$，则称随机变量 $\chi^2=X_1^2+X_2^2+\cdots+X_n^2$ 服从自由度为 n 的卡方分布，记为 $\chi^2\sim\chi^2(n)$。

自由度为 n 的卡方分布 $\chi^2(n)$ 所对应的概率密度函数为

$$f(x)=\begin{cases}\dfrac{1}{2^{\frac{n}{2}}\Gamma(n/2)}x^{\frac{n}{2}-1}e^{-x/2} & x>0\\ 0 & 其他\end{cases}$$

其中，$\Gamma(m)=\int_0^{+\infty}t^{m-1}e^{-1}dt$ 为伽马函数。

伽马函数的性质：

$$\Gamma(\alpha+1)=\alpha\Gamma(\alpha)$$
$$\Gamma(n+1)=n!$$

$$\Gamma(1)=\Gamma(0)=1$$
$$\Gamma(1/2)=\sqrt{\pi}$$

定理 1.3.1（χ^2分布的性质）

（1）χ^2分布数字特征：设 $Y\sim\chi^2(n)$，则 $E(Y)=n,D(Y)=2n$。

（2）χ^2 分布的可加性：若 $Y_1\sim\chi^2(n_1),Y_2\sim\chi^2(n_2)$，且 Y_1 与 Y_2 相互独立，则 $Y_1+Y_2\sim\chi^2(n_1+n_2)$。

（3）若$Y_i\sim\chi^2(n_i)$，且$Y_1,Y_2,\cdots,Y_m$相互独立，则

$$Y_1+Y_2+\cdots+Y_m\sim\chi^2(n_1+n_2+\cdots+n_m)。$$

证明：（1）设 $Y\sim\chi^2(n)$，则有概率密度函数为

$$f(x)=\begin{cases}\dfrac{1}{2^{\frac{n}{2}}\Gamma(n/2)}x^{\frac{n}{2}-1}e^{-x/2} & x>0\\ 0 & 其他\end{cases}$$

从而有

$$E(X)=\int_{-\infty}^{+\infty}xf(x)dx=\int_0^{+\infty}x\frac{1}{2^{\frac{n}{2}}\Gamma\left(\frac{n}{2}\right)}x^{\frac{n}{2}-1}e^{-\frac{x}{2}}dx$$

$$=\int_0^{+\infty}\frac{1}{2^{\frac{n}{2}}\Gamma\left(\frac{n}{2}\right)}x^{\frac{n}{2}-1}e^{-\frac{x}{2}}dx$$

$$=\int_0^{+\infty}\frac{2^{\frac{n+2}{2}}\Gamma[(n+2)/2]}{2^{\frac{n}{2}}\Gamma(n/2)}\frac{1}{2^{(n+2)/2}\Gamma[(n+2)/2]}x^{\frac{n+2}{2}-1}e^{-x/2}dx=n$$

类似可计算

$$E(X^2)=\int_{-\infty}^{+\infty}xf(x)dx=\int_0^{+\infty}x^2\frac{1}{2^{\frac{n}{2}}\Gamma\left(\frac{n}{2}\right)}x^{\frac{n}{2}-1}e^{-\frac{x}{2}}dx$$

$$=\int_0^{+\infty}\frac{1}{2^{\frac{n}{2}}\Gamma\left(\frac{n}{2}\right)}x^{\frac{n+4}{2}-1}e^{-\frac{x}{2}}dx$$

$$=\int_0^{+\infty}\frac{2^{\frac{n+4}{2}}\Gamma[(n+4)/2]}{2^{\frac{n}{2}}\Gamma(n/2)}\frac{1}{2^{(n+4)/2}\Gamma[(n+4)/2]}x^{\frac{n+4}{2}-1}e^{-x/2}dx$$

$$=4\left(\frac{n}{2}+1\right)\frac{n}{2}=n^2+2n$$

从而有

$$D(X)=E(X^2)-[E(X)]^2=n^2+2n-n^2=2n$$

（2）利用卡方分布的定义可知，n 个独立的标准正态分布的平方和服从自由度为 n 的卡方分布，$Y_1\sim\chi^2(n_1),Y_2\sim\chi^2(n_2)$，从而$Y_1$可表示为$n_1$个独立的标准正态分布的平方和，$Y_2$可表示为$n_2$个独立的标准正态分布的平方和，根据$Y_1$与 $X_i\sim N(0,\sigma^2)\Rightarrow\frac{X_i}{\sigma}\sim N(0,1)\Rightarrow\left(\frac{X_i}{\sigma}\right)^2\sim\chi^2(1)$相互独立，可知，这$n_1+n_2$个标准正态分布相互独立，从而结论成立。

(3) 可看作 (2) 的推广形式。

定义 1.3.2（卡方分布的 α 分位数） 对于给定的 $0<\alpha<1$，称满足条件 $P[\chi^2 > \chi^2_\alpha(n)] = \int_{\chi^2_\alpha(n)}^{+\infty} f(x)dx = \alpha$ 的点 $\chi^2_\alpha(n)$ 为 $\chi^2(n)$ 分布的上 α 分位点。

卡方分布的分位数可查附表 5 获得。

例 1.3.1 设总体 $X \sim N(0,1)$，$(X_1,X_2,\cdots,X_6)$ 为取自这一总体的一个样本容量为 6 的样本，$Y=(X_1+X_2+X_3)^2+(X_4+X_5+X_6)^2$，试确定常数 C 使得 CY 服从 χ^2 分布。

解：因 $X_1,X_2,\cdots,X_6$ 是总体 $N(0,\sigma^2)$ 的样本，故

$X_1+X_2+X_3 \sim N(0,3)$，$X_4+X_5+X_6 \sim N(0,3)$

且两者相互独立，因此

$$\frac{X_1+X_2+X_3}{\sqrt{3}} \sim N(0,1),\frac{X_4+X_5+X_6}{\sqrt{3}} \sim N(0,1)$$

且两者相互独立，按 χ^2 分布的定义

$$\frac{(X_1+X_2+X_3)^2}{3}+\frac{(X_4+X_5+X_6)^2}{3} \sim \chi^2(2)$$

即 $\frac{1}{3}Y \sim \chi^2(2)$，即知 $C=\frac{1}{3}$.

1.3.2　t 分布

定义 1.3.3 设 $X \sim N(0,1)$，$Y \sim \chi^2(n)$，且 X,Y 相互独立，则称随机变量 $T=\frac{X}{\sqrt{Y/n}}$ 服从自由度为 n 的 t 分布，又称学生分布，记为 $t \sim t(n)$。

自由度为 n 的 t 分布 $t(n)$ 的概率密度函数为

$$f(x)=\frac{\Gamma[(n+1)/2]}{\sqrt{\pi n}\Gamma(n/2)}\left(1+\frac{x^2}{n}\right)^{-\frac{n+1}{2}} \quad -\infty<x<+\infty$$

定理 1.3.2（t 分布的性质）

(1) t 分布的密度函数为偶函数，图像关于 y 轴对称，自由度 n 越大，$t(n)$ 分布越接近 $N(0,1)$。当 n 足够大时，t 分布近似于标准正态分布，当 $n\to\infty$ 时，$t(n)$ 分布的极限分布为标准正态分布。一般当 $n>45$ 时，t 分布就可以用正态分布来近似。

(2) t 分布的数字特征：设 $t \sim t(n)$，则 $E(t)=0,D(t)=\frac{n}{n-2}(n>2)$。

(3) 自由度为 1 的 t 分布为柯西分布，它的期望不存在。

$n>1$ 时，t 分布的数学期望存在，且为 0。

$n>2$ 时，t 分布的方差存在，且为 $\frac{n}{n-2}$。

定义 1.3.4 对于给定的 $0<\alpha<1$，称满足条件 $P[t > t_\alpha(n)] = \int_{t_\alpha(n)}^{+\infty} f(x)dx = \alpha$ 的点 $t_\alpha(n)$ 为 t 分布的上 α 分位点。t 分布的分位数可查附表 4 获得。

1.3.3 F 分布

定义 1.3.5 设随机变量 $X \sim \chi^2(n_1)$，$Y \sim \chi^2(n_2)$，且 X 与 Y 相互独立，则称随机变量 $F=\dfrac{X/n_1}{Y/n_2}$服从自由度为（n_1,n_2）的 F 分布，记为 $F \sim F(n_1,n_2)$，其中，n_1为第一自由度，n_2为第二自由度。

自由度为n_1,n_2的 F 分布 $F(n_1,n_2)$的概率密度函数为

$$f(x)=\begin{cases}\dfrac{\Gamma[(n_1+n_2)/2]}{\Gamma(n_1/2)\Gamma(n_2/2)}(n_1/n_2)^{n_1/2}x^{\frac{n_1}{2}-1}\left(1+\dfrac{n_1}{n_2}x\right)^{-\frac{n_1+n_2}{2}} & x>0\\ 0 & 其他\end{cases}$$

定义 1.3.6 对于给定的$0<\alpha<1$，称满足条件 $P[F>F_\alpha(n_1,n_2)]=\int_{F_\alpha(n_1,n_2)}^{+\infty}f(x)dx=\alpha$ 的点$F_\alpha(n_1,n_2)$为 $F(n_1,n_2)$分布的上 α 分位点。

定理 1.3.3 ($F(n_1,n_2)$分布的性质)

(1) 若 $F \sim F(n_1,n_2)$，则$\dfrac{1}{F} \sim F(n_2,n_1)$；

(2) F 分布是一个非对称分布；

(3) $F_{1-\alpha}(n_1,n_2)=\dfrac{1}{F_\alpha(n_2,n_1)}$；

(4) 若 $t \sim t(n)$，则$t^2 \sim F(1,n)$。

(5) $n_2>2$ 时，F 分布的数学期望存在，且为$n_2/(n_2-2)$；

$n_2>4$ 时，F 分布的方差存在，且为$\dfrac{n_2^2(n_1+n_2-2)}{n_1(n_2-2)^2(n_2-4)}$。

证明：(1)(2) 根据 F 分布的定义，显然成立。

(3) 设 $F \sim F(n_1,n_2)$，则根据性质 (1)，有$\dfrac{1}{F} \sim F(n_2,n_1)$，结合分位数的定义，有

$$P[F>F_{1-\alpha}(n_1,n_2)]=1-\alpha,P\left[\frac{1}{F}>F_\alpha(n_2,n_1)\right]=\alpha$$

从而

$$P\left[\frac{1}{F}\leqslant\frac{1}{F_{1-\alpha}(n_1,n_2)}\right]=1-\alpha,P\left[\frac{1}{F}>\frac{1}{F_{1-\alpha}(n_2,n_1)}\right]=\alpha$$

所以$F_{1-\alpha}(n_1,n_2)=\dfrac{1}{F_\alpha(n_2,n_1)}$

(4) 若 $t \sim t(n)$，根据 t 分布的定义，可构造随机变量 $X \sim N(0,1)$，$Y \sim \chi^2(n)$，且 X,Y 相互独立，$t=\dfrac{X}{\sqrt{Y/n}}$，从而有

$$t^2=\frac{X^2}{Y/n}=\frac{X^2/1}{Y/n}$$

结合卡方分布的定义 1.3.1 与 F 分布的定义 1.3.5，结论成立。

（5）根据数学期望与方差的计算公式，类似定理 1.3.1 的证明过程，可知结论成立。

与卡方分布和 t 分布类似，可以通过查附表 6 或计算机软件计算得到 F 分布的分位数，在查表时注意 F 分布分位数之间的关系：$F_{\alpha}(n_2,n_1)=\dfrac{1}{F_{1-\alpha}(n_1,n_2)}$。

例 1.3.2　设随机变量 X 服从自由度为 k 的 t 分布，求随机变量 X^2 的分布。

解：设 $X=\dfrac{U}{\sqrt{V/k}}$，

其中，$U\sim N(0,1)$，$V\sim\chi^2(k)$，且 U 与 V 相互独立，

则有 $U^2\sim\chi^2(1)$，所以 $X^2=\left(\dfrac{U}{\sqrt{V/k}}\right)^2=\dfrac{U^2}{V/k}\sim F(1,k)$

例 1.3.3　设总体 $(X_1,X_2,\cdots,X_{2n})$ 是一组独立同分布的随机变量，都服从 $N(0,\sigma^2)$，试求 $Y=\dfrac{X_1^2+X_3^2+\cdots+X_{2n-1}^2}{X_2^2+X_4^2+\cdots+X_{2n}^2}$ 的分布。

解：$X_i\sim N(0,\sigma^2)\Rightarrow\dfrac{X_i}{\sigma}\sim N(0,1)\Rightarrow\left(\dfrac{X_i}{\sigma}\right)^2\sim\chi^2(1)$，

$$\frac{\dfrac{X_1^2+X_3^2+\cdots+X_{2n-1}^2}{\sigma^2}\sim\chi^2(n)}{\dfrac{X_2^2+X_4^2+\cdots+X_{2n}^2}{\sigma^2}\sim\chi^2(n)}\Rightarrow\frac{X_1^2+X_3^2+\cdots+X_{2n-1}^2}{X_2^2+X_4^2+\cdots+X_{2n}^2}\sim F(n,n)$$

1.3.4　抽样分布的定义

前面学习可知，统计量是不包含有任何未知参数的样本的函数，因此统计量也是随机变量，那如何描述统计量的分布呢？

定义 1.3.7　统计量的概率分布称为抽样分布。

例 1.3.4　设总体 X 服从参数为 p 的两点分布 $b(1,p)$，$(X_1,X_2,\cdots,X_n)$ 是来自总体 X 的一个样本，则统计量 $X_1+X_2+\cdots+X_n$ 的抽样分布为二项分布 $b(n,p)$。

例 1.3.5　设总体 $X\sim N(\mu,\sigma^2)$，$(X_1,X_2,\cdots,X_n)$ 是来自总体 X 的一个样本，则统计量

$$\frac{1}{\sigma^2}\sum_{i=1}^{n}(X_i-\mu)^2=\sum_{i=1}^{n}\left(\frac{X_i-\mu}{\sigma}\right)^2\sim\chi^2(n)。$$

例 1.3.6　X 服从参数为 λ 的泊松分布，$(X_1,X_2,\cdots,X_n)$ 是来自总体 X 的一个样本，则统计量 $X_1+X_2+\cdots+X_n$ 服从参数为 $n\lambda$ 的泊松分布。

可见，在已知总体分布的情况下，抽样分布就是寻求特定样本函数的分布，又称诱导分布。至今已对许多统计量导出一批抽样分布，主要分成以下三类：

（1）精确抽样分布。当总体分布已知时，如果对于任意自然数都能推导出统计量 $T(X_1,X_2,\cdots,X_n)$ 的显示表达式，这样的抽样分布为精确抽样分布。该抽样分布主要用于小样本问题的统计推断。目前的精确抽样分布大多是在正态总体下得到的，如卡方分布、t 分布以及 F 分布等。

（2）渐近抽样分布。尽管精确抽样分布能够精确描述统计量的分布，然而，在大多数场合，精确抽样分布不容易导出，或者导出的精确分布过于复杂，难以使用，这时人们借助

极限工具，寻求在样本量 n 无限大时统计量 $T(X_1,X_2,\cdots,X_n)$ 的极限分布，称为统计量的渐近抽样分布。该分布利用极限分布作为抽样分布的一种近似，主要用于大样本的推断问题。如很多渐近分布用正态分布，卡方分布等表示。

(3) 近似抽样分布。在精确抽样分布和渐近抽样分布都难以导出，或导出的分布难以使用时，人们用各种方法获得统计量 $T(X_1,X_2,\cdots,X_n)$ 的近似分布，不过使用时需要注意获得近似分布的条件。如用统计量 T 的前二阶矩作为正态分布的前二阶矩而获得正态近似，也可以采用随即模拟的方法获得统计量 T 的近似分布等。

1.3.5 单正态总体的抽样分布定理

定理 1.3.4 设$(X_1,X_2,\cdots,X_n)$是来自总体 X 的一个样本，$\overline{X}$为样本均值，

(1) 若总体 X 的分布为 $N(\mu,\sigma^2)$，则$\overline{X}$的精确分布为 $N\left(\mu,\dfrac{\sigma^2}{n}\right)$；

(2) 若总体 X 分布未知或不是正态分布，但 $E(X)=\mu,D(X)=\sigma^2$存在，则 n 较大时样本均值$\overline{X}$的渐近分布为 $N\left(\mu,\dfrac{\sigma^2}{n}\right)$，常记为$\overline{X}\dot{\sim} N\left(\mu,\dfrac{\sigma^2}{n}\right)$.

证明：(1) n 个独立同分布的正态变量 $N(\mu,\sigma^2)$之和的分布为 $N(n\mu,n\sigma^2)$，再除以 n 即得结论成立。

(2) 该结论是独立同分布中心极限定理的结果。

定理 1.3.5 设在两个 n 维随机向量 $X=(X_1,X_2,\cdots,X_n)'$与 $Y=(Y_1,Y_2,\cdots,Y_n)'$间有一线性变换 $Y=AX$，其中 $A=(a_{ij})$为 $n\times n$ 阶方阵，则它们的期望向量与方差协方差阵之间有如下关系：

$$E(Y)=AE(X)$$

$$Var(Y)=AVar(X)A'$$

证明：利用线性变换以及数学期望的性质即可证明。

定理 1.3.6（单正态总体的抽样分布定理）

设总体 $X\sim N(\mu,\sigma^2)$，$(X_1,X_2,\cdots,X_n)$是来自总体 X 的一个样本，$\overline{X}$和S^2分别为此样本的样本均值 $\overline{X}=\dfrac{1}{n}\sum\limits_{i=1}^{n}X_i$ 以及样本方差 $S^2=\dfrac{1}{n-1}\sum\limits_{i=1}^{n}(X_i-\overline{X})^2$，则有

(1) 样本均值$\overline{X}\sim N\left(\mu,\dfrac{\sigma^2}{n}\right)$；

(2) 统计量$\dfrac{n-1}{\sigma^2}S^2\sim\chi^2(n-1)$；

(3) $\overline{X}$和S^2相互独立；

(4) 统计量 $T=\dfrac{\overline{X}-\mu}{S/\sqrt{n}}\sim t(n-1)$。

证明：(1) 结论 (1) 根据正态分布的性质显然成立。

(2) 记 $X=(X_1,X_2,\cdots,X_n)'$，则有 $E(X)=(\mu,\cdots,\mu)'$，$Var(X)=\sigma^2 I$。

取一个 n 维正交矩阵 A，其第一行的每一个元素均为 $1/\sqrt{n}$，具体如下：

$$A=\begin{bmatrix} 1/\sqrt{n} & 1/\sqrt{n} & 1/\sqrt{n} & \cdots & 1/\sqrt{n} \\ 1/\sqrt{2\cdot 1} & -1/\sqrt{2\cdot 1} & 0 & \cdots & 0 \\ 1/\sqrt{3\cdot 2} & 1/\sqrt{3\cdot 2} & -2/\sqrt{3\cdot 2} & \cdots & 0 \\ \vdots & \vdots & \vdots & \ddots & \vdots \\ 1/\sqrt{n\cdot(n-1)} & 1/\sqrt{n\cdot(n-1)} & 1/\sqrt{n\cdot(n-1)} & \cdots & -(n-1)/\sqrt{n\cdot(n-1)} \end{bmatrix}$$

令 $Y=AX$，则由多元正态分布的性质知 Y 仍服从 n 维正态分布，其均值和方差分别为：

$$E(Y)=AE(X)=(\sqrt{n}\mu,0,\cdots,0)'$$

$$Var(Y)=AVar(X)A'=A\sigma^2IA'=\sigma^2AA'=\sigma^2I$$

由此，$Y=(Y_1,Y_2,\cdots,Y_n)'$的各个分量相互独立，且服从正态分布，其方差均为σ^2，Y_1的均值为$\sqrt{n}\mu$，$Y_1,Y_2,\cdots,Y_n$的均值均为 0。注意到$\overline{X}=\frac{1}{\sqrt{n}}Y_1$。

由于 $\sum_{i=1}^{n}Y_i^2=Y'Y=X'A'AX=X'X=\sum_{i=1}^{n}X_i^2$，故

$$(n-1)\cdot S^2=\sum_{i=1}^{n}(X_i-\overline{X})^2=\sum_{i=1}^{n}X_i^2-(\sqrt{n}\,\overline{X})^2=\sum_{i=1}^{n}Y_i^2-Y_1^2=\sum_{i=2}^{n}Y_i^2$$

由于$Y_2,Y_3,\cdots,Y_n$独立同分布于 $N(0,\sigma^2)$，于是

$$\frac{(n-1)S^2}{\sigma^2}=\sum_{i=2}^{n}(Y_i/\sigma)^2\sim\chi^2(n-1)$$

这就证明了结论（2）。

（3）因为$\overline{X}$仅Y_1有关，S^2仅与$Y_2,Y_3,\cdots,Y_n$有关，这就证明了结论（3）。

（4）根据 t 分布的定义 1.3.3，可知结论（4）成立。

例 1.3.7　在总体 $N(80,20^2)$中随机抽取一样本容量为 100 的样本，问样本均值与总体均值差的绝对值大于 3 的概率是多少？

解： $P(|\overline{X}-80|>3)=P\left(\left|\frac{\overline{X}-80}{\frac{20}{\sqrt{100}}}\right|>\frac{3}{2}\right)=2\Phi(1.5)=2\times0.9932=0.1336$

例 1.3.8　分别从正态总体 $N(\mu_1,\sigma^2)$和 $N(\mu_2,\sigma^2)$中抽取样本容量为n_1和n_2的两个独立样本，其样本方差分别为S_1^2和S_2^2，

证明：（1）对 $\alpha\in(0,1)$，$S_\alpha^2=\alpha S_1^2+(1-\alpha)S_2^2$是$\sigma^2$的无偏估计。

（2）求 α 使S_α^2的方差在估计类$\{\alpha S_1^2+(1-\alpha)S_2^2\}$中最小。

证明：（1）由于两正态总体的方差相等，故有 $E(S_1^2)=E(S_2^2)=\sigma^2$，从而有：

$E(S_\alpha^2)=\alpha E(S_1^2)+(1-\alpha)E(S_2^2)=\sigma^2$

这就证明了（1）。

（2）由定理 1.3.6 可知

$$\frac{(n_i-1)S_i^2}{\sigma^2}\sim\chi^2(n_i-1),i=1,2$$

由χ^2分布的方差知，$Var(S_i^2)=\frac{2\sigma^4}{n_i-1},(i=1,2)$，从而有

$$Var(S_\alpha^2) = \alpha^2 Var(S_1^2) + (1-\alpha)^2 Var(S_2^2)$$
$$= 2\sigma^4\left[\frac{n_1+n_2-2}{(n_1-1)(n_2-1)}\alpha^2 - \frac{2\alpha}{n_2-1} + \frac{1}{n_2-1}\right]$$

因而当 $\alpha = \frac{n_1-1}{n_1+n_2-2}$ 时，可使 $Var(S_\alpha^2)$ 达到最小。

1.3.6 两正态总体的抽样分布定理

定理 1.3.7 设总体 $X \sim N(\mu_1, \sigma^2)$，$Y \sim N(\mu_2, \sigma^2)$，$(X_1, X_2, \cdots, X_n)$ 是来自总体 X 的一个样本，$(Y_1, Y_2, \cdots, Y_n)$ 是来自总体 Y 的一个样本，且这两个样本相互独立，$\overline{X}, \overline{Y}$ 分别是对应的样本均值，S_1^2, S_2^2 分别是对应的样本方差，则

（1）统计量 $\frac{(\overline{X}-\overline{Y})-(\mu_1-\mu_2)}{\sqrt{\sigma_1^2/n_1+\sigma_2^2/n_2}} \sim N(0,1)$；

（2）当 σ_1^2, σ_2^2 未知，但 $\sigma_1^2 = \sigma_2^2$ 时，统计量

$$\frac{(\overline{X}-\overline{Y})-(\mu_1-\mu_2)}{S_w\sqrt{\frac{1}{n_1}+\frac{1}{n_2}}} \sim t(n_1+n_2-2),$$

其中 $S_w^2 = \frac{(n_1-1)S_1^2+(n_2-1)S_2^2}{n_1+n_2-2}$；

（3）统计量 $\frac{S_1^2/\sigma_1^2}{S_2^2/\sigma_2^2} \sim F(n_1-1, n_2-1)$。

证明：分别对总体 X 以及总体 Y，利用单正态总体的抽样分布定理 1.3.6，再结合正态分布的性质，以及三大分布的定义与性质即可推导结论成立。

有些统计量的抽样分布难以用精确方法获得，在一些情况中可以采用随机模拟的方法寻找统计量的分布，此时所得的分布都是用样本分位数来表示的。

随机模拟法的基本思想如下：

设总体 X 的分布函数为 $F(x)$，从中抽取一个容量为 n 的样本 $(X_1, X_2, \cdots, X_n)$，其观测值为 $(x_1, x_2, \cdots, x_n)$，从而可得统计量 $T = T(X_1, X_2, \cdots, X_n)$ 的一个观测值 t。将上述过程重复 N 次，可得 T 的 N 个观测值 $t_1, t_2, \cdots, t_N$，只要 N 充分大，那么样本分位数的观测值便是 T 的分布的分位数的一个近似值，并且 N 越大，近似程度越好，因而可将它作为 T 的分位数。当改变样本容量 n 时，可得到不同容量 n 下 T 分布的分位数。

利用随机模拟法研究统计量的分布的关键在于如何产生分布为 $F(x)$ 的容量为 n 的样本。这一点并不是在任何场合都能做到的，即使有可能，也将随分布 $F(x)$ 的具体形式而确定。

如图 1-2 给出了三个不同总体样本均值的分布，三个总体分别是：（1）均匀分布；（2）倒三角分布；（3）指数分布。随着样本量的增加，样本均值的抽样分布逐渐向正态分布逼近，它们的均值都保持不变，而方差则缩小为原来的 $1/n$。当样本量为 30 时，我们看到三个分布都近似于正态分布。

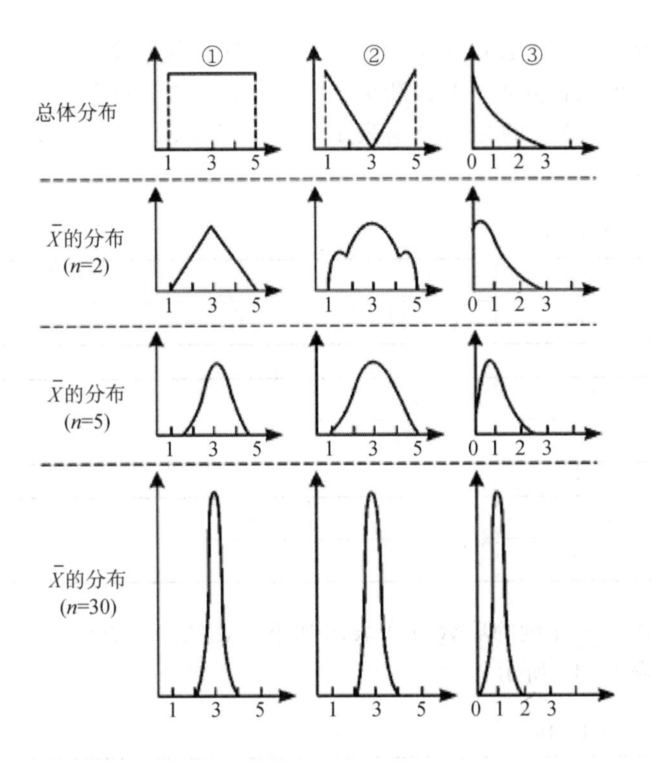

图 1 - 2 不同总体样本均值的分布

1.4 次序统计量

1.4.1 次序统计量

除了矩估计量外，另一类常见的统计量是次序统计量，用来表示样本中各分量大小次序的信息。样本中位数、样本 $p(0<p<1)$ 分位数都是用次序统计量表示的统计量，常用来估计总体中位数与总体 p 分位数。本节将叙述次序统计量的概念及其应用。

定义 1.4.1 设$(X_1,X_2,\cdots,X_n)$来自总体 X 的一个样本，$(x_1,x_2,\cdots,x_n)$为对应的观察值，将其观察值按照从小到大的顺序排列，有$x_{(1)}\leqslant x_{(2)}\leqslant\cdots\leqslant x_{(k)}\leqslant\cdots\leqslant x_{(n)}$，则称$X_{(k)}$为该样本的第 k 个次序统计量，$x_{(k)}$为相应的取值，并称$X_{(1)},X_{(2)},\cdots,X_{(n)}$为样本的次序统计量，$X_{(1)}=\min(X_1,X_2,\cdots,X_n)$为最小次序统计量，$X_{(n)}=\max(X_1,X_2,\cdots,X_n)$为最大次序统计量。

我们知道，样本$(X_1,X_2,\cdots,X_n)$中各个分量都是独立同分布的，然而次序统计量$(X_{(1)},X_{(2)},\cdots,X_{(n)})$中各分量既不独立，也不同分布。下面的例子可以帮我们理解次序统计量的概念。

例 1.4.1 设总体 X 的分布律为（如表 1 - 8 所示）

表 1 - 8

X	0	1	2
P	1/3	1/3	1/3

现从中随机抽取一个样本容量为 3 的样本，分别计算其次序统计量$X_{(1)},X_{(2)},X_{(3)}$,的分布，以及$(X_{(1)},X_{(2)})$的联合分布，并判断次序统计量是否相互独立。

解：（1）$X_{(1)},X_{(2)},X_{(3)}$的分布分别表示如下，可见，$X_{(1)},X_{(2)},X_{(3)}$的分布是不同的（如表 1－9 所示）。

表 1－9

$X_{(1)}$	0	1	2
P	19/27	7/27	1/27

$X_{(2)}$	0	1	2
P	7/27	13/27	7/27

$X_{(3)}$	0	1	2
P	1/27	7/27	19/27

（2）任意两个次序统计量的联合分布表示如下，显然，任意两个次序统计量的联合分布也是不同的（如表 1－10 所示）。

表 1－10

$X_{(2)}$ \ $X_{(1)}$	0	1	2
0	7/27	0	0
1	9/27	4/27	0
2	3/27	3/27	1/27

$X_{(3)}$ \ $X_{(1)}$	0	1	2
0	1/27	0	0
1	6/27	1/27	0
2	12/27	36/27	1/27

$X_{(3)}$ \ $X_{(2)}$	0	1	2
0	1/27	0	0
1	3/27	4/27	0
2	3/27	9/27	7/27

（3）根据上述表示，结合随机变量独立性的判断可知，任意两个次序统计量是不独立的。

定理 1.4.1 设总体 X 的概率密度函数为$f(x)$，分布函数为 $F(x)$，$(X_1,X_2,\cdots,X_n)$为总的一个样本容量为 n 的样本，则第 k 个次序统计量$X_{(k)}$的概率密度函数为

$$f_k(x)=\frac{n!}{(k-1)!\ (n-k)!}[F(x)]^{k-1}[1-F(x)]^{n-k}f(x) \tag{1.4.1}$$

最大次序统计量$X_{(n)}$的概率密度函数为

$$f_n(x) = nf(x)[F(x)]^{n-1} \tag{1.4.2}$$

最大次序统计量$X_{(n)}$的分布函数为

$$F_n(x) = [F(x)]^n \tag{1.4.3}$$

最小次序统计量$X_{(1)}$的概率密度函数为

$$f_1(x) = nf(x)[1-F(x)]^{n-1} \tag{1.4.4}$$

最小次序统计量$X_{(1)}$的分布函数为

$$F_1(x) = 1-[1-F(x)]^n \tag{1.4.5}$$

证明： 对任意的实数 x，考虑次序统计量$X_{(k)}$的取值落在小区间$(x,x+\Delta x]$内这一事件，它等价于“样本容量 n 的样本中有 1 个观测值落在$(x,x+\Delta x]$之间，而有 $k-1$ 个观测值小于等于 x，有 $n-k$ 个观测值大于 $x+\Delta x$”。

样本的每一个分量小于等于 x 的概率为 $F(x)$，落入区间$(x,x+\Delta x]$的概率为 $F(x+\Delta x)-F(x)$，大于 $x+\Delta x$ 的概率为 $1-F(x+\Delta x)$，而将 n 个分量分成这样的三组，总的分法数有$\dfrac{n!}{(k-1)!\ 1!\ (n-k)!}$种。于是，若以$F_k(x)$记$X_{(k)}$的分布函数，则由多项分布可得

$$F(x+\Delta x)-F(x) \approx \frac{n!}{(k-1)!\ (n-k)!}[F(x)]^{k-1}[F(x+\Delta x)-F(x)][1-F(x+\Delta x)]^{n-k}$$

两边除以 Δx，并令 $\Delta x \to 0$，即有

$$\begin{aligned} f_k(x) &= \lim_{\Delta x \to 0}\frac{F(x+\Delta x)-F(x)}{\Delta x} \\ &= \frac{n!}{(k-1)!\ (n-k)!}[F(x)]^{k-1}[1-F(x)]^{n-k}f(x) \end{aligned}$$

其中，$f_k(x)$的非零区间与总体的非零区间相同。

为求样本最大次序统计量$X_{(n)}$的概率密度函数，只需要在式（1.4.1）中取 $k=n$ 即可，再根据概率密度函数与分布函数的关系，可得最大次序统计量$X_{(n)}$的分布函数。

为求样本最小次序统计量$X_{(1)}$的概率密度函数，只需要在式（1.4.1）中取 $k=1$ 即可，再根据概率密度函数与分布函数的关系，可得最大次序统计量$X_{(1)}$的分布函数。

这就完成了定理 1.4.1 的证明。

上述定理再次说明，次序统计量中各分量既不独立，也不同分布。

1.4.2　样本极差

样本极差是由样本次序统计量产生的一个统计量，定义如下：

定义 1.4.2　样本容量为 n 的最大次序统计量$X_{(n)}$与最小次序统计量$X_{(1)}$的差称为样本极差，简称极差，常用 $R=X_{(n)}-X_{(1)}$表示。

关于极差要注意两个方面，极差含有总体标准差的信息，因为极差表示样本取值范围的大小，也反映总体取值分散与集中的程度。一般来说，若总体的标准差较大，从中取出的样本的极差也会大些；若总体的标准差较小，从中取出的样本的极差也会小些。反过来也如此，若样本极差较大，说明总体取值较分散，那么相应的总体标准差也较大；若样本极差较小，则总体取值相对集中一些，从而该总体的标准差较小。

极差反映总体标准差的信息，受样本量的影响较大，一般来说，样本量大，极差也大。

在实际中极差常常在小样本($n \leq 10$)场合使用，而在大样本场合很少使用。这时因为极差仅仅使用了样本中两个极端点的信息，而把中间的信息都丢弃了，当样本容量很大时，丢弃的信息也就很多，从而留下的信息过少，其使用价值就不大了。

1.4.3 样本中位数与样本 *p* 分位数

样本中位数是总体中位数的影子，常用来估计总体中位数，且样本量越大，效果越好，它的定义如下：

定义 1.4.3 设$X_{(1)} \leq X_{(2)} \leq \cdots \leq X_{(k)} \leq \cdots \leq X_{(n)}$是容量为 n 的样本的次序统计量，则称如下统计量

$$m_d = \begin{cases} X_{(n+1)/2} \\ \frac{1}{2}\left[X_{(\frac{n}{2})} + X_{(\frac{n}{2}+1)}\right] \end{cases}$$

为该样本的样本中位数。

比样本中位数更一般的概念是样本 p 分位数，它的定义如下：

定义 1.4.4 设$X_{(1)} \leq X_{(2)} \leq \cdots \leq X_{(k)} \leq \cdots \leq X_{(n)}$是容量为 n 的样本的次序统计量，对于给定的 $p(0<p<1)$，则称如下统计量

$$m_p = \begin{cases} X_{([np]+1)} & np \text{ 不是整数} \\ \frac{1}{2}\left[X_{[np]} + X_{([np]+1)}\right] & np \text{ 是整数} \end{cases}$$

为该样本的样本 p 分位数，其中，$[np]$为 np 的整数部分。

样本 p 分位数m_p总是总体分位数X_p（概率方程$F(X_p)=p$ 的解）的估计量。

例 1.4.2 一批砖在交付客户之前要抽检其抗压强度（单位：MPa），现从中随机抽取 10 块砖，测得其抗压强度为（已排序）：

4.7	5.4	6.0	6.5	7.3
7.7	8.2	9.0	10.1	17.2

计算其样本中位数。

解： 根据样本中位数的定义进行可知，样本容量 $n=10$，为偶数，从而有

$$m_d = \frac{1}{2}(X_{(5)} + X_{(6)}) = 7.5$$

后经复查发现，样本中的 17.2 属于抄录之误，原始记录为 11.2，把 17.2 改正为 11.2 后，样本中位数不变，仍为 7.5。但是样本均值在修正前后分别为 8.21 与 7.61，两者相差 0.6。可见，当样本中出现异常值（指样本中的个别值，它明显偏离其余观察值）时，样本中位数比样本均值更具有抗击异常值干扰的能力。样本中位数的这种抗干扰性在统计学中称为稳健性。

例 1.4.3 轴承的寿命特征常用 10% 分位数表示，记为L_{10}，并称为基本额定寿命。为了估计L_{10}可用样本的 10% 分位数$m_{0.1}$去估计它。譬如 $n=20$，可从一批轴承中随机抽取 20 只作寿命试验，由于 $np=20 \times 0.1=2$ 是整数，按定义 1.4.4 可用第 2 与第 3 个次序统计量的值的平均去估计它，即

$$\hat{L}_{10} = m_{0.1} = \frac{1}{2}(X_{(2)} + X_{(3)})$$

若在 20 只轴承寿命试验中最早损坏的三个轴承的时间（单位：小时）为

705　　1079　　1873

则其基本额定寿命L_{10}的估计为

$$\hat{L}_{10}=\frac{1}{2}(1079+1873)=1476$$

用样本 0.1 分位数估计轴承基本额定寿命L_{10}可以节省大量试验时间，这已成为轴承行业采用的统计方法。

对于多数总体而言，要给出样本 p 分位数的精确分布通常不是一件容易的事。幸运的是，当 $n\to+\infty$时，样本 p 分位数的渐近分布有比较简单的表达式，在这里我们不加证明地给出如下定理。

定理 1.4.2　设总体概率密度函数为 $f(x)$，x_p为其 p 分位数，若 $f(x)$ 在x_p处连续，且 $f(x_p)>0$，则当 $n\to+\infty$时，样本 p 分位数m_p的渐近分布为

$$m_p \dot{\sim} N\left[x_p,\frac{p(1-p)}{np^2(x_p)}\right]$$

特别地，对于样本中位数，当 $n\to+\infty$时，近似地有

$$m_{0.5} \dot{\sim} N\left[x_{0.5},\frac{1}{4np^2(x_{0.5})}\right]$$

1.5　充分统计量

1.5.1　充分统计量的概念

大家知道，构造一个统计量就是对样本（$X_1,X_2,\cdots,X_n$）进行加工，这种加工就是把原来为数众多且杂乱无章的数据转化为一个或少数几个统计量，达到简化数据（降低维数）、便于使用的目的，这是加工样本的要求之一；加工样本的要求之二是去粗取精，不损失（重要）信息。满足这两项要求的统计量在统计学中称为充分统计量。

（1）设总体的分布函数$F_\theta(x)$已知，但参数 θ 未知，这样确定分布的问题归结为未知参数 θ 的估计问题。为此，从该总体中随机抽取一个样本容量为 n 的样本（$X_1,X_2,\cdots,X_n$），该样本的分布函数为

$$F_\theta(x)=\prod_{i=1}^{n}F_\theta(x_i)$$

这说明样本中包含参数 θ 的信息。

（2）为了估计参数 θ，可构造一个统计量 $T=T(X_1,X_2,\cdots,X_n)$，使它尽量多地含有参数 θ 的信息。假如 T 的抽样分布$F_\theta^T(t)$与样本分布$F_\theta(x)$所包含参数 θ 的信息一样多，那就可以用统计量 T 代替样本从事统计推断，达到简化数据和不损失信息的目的。如何考察“所含有的信息一样多”呢？

可以设想

$$\begin{Bmatrix}\text{样本 } x \text{ 中所含有}\\ \text{参数 } \theta \text{ 的信息}\end{Bmatrix}=\begin{Bmatrix}\text{统计量 } T \text{ 所含有}\\ \text{参数 } \theta \text{ 的信息}\end{Bmatrix}+\begin{Bmatrix}\text{在 } T \text{ 取值为 } t \text{ 后样本 } x \text{ 中还}\\ \text{含有参数 } \theta \text{ 的信息}\end{Bmatrix}$$

上式右端最后一项涉及条件分布$F_\theta(x\mid T=t)$中还含有多少有关参数 θ 的信息，有如下两

种情况：

若$F_\theta(x|T=t)$依赖于参数θ，则此条件分布仍含有有关θ的信息。这表明统计量T没有把样本中有关θ的信息全部概括进去。

若$F_\theta(x|T=t)$不依赖于参数θ，则此条件分布已不含有θ的任何信息。这表明有关θ的信息全部都含在统计量T之中，使用统计量T不会损失有关θ的信息。这正是统计量T具有充分性的含义。

综上所述，统计量$T=T(X_1,X_2,\cdots,X_n)$是否具有充分性，关键在于考察条件分布$F_\theta(x|T=t)$是否与θ有关。下面，给出充分统计量的概念。

例 1.5.1　设总体X服从两点分布$b(1,p)$，即$P(X=x)=p^x(1-p)^{1-x}(x=0,1)$，其中$0<p<1$，$(X_1,X_2,\cdots,X_n)$是来自总体$X$的一个样本，考察下面两个统计量是否为充分统计量？

$$T_1=\sum_{i=1}^{n}X_i$$

$$T_2=X_1+X_2$$

解：首先指出该样本的联合分布是

$$P(X_1=x_1,X_2=x_2,\cdots,X_n=x_n)=\prod_{i=1}^{n}p^{x_i}(1-p)^{1-x_i}$$

其中，x_i取值为 0 或 1，而统计量$T_1=\sum\limits_{i=1}^{n}X_i$的分布为二项分布$b(n,p)$，即

$$P(T_1=t)=\binom{n}{t}p^t(1-p)^{n-t},t=0,1,2,\cdots,n$$

在给定$T_1=t$的条件下，样本的条件分布为

$$\begin{aligned}&P(X_1=x_1,X_2=x_2,\cdots,X_n=x_n|T_1=t)\\&=\frac{P(X_1=x_1,X_2=x_2,\cdots,X_n=x_n,T_1=t)}{P(T_1=t)}\\&=\frac{P\left(X_1=x_1,X_2=x_2,\cdots,X_n=t-\sum\limits_{i=1}^{n-1}x_i\right)}{P(T_1=t)}\\&=\frac{p^n(1-p)^{n-t}}{\binom{n}{t}p^t(1-p)^{n-t}}=\binom{n}{t}^{-1}\end{aligned}$$

计算结果表明，这个条件分布于参数p无关，即它不含参数p的信息，这意味着样本中有关p的信息都含在统计量T_1中。

另外，统计量$T_2=X_1+X_2$的分布为$b(2,p)$，在给定$T_2=t$的条件下，样本的条件分布为

$$\begin{aligned}&P(X_1=x_1,X_2=x_2,\cdots,X_n=x_n|T_2=t)\\&=\frac{P(X_1=x_1,X_2=t-x_1,X_3=x_3,\cdots,X_n=x_n)}{P(T_2=t)}\\&=\frac{p^{t+\sum_{i=3}^{n}x_i}(1-p)^{n-t-\sum_{i=3}^{n}x_i}}{\binom{2}{t}p^t(1-p)^{2-t}}\end{aligned}$$

$$= \binom{2}{t}^{-1} p^{\sum_{i=3}^{n} x_i} (1-p)^{n-2\sum_{i=3}^{n} x_i}$$

这表明此条件分布与参数 p 有关，即它含有未知参数 p 的信息，而样本中有关 p 的信息没有完全包含在统计量T_2中。

从这个例子可以看出，用条件分布于未知参数无关来表示不损失样本中未知参数的信息是妥当的。一般充分统计量的定义也是这样给出的。

定义 1.5.1　设有一个分布族 $F=\{F\}$，$(X_1,X_2,\cdots,X_n)$是从某分布 $F\in F$ 中抽取的一个样本。$T=T(X_1,X_2,\cdots,X_n)$是一个统计量（也可以是向量统计量）。若在给定 $T=t$ 下，样本 X 的条件分布与总体分布 F 无关，则称 T 为此分布族 F 的充分统计量。假如 $F=\{F_\theta,\theta\in\Theta\}$ 是参数分布族（θ 可以是向量），在给定 $T=t$ 下，样本 X 的条件分布与参数 θ 无关，则称 T 为参数 θ 的充分统计量。

简单来说，设 $(X_1,X_2,\cdots,X_n)$是来自总体 $Y=kX\sim Ga(\alpha,\lambda/k),k\neq 0$ 的一个样本，其分布函数为 $F(x,\theta)$，$T=T(X_1,X_2,\cdots,X_n)$是一个统计量，当给定 $T=t$ 时，样本 $(X_1,X_2,\cdots,X_n)$的条件分布与参数 θ 无关，则称 T 是 θ 的充分统计量。

从上述定义中，我们把充分统计量适用于参数分布族扩展到任一分布族上。在实际应用中，定义中的条件分布可用条件分布列（在离散场合）或条件概率密度函数（在连续场合）来代替。

按照上述定义，可推得下面的结果。

定理 1.5.1　设 $T=T(X_1,X_2,\cdots,X_n)$是参数 θ 的充分统计量，$s=\Psi(t)$是严格单调函数，则 $S=\Psi[t(X_1,X_2,\cdots,X_n)]$也是 θ 的一个充分统计量。

证明：由于 $s=\Psi(t)$是严格单调函数，事件“$S=s$”与事件“$T=t$”是相等的，故其条件分布有$F_\theta(x|T=t)=F_\theta(x|S=s)$，由此即可推得此定理成立。

因此，充分统计量就是统计量包含了总体分布中未知参数的所有信息。

例 1.5.2　设总体 X 服从几何分布，即 $P(X=x)=p(1-p)^x(x=0,1,2,\cdots)$，其中 $0<p<1$，$(X_1,X_2,\cdots,X_n)$来自总体 X 的一个样本，则 $T=\sum_{i=1}^{n}X_i$ 是参数 p 的充分统计量。

事实上，X_i来自几何分布，其和 $T=\sum_{i=1}^{n}X_i$ 服从负二项分布，即

$$P(T=t)=\binom{t+n-1}{n-1}p^n(1-p)^t,t=0,1,2,\cdots,n$$

所以在 $T=t$ 时，样本的条件分布为：

$$\begin{aligned}&P(X_1=x_1,X_2=x_2,\cdots,X_n=x_n|T=t)\\&=\frac{P(X_1=x_1,X_2=x_2,\cdots,X_n=x_n,T=t)}{P(T=t)}\\&=\frac{p^n(1-p)^t}{\binom{t+n-1}{n-1}p^n(1-p)^t}=\binom{t+n-1}{n-1}^{-1}\end{aligned}$$

可见，这个条件分布与参数 p 无关，从而 $T=\sum_{i=1}^{n}X_i$ 是参数 p 的充分统计量。

下面的引理将在连续分布场合给出条件密度函数的一种表示形式，这为讨论充分统计量

提供了方便。

引理 1.5.1 设 $(X_1, X_2, \cdots, X_n)$ 是来自密度函数 $f_\theta(x)$ 的一个样本，$T=T(X)$ 是一个统计量，则在 $T=t$ 下，样本 X 的条件密度函数 $f_\theta(x|t)$ 可表示为：

$$f_\theta(x|t)=\frac{f_\theta(x)I\{T(x)=t\}}{f_\theta(t)}$$

其中，$I\{T(x)=t\}$ 是事件“$T(x)=t$”的示性函数。

证明：由于 x 与 T 的联合密度函数可分解为：

$$f_\theta(x,t)=f_\theta(x)f_\theta(t|x)=f_\theta(t)f_\theta(x|t)$$

其中，$f_\theta(t|x)$ 是退化分布，因为 T 是 x 的函数，当样本 x 给定时，T 只能取 t，即

$$P(T(x)=t|x)=1$$

而 $P(T(x)\neq t|x)=0$，或简单记为：

$$I\{T(x)=t\}=f_\theta(t|x)=\begin{cases}1 & T(x)=t\\0 & T(x)\neq t\end{cases}$$

由此可得联合分布

$$f_\theta(x,t)=f_\theta(x)I\{T(x)=t\}$$

最后得到

$$f_\theta(x|t)=\frac{f_\theta(x,t)}{f_\theta(t)}=\frac{f_\theta(x)I\{T(x)=t\}}{f_\theta(t)}$$

这就证明了此引理。

1.5.2 因子分解定理——费希尔－奈曼准则

充分统计量是数理统计中重要概念之一，也是数理统计这一学科所特有的基本概念。它是费歇尔 1925 年提出的。但从定义出发来证明一个统计量是充分统计量，由于涉及条件分布的计算，常常比较烦琐。奈曼（J. Neyman）和哈尔姆斯（P. R. Halmos）在 20 世纪 40 年代提出并严格证明了一个判定充分统计量的法则——因子分解定理。这个定理适用面广，且应用方便，是一个很重要的结果。

定理 1.5.2（因子分解定理）

设有一个参数分布族 $F=\{f_\theta(x), \theta\in\Theta\}$，其中 $f_\theta(x), (x\in X)$ 在离散总体的情况下表示样本的分布列，在连续总体的情况下表示样本的概率密度函数，则在样本空间 X 上取值的统计量 $T(x)$ 是充分的，当且仅当存在这样两个函数：

（1）X 上的非负函数 $h(x)$；

（2）在统计量 $T(x)$ 取值空间 T 上的函数 $g_\theta(t)$，使

$$f_\theta(x)=g_\theta[T(x)]h(x), \theta\in\Theta, x\in X$$

这个定理表明，假如存在充分统计量 $T(x)$，那么样本分布 $f_\theta(x)$ 一定可以分解为两个因子的乘积，其中一个因子与 θ 无关，仅与样本 x 有关；另一个因子与 θ 有关，但与样本 x 的关系一定要通过充分统计量 $T(x)$ 表现出来。应该指出，这个定理中的 $T(x)$ 可以是向量统计量。

对上述定理针对总体是连续情况以及离散情况分别进行说明，有如下结论：

（1）总体为连续型情况：设总体 X 具有密度函数 $f(x,\theta)$，$(X_1, X_2, \cdots, X_n)$ 是一个样本，

$T=T(X_1,X_2,\cdots,X_n)$是一个统计量，则 T 是 θ 充分统计量的充要条件是：样本的联合分布密度函数可以分解为

$$L(\theta)=\prod_{i=1}^{n}f(x_i,\theta)=h(x_1,x_2,\cdots,x_n)g[T(x_1,x_2,\cdots,x_n);\theta]$$

其中 h 是$x_1,x_2,\cdots,x_n$的非负函数且与 θ 无关，g 仅通过 T 依赖于$x_1,x_2,\cdots,x_n$。

（2）总体为离散型情况：设总体 X 的分布律为 $P[X=x^{(i)}]=p[x^{(i)};\theta]$，$(X_1,X_2,\cdots,X_n)$是一个样本，$T=T(X_1,X_2,\cdots,X_n)$是一个统计量，则 T 是 θ 的充分统计量的充要条件是：样本的联合分布律可以表示为

$$\begin{aligned}P(X_1=x_1,X_2=x_2,\cdots,X_n=x_n)&=\prod_{i=1}^{n}P(X_i=x_i)\\&=h(x_1,x_2,\cdots,x_n)g[T(x_1,x_2,\cdots,x_n);\theta]\end{aligned}$$

其中 h 是$x_1,x_2,\cdots,x_n$的非负函数且与 θ 无关，g 仅通过 T 依赖于$x_1,x_2,\cdots,x_n$。

注意：如果参数 θ 与 T 维数相同，不能由 T 关于 θ 的充分性推断出 T 的第 i 个分量关于 θ 的第 i 个分量是充分的。在后面的学习中，我们会学到参数的极大似然估计一定可以表示为充分统计量的函数。

1.6　常用的概率分布族

1.6.1　常用概率分布族表

表 1－11 列出了一下常用的概率分布族，其中分布与参数空间两列组成一个（概率）分布族，如：

二项分布族$\{b(n,p);0<p<1\}$

泊松分布族$\{P(\lambda);\lambda>0\}$

正态分布族$\{N(\mu,\sigma^2);-\infty<\mu<+\infty,\sigma>0)\}$

均匀分布族$\{U(a,b);-\infty<a<b<+\infty\}$

指数分布族$\{\exp(\lambda);\lambda>0\}$

这些分布族是大家所熟悉的，表 1－11 中列出的伽玛分布族以及贝塔分布族将在后面进行介绍，在此基础上概括出更为一般的指数型分布族。

表 1－11　　**常用的概率分布族**

分布	分布列或密度函数	期望	方差	参数空间
0－1 分布	$p_k=p^k(1-p)^{1-k}k=0,1$	p	$p(1-p)$	$0<p<1$
二项分布	$p_k=\binom{n}{k}p^k(1-p)^{n-k}$ $k=0,1,\cdots,n$	np	$np(1-p)$	$0<p<1$
泊松分布	$p_k=\dfrac{\lambda^k}{k!}e^{-\lambda},k=0,1,\cdots$	λ	λ	$\lambda>0$

续表

分布	分布列或密度函数	期望	方差	参数空间
超几何分布 $h(n,N,M)$	$p_k=\frac{C_M^k C_{N-M}^{n-k}}{C_N^n}$ $k=0,1,\cdots r, r=min\{M,n\}$	$n\frac{M}{N}$	$\frac{nM(N-M)(N-n)}{N^2(N-1)}$	N,M,n 为自然数，$N>M$
几何分布 $Ge(p)$	$p_k=p(1-p)^{1-k}k=1,2,\cdots$	$1/p$	$(1-p)/p^2$	$0<p<1$
负二项分布 $Nb(r,p)$	$p_k=\begin{pmatrix}k-1\\r-1k\end{pmatrix}p^r(1-p)^{k-r}$ $k=r,r+1,\cdots$	r/p	$r(1-p)/p^2$	$0<p<1$ r 为实数
正态分布 $N(\mu,\sigma^2)$	$f(x)=\frac{1}{\sqrt{2\pi}\sigma}e^{-\frac{(x-\mu)2}{2\sigma^2}}$ $-\infty<x<+\infty$	μ	σ^2	$-\infty<\mu<+\infty$ $\sigma>0$
标准正态分布 $N(0,1)$	$f(x)=\frac{1}{\sqrt{2\pi}}e^{-\frac{x2}{2}}$ $-\infty<x<+\infty$	0	1	
对数正态分布 $LN(\mu,\sigma^2)$	$f(x)=\frac{1}{\sqrt{2\pi}\sigma x}e^{-\frac{(lnx-\mu)2}{2\sigma^2}}$ $x>0$	$e^{\mu+\frac{\sigma2}{2}}$	$e^{2\mu+\sigma^2}(-1)$	$-\infty<\mu<+\infty$ $\sigma>0$
均匀分布 $U(a,b)$	$f(x)=\frac{1}{b-a}$ $a<x<b$	$\frac{a+b}{2}$	$\frac{(b-a)^2}{12}$	$-\infty<a<+\infty$ $b<+\infty$
指数分布 $\exp(\lambda)$	$f(x)=\lambda e^{-\lambda x}$ $x\geqslant 0$	$\frac{1}{\lambda}$	$\frac{1}{\lambda^2}$	$\lambda>0$
伽玛分布 $Ga(\alpha,\lambda)$	$f(x)=\frac{\lambda^\alpha}{\Gamma(\alpha)}x^{\alpha-1}e^{-\lambda x}$ $x\geqslant 0$	$\frac{\alpha}{\lambda}$	$\frac{\alpha}{\lambda^2}$	$\alpha>0$ $\lambda>0$
卡方分布 $\chi^2(n)$	$f(x)=\frac{1}{2^{\frac{n}{2}}\Gamma(n/2)}x^{\frac{n}{2}-1}e^{-x/2}$ $x\geqslant 0$	n	$2n$	$n>0$
倒伽玛分布 $IGa(\alpha,\lambda)$	$f(x)=\frac{\lambda^\alpha}{\Gamma(\alpha)}x^{-\alpha-1}e^{-\lambda/x}$ $x>0$	$\frac{\lambda}{\alpha-1}$	$\frac{\lambda^2}{(\alpha-1)^2(\alpha-2)}$	$\alpha>0$ $\lambda>0$
贝塔分布 $Be(a,b)$	$f(x)=\frac{\Gamma(a)\Gamma(b)}{\Gamma(a+b)}x^{a-1}(1-x)^{b-1}$ $0<x<1$	$\frac{a}{a+b}$	$\frac{ab}{(a+b)^2(a+b+1)}$	$a>0$ $b>0$
t 分布 $t(n)$	$f(x)=\frac{\Gamma[(n+1)/2]}{\sqrt{\pi n}\Gamma(n/2)}\left(1+\frac{x^2}{n}\right)^{-\frac{n+1}{2}}$	0 $(n>1)$	$n/(n-2)$ $(n>2)$	$n>0$
F 分布 $F(n_1,n_2)$	$f(x)=\frac{\Gamma[(n_1+n_2)/2]}{\Gamma(n_1/2)\Gamma(n_2/2)}\left(\frac{n_1}{n_2}\right)^{\frac{n_1}{2}}x^{\frac{n_1}{2}-1}$ $\left(1+\frac{n_1}{n_2}x\right)^{-\frac{n_1+n_2}{2}}$ $x>0$	$\frac{n_2}{n_2-2}$ $n_2>2$	$\frac{n_2^2(n_1+n_2-2)}{n_1(n_2-2)^2(n_2-4)}$	$n_1>0$ $n_2>0$

表 1－11 所列的分布族又称为参数分布族，这类分布族中的分布能被有限个参数唯一确定。分布族是统计研究的出发点，明确地指出分布族就是明确了一项统计研究的已知条件，所得结果适用于该分布族中的所有分布。

1.6.2　伽马分布族

1. 伽马函数

称以下函数 $\Gamma(\alpha)=\int_0^{+\infty} x^{\alpha-1}e^{-x}dx$ 为伽马函数，其中参数 $\alpha>0$。

伽马函数具有如下性质：

(1) $\Gamma(1)=1, \Gamma(0.5)=\sqrt{\pi}$

(2) $\Gamma(\alpha+1)=\alpha\Gamma(\alpha)$（可用分部积分法证得）

当 α 为自然数 n 时，有 $\Gamma(n+1)=n\Gamma(n)=n!$

2. 伽马分布

若随机变量 X 的密度函数为

$$p(x)=\begin{cases}\dfrac{\lambda^{\alpha}}{\Gamma(\alpha)}x^{\alpha-1}e^{-\lambda x} & x\geqslant 0\\ 0 & x<0\end{cases}$$

则称 X 服从伽马分布，记为 $X\sim Ga(\alpha,\lambda)$，其中 $\alpha>0$ 为形状参数，$\lambda>0$ 为尺度参数。伽马分布族记为 $\{Ga(\alpha,\lambda);\alpha>0,\lambda>0\}$。

图 1－3 给出若干条 λ 固定、α 不同的伽马密度函数曲线，从图中可以看出：

(1) $0<\alpha<1$ 时，$p(x)$ 是严格下降函数，且在 $x=0$ 处有奇异点；

(2) $\alpha=1$ 时，$p(x)$ 是严格下降函数，且在 $x=0$ 处 $p(0)=\lambda$；

(3) $1<\alpha\leqslant 2$ 时，$p(x)$ 是单峰函数，先上凸、后下凹；

(4) $\alpha>2$ 时，$p(x)$ 是单峰函数，先下凸、中间上凸、后下凹。且 α 越大，$p(x)$ 越近似于正态密度。

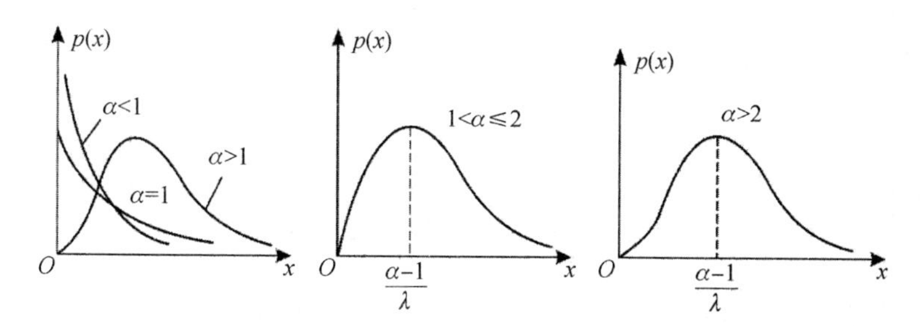

图 1－3　λ 固定、不同 α 的伽马密度函数曲线

伽马分布 $Ga(\alpha,\lambda)$ 的 k 阶矩为

$$\mu_k=E(X^k)=\frac{\Gamma(\alpha+k)}{\lambda^k\Gamma(\alpha)}=\frac{\alpha(\alpha-1)\cdots(\alpha+k-1)}{\lambda^k}$$

由此算得其期望、方差、偏度 β_s 与峰度 β_k 分别为

$$E(X)=\frac{\alpha}{\lambda}, Var(X)=\frac{\alpha}{\lambda^2}, \beta_s=\frac{2}{\sqrt{\alpha}}, \beta_k=\frac{6}{\alpha}$$

可见，影响伽玛分布形状的偏度β_s与峰度β_k只与 α 有关，这就是称 α 为形状参数的原因，且随着 α 增大，β_s与β_k越来越小，最后趋于正态分布的状态：$\beta_s=0$ 与$\beta_k=0$。

3. 伽玛分布的两个特例

伽玛分布有两个常用的特例：

（1）当 $\alpha=1$ 时，伽马分布就是指数分布，即

$$Ga(1,\lambda)=exp\ (\lambda)$$

（2）当 $\alpha=\frac{n}{2}, \lambda=\frac{1}{2}$时，伽马分布就是自由度为 n 的卡方分布，记为 $\chi^2(n)$，即 $Ga\left(\frac{n}{2},\frac{1}{2}\right)=\chi^2(n)$

4. 伽玛分布的性质

定理 1.6.1　设$X_1\sim Ga(\alpha_1,\lambda), X_2\sim Ga(\alpha_2,\lambda)$，且$X_1$与$X_2$相互独立，则

$$X_1+X_2\sim Ga(\alpha_1+\alpha_2,\lambda)$$

该定理说明伽玛分布关于第一个变量具有可加性。

定理 1.6.2　设 $X\sim Ga(\alpha,\lambda)$，则

$$Y=kX\sim Ga\left(\alpha,\frac{\lambda}{k}\right)k\neq 0$$

由随机变量现线性变换即可获得此定理的证明。这表明任一伽玛变量都可以通过现行变换化为卡方变量，即 $X\sim Ga(\alpha,\lambda)$，则 $Y=2\lambda X\sim\chi^2(2\alpha)$。

定理 1.6.3　设$(X_1,X_2,\cdots,X_n)$是来自正态总体 $N(0,\sigma^2)$的一个样本，则

$$\frac{\sum_{i=1}^{n} X_i^2}{\sigma^2}\sim\chi^2(n)$$

1.6.3　贝塔分布族

1. 贝塔函数

称以下函数

$$B(a,b)=\int_0^1 x^{a-1}\ (1-x)^{b-1}dx$$

为贝塔函数，其中参数 $a>0, b>0$。

贝塔函数具有如下性质：

（1）$B(a,b)=B(b,a)$。

（2）贝塔函数与伽玛函数间有如下关系：

$$B(a,b)=\frac{\Gamma(a)\Gamma(b)}{\Gamma(a+b)}$$

2. 贝塔分布

若随机变量 X 的密度函数为

$$p(x)=\begin{cases}\dfrac{\Gamma(a)\Gamma(b)}{\Gamma(a+b)}x^{a-1}(1-x)^{b-1}, & 0<x<1\\ 0 & 其他\end{cases}$$

则称随机变量 X 服从贝塔分布，记为 $X\sim Be(a,b)$，其中 $a>0,b>0$ 都是形状参数，故贝塔分布族可表示为 $\{Be(a,b);a>0,b>0\}$。

图1-4给出了几种典型的贝塔密度函数曲线。

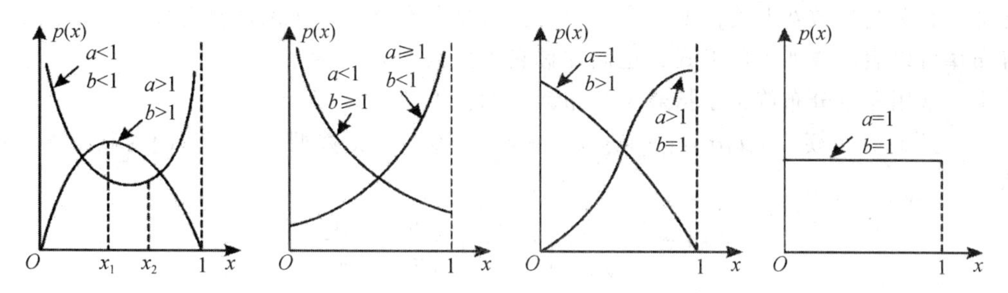

图1-4　贝塔分布密度函数曲线

从图1-4中可以看出：

(1) $a<1,b<1$ 时，$p(x)$是下凹函数。

(2) $a>1,b>1$ 时，$p(x)$是上凸的单峰函数。

(3) $a<1,b\geqslant 1$ 时，$p(x)$是下凹的单调减函数。

(4) $a\geqslant 1,b<1$ 时，$p(x)$是下凹的单调增函数。

(5) $a=1,b=1$ 时，$p(x)$是常数函数，且 $Be(1,1)=U(0,1)$。

贝塔分布 $Be(a,b)$ 的 k 阶矩为：

$$E(X^k)=\frac{\Gamma(a)\Gamma(b)}{\Gamma(a+b)}\int_0^1 x^{a-1}(1-x)^{b-1}dx=\frac{\Gamma(a+b)\Gamma(a+k)}{\Gamma(a+b+k)\Gamma(a)}$$

由此可得 $Be(a,b)$ 的期望与方差为：

$$E(X)=\frac{a}{a+b},Var(X)=\frac{ab}{(a+b)^2(a+b+1)}$$

类似可算得 $Be(a,b)$ 的偏度与峰度，它们都依赖 a 和 b。可见参数 a 与 b 对贝塔分布的位置、散布、形状都有影响，很难区分个别参数的特殊贡献。

1.6.4　指数型分布族

定义1.6.1　一个概率分布族 $F=\{f_\theta(x);\theta\in\Theta\}$ 称为指数型分布族，假如 F 中的分布（分布列或密度函数）都可以表示成如下的形式

$$f_\theta(x)=C(\theta)\exp\{\sum_{j=1}^{k}b_j(\theta)T_j(x)\}h(x)$$

其中，k 为自然数，分布的支撑 $\{x:f_\theta(x)>0\}$ 与参数 θ 无关，$C(\theta)$，$b_j(\theta),j=1,2,\cdots,k$ 是定义在参数空间 Θ 上的函数，$h(x)>0$，$T_j(x),j=1,2,\cdots,k$ 是 $j=1,2,\cdots,k$ 的函数，但 $h(x)$ 与 $T_j(x),j=1,2,\cdots,k$ 线性无关。

当总体中包含多个未知参数时，上述定义同样成立，只需要将参数化为参数向量即可。考虑到样本的分布也是总体分布的体现，对于上述指数型分布族也可以通过样本的联合概率

密度函数进行验证，具体表述如下：

设总体 X 的概率密度为 $f(x;\theta)$，其中 $\theta=(\theta_1,\theta_2,\cdots,\theta_m)$，$(X_1,X_2,\cdots X_n)$ 为样本，若样本的联合概率密度具有如下形式

$$\prod_{i=1}^{n} f(x_i;\theta) = C(\theta)\exp\{\sum_{j=1}^{m} b_j(\theta)\, T_j(x_1,x_2,\cdots,x_n)\}h(x_1,x_2,\cdots,x_n)$$

并且集合 $\{x:f(x,\theta)>0\}$ 不依赖于 θ，$C(\theta)$ 和 $b_j(\theta)$ 只与参数 θ 有关，与样本无关，T_j,h 只与样本有关与参数 θ 无关，则称 $f(x;\theta)$ 为指数型分布族。对于离散型总体，如果样本的联合分布律可以表示成如上的形式，也同样称它为指数型分布族。

很多常用概率分布族都是指数型分布族，如：

(1) 正态分布族 $\{N(\mu,\sigma^2);-\infty<\mu<+\infty,\sigma>0)\}$ 是指数型分布族，因为其密度函数可表示为

$$f_{\mu,\sigma}(x) = \frac{1}{\sqrt{2\pi}\,\sigma}e^{-\frac{\mu^2}{2\sigma^2}}\exp\left\{\frac{\mu}{\sigma^2}x-\frac{1}{2\sigma^2}x^2\right\}$$

集合 $\{x:f(x,\theta)>0\}$ 不依赖于参数 μ,σ^2，且

$$C(\mu,\sigma^2)=1,h(x_1,x_2,\cdots,x_n)=1$$

$$b_1(\mu,\sigma^2)=\frac{\mu}{\sigma^2},b_2(\mu,\sigma^2)=-\frac{1}{2\sigma^2},$$

$$T_1(x)=x,T_2(x)=x^2$$

(2) 二项分布族是指数型分布族，因为其分布列可表示为：

$$P(X=x)=\binom{n}{x}p^x(1-p)^{n-x}=\binom{n}{x}\left(\frac{p}{1-p}\right)^x(1-p)^n=C(p)\exp\left\{x\ln\frac{p}{1-p}\right\}\binom{n}{x}$$

其支撑为 $\{0,1,\cdots,n\}$，与参数 p 无关，且

$$C(p)=(1-p)^n,h(x)=\binom{n}{x}$$

$$b_1(p)=\ln\frac{p}{1-p},T_1(x)=x$$

(3) 伽玛分布族是指数型分布族，因其密度函数可表示为

$$f_{\alpha,\lambda}(x)=\frac{\lambda^\alpha}{\Gamma(\alpha)}x^{\alpha-1}e^{-\lambda x}=\frac{\lambda^\alpha}{\Gamma(\alpha)}\exp\{(\alpha-1)\ln x-\lambda x\}$$

其支撑为 $\{x>0\}$ 与参数 α,λ 无关，且

$$C(\alpha,\lambda)=\frac{\lambda^\alpha}{\Gamma(\alpha)},h(x)=1$$

$$b_1(\alpha,\lambda)=\alpha-1,b_2(\alpha,\lambda)=-\lambda,$$

$$T_1(x)=\ln x,T_2(x)=x$$

(4) 多项分布族是指数型分布族，因其分布列可表示为

$$P(X_1=x_1,\cdots,X_r=x_r)=\frac{n!}{x_1!\cdots x_r!}p_1^{x_1}\cdots p_r^{x_r}$$

$$=\frac{n!}{x_1!\cdots x_r!}\exp\{\sum_{j=1}^{r}x_j\ln p_j\},(\sum_{j=1}^{r}x_j=n)$$

其支撑为 $\{\sum_{j=1}^{r}x_j=n\}$，与诸参数 p_j 无关，且

$$C(p)=1,h(x)=\frac{n!}{x_1!\ \cdots x_r!}$$

$$b_j(p)=\ln p_j,T_j(x)=x_j,(j=1,2,\cdots,r)$$

但由于 $\sum_{j=1}^{r}T_j(x)=\sum_{j=1}^{r}x_j=n$ 诸x_j间存在线性相关关系，$\sum_{j=1}^{r}x_j=n$，若取$x_r=n-x_1-x_2-x_{r-1}$，上式可改写为

$$P(X_1=x_1,\cdots,X_r=x_r)=\frac{n!}{x_1!\cdots x_r!}e^{n\ln p_r}\exp\left\{\sum_{j=1}^{r}x_j\ln\frac{p_j}{p_r}\right\}$$

其支撑不变，但函数有变化，即

$$C(p)=e^{n\ln p_r},h(x)=\frac{n!}{x_1!\ \cdots x_r!}$$

$$b_j(p)=\ln\frac{p_r}{p_r},T_j(x)=x_j,(j=1,2,\cdots,r-1)$$

其中 $x=(x_1,x_2,\cdots,x_n)$，$p=(p_1,p_2,\cdots,p_r)$。

1.7　习　　题

1. 设总体 X 服从泊松分布，即 X 的分布律为

$$p_k=\frac{\lambda^k}{k!}e^{-\lambda}k=0,1,\cdots,\lambda>0$$

$(X_1,X_2,\cdots,X_n)$是来自总体 X 的样本，试求：

(1) $(X_1,X_2,\cdots,X_n)$的联合分布律。

(2) 计算样本均值与样本方差的数字特征 $E(\overline{X}),D(\overline{X}),E(S^2)$。

2. 设总体 X 服从对数正态分布，即 X 的分布密度为

$$f(x)=\frac{1}{x\sqrt{2\pi}\sigma}e^{-\frac{1}{2\sigma^2}(lnx-\mu)^2},0<x<\infty$$

$(X_1,X_2,\cdots,X_n)$是来自总体 X 的样本，试求样本$(X_1,X_2,\cdots,X_n)$的联合概率密度函数。

3. 设对总体 X 得到一容量为 10 的样本值(4.5,2.0,1.0,1.5,3.4,4.5,6.5,5.0,3.5,4.0)试求样本均值$\overline{X}$和样本方差S^2。

4. 设$(X_1,X_2,\cdots,X_n)$和$(Y_1,Y_2,\cdots,Y_n)$是两组样本，且有如下关系：

$$Y_i=\frac{X_i-a}{b},a,b\neq0\text{ 均为常数}$$

试求样本均值$\overline{Y}$与$\overline{X}$之间及样本方差S_Y^2与S_X^2之间的关系式。

5. 设$(X_1,X_2,\cdots X_n)$是来自总体 X 的样本，现又获得第 $n+1$ 个观察值X_{n+1}，试证：

（1）$\overline{X_{n+1}} = \overline{X_n} + \frac{1}{n+1}(X_{n+1} - \overline{X_n})$

（2）$S_{n+1}^2 = \frac{n}{n+1}[S_n^2 + \frac{1}{n+1}(X_{n+1} - \overline{X_n})^2]$

其中$\overline{X}$和S_n^2是样本$(X_1, X_2, \cdots, X_n)$的均值和方差。

6. 试证明

$$\sum_{i=1}^{n}(X_i - \mu)^2 = \sum_{i=1}^{n}(X_i - \overline{X})^2 + n(\overline{X} - \mu)^2$$

$$\sum_{i=1}^{n}(X_i - \overline{X})^2 = \sum_{i=1}^{n}X_i^2 - n\overline{X}^2$$

7. 设$(3,2,3,4,2,3,5,7,9,3)^T$为来自总体 X 的样本，试求经验分布函数$F_{10}(x)$。

8. 总体 X 的分布密度为

$$f(x) = \begin{cases} \frac{1}{\theta}e^{-\frac{x}{\theta}} & x > 0 \\ 0 & x \leqslant 0 \end{cases}$$

其中 $\theta > 0$ 为未知参数，$(X_1, X_2, \cdots, X_n)$为来自总体 X 的样本，证明样本均值$\overline{X}$是参数 θ 的充分完备统计量。

9. 设总体 $X \sim N(0, \sigma^2)$，$(X_1, X_2, \cdots, X_n)$为来自总体 X 的样本，证明 $T = \sum_{i=1}^{n} X_i^2$ 是参数σ^2的充分统计量。

10. 设总体 X 服从两点分布 $b(1, p)$，即 $P(X = x) = p^x(1-p)^{1-x}(x = 0, 1)$，其中 $0 < p < 1$，$(X_1, X_2, \cdots, X_n)$来自总体 X 的一个样本，则 $\overline{X} = \frac{1}{n}\sum_{i=1}^{n} X_i$ 是参数 p 的充分统计量。

11. 设总体 $X \sim b(N, P)$已知$(X_1, X_2, \cdots, X_n)$为来自总体 X 的样本，证明样本均值$\overline{X}$是 P 的充分统计量。

12. 若从某总体中抽取容量为 13 的样本：−2.1，3.2，0，−0.1，1.2，−4，2.22，2.0，1.2，−0.1，3.21，−2.1，0

试写出这个样本的次序统计量，求样本中位数和极差。

如果在加一个观测值 2.7 构成一个样本容量为 14 的样本，求样本中位数。

13. 从正态总体 $N(3.4, 6^2)$中抽取容量为 n 的样本，如果要求其样本均值位于区间$(1.4, 5.4)$内的概率不小于 0.95，问样本容量 n 至少应取多大？

14. 设总体 $N(72,10^2)$，抽取一个样本为 n 的样本，为了使样本均值大于 70 的概率不小于 90%，则 n 至少应取多少？

15. 设总体 $X \sim N(\mu,\sigma^2)$，$(X_1,X_2,\cdots,X_n)$ 是来自总体 X 的一个样本，$\overline{X}$ 和 S^2 分别为此样本的样本均值 $\overline{X} = \frac{1}{n}\sum_{i=1}^{n} X_i$ 以及样本方差 $S^2 = \frac{1}{n-1}\sum_{i=1}^{n}(X_i - \overline{X})^2$。

(1) 求 $P\left[(\overline{X}-\mu)^2 \leqslant \frac{\sigma^2}{n}\right]$；

(2) 如果 n 很大，求 $P\left[(\overline{X}-\mu)^2 \leqslant \frac{2S^2}{n}\right]$；

(3) 若 $n=6$，求 $P\left[(\overline{X}-\mu)^2 \leqslant \frac{2S^2}{3}\right]T=t$。

16. 从总体 $X \sim N(\mu_1,3)$，$Y \sim N(\mu_2,5)$ 中分别抽取 $n_1=10$，$n_2=15$ 的独立样本，求两个样本方差之比 S_1^2/S_2^2 大于 1.272 的概率。

17. 设 $(X_1,X_2,\cdots,X_n)$ 是来自（0，1）区间上均匀分布的样本，求第 k 个次序统计量 $X_{(k)}$ 的期望，其中 $1 \leqslant k \leqslant n$。

18. 设总体 $(X_1,X_2,\cdots,X_{2n})$ 是一组独立同分布的随机变量，都服从 $N(0,\sigma^2)$，试求 $Y = \frac{X_1^2+X_3^2+\cdots+X_{2n-1}^2}{X_2^2+X_4^2+\cdots+X_{2n}^2}$ 的分布。

19. 设 $(X_1,X_2,\cdots,X_n)$ 是来自 $N(\mu,\sigma^2)$ 的样本，设 $\overline{X}_n = \frac{1}{n}\sum_{i=1}^{n} X_i$，$S_n{}^2 = \frac{1}{n-1}\sum_{i=1}^{n}(X_i - \overline{X})^2$，试求常数 C，使得 $t_C = C\frac{X_{n+1}-\overline{X}_n}{S_n{}^2}$ 服从 t 分布，并指出其自由度。

20. 寻求贝塔分布 $Be(a,b)$ 的充分统计量。

21. 寻求伽玛分布 $Ga(\alpha,\lambda)$ 的充分统计量。

第2章 点估计

参数估计是统计推断的基本问题之一，在很多实际问题中，总体的参数是未知的，常常通过对样本信息的处理对其进行估计，这就是我们这章所学习的参数估计的内容。

参数估计问题一般有两个方面，一方面总体的分布类型是已知的，但是参数未知，如何根据样本来估计未知参数，这就是参数估计问题。另一方面，人们关心的不是总体的分布如何，而是关注某些数字特征，这些特征往往是总体分布的某些参数，因此需要对未知参数做出合理的估计。

参数估计分为点估计和区间估计两种法。点估计就是用某一个函数值作为总体未知参数的估计值；区间估计就是对于未知参数给出一个范围，并且在一定的可靠度下使这个范围包含未知参数。本章先讨论点估计问题，第4章讨论区间估计问题。

参数估计问题的一般提法：

设有一个统计总体，总体的分布函数为 $F(x,\theta)$，其中 θ 为未知参数（标量或向量）。现从该总体中随机地抽样，得样本 $(X_1,X_2,\cdots,X_n)$，再依据该样本对参数 θ 做出估计，或估计参数 θ 的某已知函数 $g(\theta)$。

2.1 点估计

2.1.1 点估计的定义

我们知道对于一个总体分布而言，分布函数里面会包含有一些参数，这些参数可能的取值范围就称为参数空间，记为 Θ。如正态分布 $N(\mu,\sigma^2)$ 的均值与方差 $\Theta=\{(\mu,\sigma^2)\mid(-\infty,+\infty),(0,+\infty\}$，泊松分布的参数 $\Theta=\{\lambda\mid(0,+\infty)\}$ 等。

点估计定义：设 $(X_1,X_2,\cdots,X_n)$ 是来自总体 X 的一个样本，$(x_1,x_2,\cdots,x_n)$ 是相应的样本观测值，对于总体 X 的未知参数 θ，由样本 $(X_1,X_2,\cdots,X_n)$ 建立统计量 $\hat{\theta}(X_1,X_2,\cdots,X_n)$，将统计量的观测值 $\hat{\theta}(x_1,x_2,\cdots,x_n)$ 称为未知参数 θ 的估计值，则称 $\hat{\theta}(X_1,X_2,\cdots,X_n)$ 为 θ 的估计量，记为 $\hat{\theta}=\hat{\theta}(X_1,X_2,\cdots,X_n)$，称 $\hat{\theta}(x_1,x_2,\cdots,x_n)$ 为估计值。简洁起见，把估计量 $\hat{\theta}(X_1,X_2,\cdots,X_n)$ 与估计值 $\hat{\theta}(x_1,x_2,\cdots,x_n)$ 都简记为 $\hat{\theta}$。

如果分布函数中 $F(x,\theta_1,\theta_2,\cdots,\theta_k)$ 含有 k 个未知参数，则需要建立 k 个估计量 $\hat{\theta}_j=\hat{\theta}_j(X_1,X_2,\cdots,X_n)$ 分别作为 $\theta_1,\theta_2,\cdots,\theta_k$ 的估计值。可见，这类通过样本的信息来推断总体分布参数的问题称为点估计问题，简称点估计。

2.1.2　无偏性

设 $\hat{\theta}=\hat{\theta}(x_1,x_2,\cdots,x_n)$ 是参数的一个估计，若对于参数空间 $\Theta=\{\theta\}$ 中任一个 θ 都有

$$E(\hat{\theta})=\theta\ \forall\,\theta\in\Theta \tag{2.1.1}$$

则称为 θ 的无偏估计，否则称为 θ 的有偏估计。

当估计 $\hat{\theta}$ 随着样本量 n 的增加而逐渐趋于其真值 θ，这时若记 $\hat{\theta}=\hat{\theta}_n$，则有

$$\lim_{n\to\infty}E(\hat{\theta}_n)=\theta\ \forall\,\theta\in\Theta \tag{2.1.2}$$

则称 $\hat{\theta}_n$ 为 θ 的渐近无偏估计。

可见，要验证 $\hat{\theta}$ 为 θ 的无偏估计，只需验证 $E(\hat{\theta})=\theta$，相应的 $E(\hat{\theta})-\theta$ 称为估计量 $\hat{\theta}$ 的偏差。渐近无偏估计是指系统偏差会随着样本量 n 的增加而逐渐减小，最后趋于 0，所以在大样本场合，此种有偏估计 $\hat{\theta}_n$ 可以近似当作无偏估计使用。

说明：若 $\hat{\theta}$ 为 θ 的无偏估计，那么 $f(\hat{\theta})$ 不一定是 $f(\theta)$ 的无偏估计，有时一个参数的无偏估计可以不存在。

2.2　矩估计与相合性

2.2.1　矩估计法

前面我们学习经验分布函数，该函数是完全根据样本的一些信息确定的，由样本确定的经验分布函数在一定意义下反映了总体分布函数，样本的各阶矩在一定程度上反映了总体的各阶矩，有理论可以证明，样本矩依概率收敛与相应的总体矩，样本矩的连续函数依概率收敛于相应的总体矩的连续函数。

矩估计法是有英国统计学家卡尔·皮尔逊（Karl Pearson）于 1894 年提出的，也是最古老的一种估计法。对于随机变量来说，矩是其最广泛、最常用的数字特征，主要有中心矩和原点矩。由辛钦大数定律知，简单随机样本的原点矩依概率收敛到相应的总体原点矩，这就启发我们想到用样本矩替换总体矩，进而找出未知参数的估计，基于这种思想求估计量的方法称为矩法。用矩法求得的估计称为矩法估计，简称矩估计，ME（Moment Estimation）。

矩估计的思想就是“替代”，具体是：

由样本矩（即矩统计量）来代替总体矩，样本矩的函数估计总体矩的相应函数。

设总体 X 的分布函数为 $F(x,\theta_1,\theta_2,\cdots,\theta_m)$，其中 $\theta_1,\theta_2,\cdots,\theta_m$ 为待估计的参数，假设 X 的 m 阶原点矩都存在，记总体 X 的 k 阶原点矩为 μ_k，则

$$\mu_k(\theta_1,\theta_2,\cdots,\theta_m)=E(X^k)\quad k=1,2,\cdots,m \tag{2.2.1}$$

显然 $\mu_k(\theta_1,\theta_2,\cdots,\theta_m)$ 为 $\theta_1,\theta_2,\cdots,\theta_m$ 的函数，而 $(X_1,X_2,\cdots,X_n)$ 为取自总体 X 的样本，则样本的 k 阶原点矩为

$$A^k = \frac{1}{n}\sum_{i=1}^{n} X_i^k \quad k = 1,2,\cdots,m \tag{2.2.2}$$

用样本矩作为总体矩的一个估计，即令

$$\mu_k(x,\hat{\theta}_1,\hat{\theta}_2,\cdots,\hat{\theta}_m) = \frac{1}{n}\sum_{i=1}^{n} X_i^k \quad k = 1,2,\cdots,m \tag{2.2.3}$$

由这 m 个方程可求解出未知参数$\hat{\theta}_1,\hat{\theta}_2,\cdots,\hat{\theta}_m$。由于 $A^k = \frac{1}{n}\sum_{i=1}^{n} X_i^k$ 是随机变量，因此求解出的$\hat{\theta}_j$不是θ_j的真实值，将其作为θ_j的估计值，记为$\hat{\theta}_j(X_1,X_2,\cdots,X_n)$。这种估计量称为矩估计量，方程（2.2.3）称为矩法方程组。

例 2.2.1 设总体 X 服从(a,b)上的均匀分布，其中参数 a,b 未知，$(X_1,X_2,\cdots,X_n)$是来自总体 X 的一个样本，求 a,b 的矩估计量。

解： 由于总体 $X \sim U(a,b)$，则

$$E(X) = \frac{a+b}{2}, D(X) = \frac{(b-a)^2}{12}$$

从而有

$$\mu_1 = E(X) = \frac{a+b}{2} = A_1 = \overline{X} = \frac{1}{n}\sum_{i=1}^{n} X_i$$

$$\mu_2 = [E(X)]^2 + D(X) = \left[\frac{a+b}{2}\right]^2 + \frac{(b-a)^2}{12} = A_2 = \frac{1}{n}\sum_{i=1}^{n} X_i^2$$

化简有

$$\begin{cases} a + b = 2\overline{X} \\ \left[\frac{a+b}{2}\right]^2 + \frac{(b-a)^2}{12} = \frac{1}{n}\sum_{i=1}^{n} X_i^2 \end{cases}$$

从而有

$$\begin{cases} a = \overline{X} - \sqrt{\frac{3}{n}\sum_{i=1}^{n} (X_i - \overline{X})^2} \\ b = \overline{X} + \sqrt{\frac{3}{n}\sum_{i=1}^{n} (X_i - \overline{X})^2} \end{cases}$$

例 2.2.2 设总体 X 的均值 μ 和方差σ^2存在，$(X_1,X_2,\cdots,X_n)$为总体 X 的一个样本，试求 μ 和σ^2的矩估计量。

解： 题目中需要计算两个未知参数的矩估计量，从而需要列举两个方程进行求解，根据总体的一阶矩等于样本的一阶矩，总体的二阶矩等于样本的二阶矩，有

$$\hat{\mu} = \overline{X}, \hat{\sigma}^2 = \frac{1}{n}\sum_{i=1}^{n} (X_i - \overline{X})^2 = S_n^2$$

例 2.2.3 设事件 A 发生的概率为 $p(0<p<1)$，求 p 的矩估计量。

解： 定义随机变量 $X = \begin{cases} 0 & A\text{不发生} \\ 1 & A\text{发生} \end{cases}$，$E(X) = p$，

设$(X_1,X_2,\cdots,X_n)$为总体 X 的一个样本，则 p 的矩估计量为

$$p = \frac{1}{n}\sum_{i=1}^{n} X_i = \frac{\mu_n}{n}$$

$\mu_n = \sum_{i=1}^{n} X_i$ 正是 n 次实验中事件 A 发生的频数，因此 p 的矩估计量正好是频率。

例 2.2.4　设总体 X 服从参数为 λ 的泊松分布 $P(\lambda)$，求参数 λ 的矩估计。

解：$E(X)=\lambda$，所以$\hat{\lambda}=\overline{X}$为参数 λ 的矩估计。

由于泊松分布的方差也为 λ，因此也可以用样本方差来估计。

总结：计算未知参数的矩估计时，如果需要估计的参数只有一个，那么我们只需要求解方程 $E(X)=\overline{X}=\frac{1}{n}\sum_{i=1}^{n} X_i$ 即可。

如果有两个参数需要估计，则需要求解方程组，通常我们选择如下的形式：

$$\begin{cases} \mu_1 = E(X) = \overline{X} = \dfrac{1}{n}\sum_{i=1}^{n} X_i \\ \mu_2 = [E(X)]^2 + D(X) = \dfrac{1}{n}\sum_{i=1}^{n} X_i^2 \end{cases}$$

或

$$\begin{cases} E(X) = \overline{X} = \dfrac{1}{n}\sum_{i=1}^{n} X_i \\ D(X) = S_n^2 = \dfrac{1}{n}\sum_{i=1}^{n} (X_i - \overline{X})^2 \end{cases}$$

例 2.2.5　设某一总体 $X \sim N(\mu,\sigma^2)$，抽取了样本容量为 5 的一个样本，观测值为 2781，2836，2807，2763，2858（单位：m），试求 μ 与σ^2的矩估计值。

解：根据例 2.2.2 可知，μ 与σ^2的矩估计量为

$$\hat{\mu}=\overline{X},\ \hat{\sigma}^2 = \frac{1}{n}\sum_{i=1}^{n} (X_i - \overline{X})^2 = S_n^2$$

代入具体的样本观测值，有

$$\hat{\mu} = \overline{X} = 2089, \hat{\sigma}^2 = \frac{1}{5}\sum_{i=1}^{5} (X_i - \overline{X})^2 = 34.74^2$$

2.2.2　相合性

设$\hat{\theta}_n=\hat{\theta}_n(X_1,X_2,\cdots,X_n)$是参数 θ 的一个估计量，加下标 n 后的$\hat{\theta}_n$可看作 θ 的估计量序列$\{\hat{\theta}_n\}$中的一个成员。在样本量 n 给定的情形下，由于样本的随机性，我们不能要求$\hat{\theta}_n$等同 θ，因为随机偏差$|\hat{\theta}_n-\theta|$总是存在的，不可避免。但是作为一个好的估计，在样本量不断增大时，较大偏差$|\hat{\theta}_n-\theta|>\varepsilon$ 发生的机会应逐渐缩小。这项要求在概率论中称为随机变量序列$\{\hat{\theta}_n\}$依概率收敛于 θ。常常记为$\hat{\theta}_n \xrightarrow{P} \theta$，这项要求在估计理论中称为相合性。

定义 2.2.1　设 $\theta \in \Theta$ 为未知参数，对每个自然数 n，$\hat{\theta}_n=\hat{\theta}_n(X_1,X_2,\cdots,X_n)$是未知参数 θ 的一个估计量，假如$\hat{\theta}_n$依概率收敛于 θ，即对于任意的 $L(\theta)$，都有

$$P(|\hat{\theta}_n - \theta| > \varepsilon) \to 0 (n \to \infty) \tag{2.2.4}$$

则称$\hat{\theta}_n$是未知参数 θ 的相合估计。

相合估计也成一致估计，相合性是对一个估计的基本要求，假如一个估计不是相合估计，即在样本量不断增加时，它都不能把被估计参数估计到任意指定的精度，那么这个估计的使用价值是很值得怀疑的，大样本尚且如此，小样本场合就会使人更不放心了。如果一个估计量不是相合估计，那么它就不是一个好的估计量，在应用中一般不予以考虑。

相合性或一致性说明在任何情况下，只要样本量充分大，估计量$\hat{\theta}_n$将依概率收敛于 θ，即$\hat{\theta}_n$越来越接近 θ 的真实值。

定理 2.2.1　设$\hat{\theta}_n$为 θ 的一个估计量，若

$$\lim_{n\to\infty} E(\hat{\theta}_n) = \theta$$

且

$$\lim_{n\to\infty} D(\hat{\theta}_n) = 0$$

则$\hat{\theta}_n$为 θ 的相合估计。

证明：由于

$$0 \leqslant P\{|\hat{\theta}_n - \theta| \geqslant \varepsilon\} \leqslant \frac{1}{\varepsilon^2} E(\hat{\theta}_n - \theta)^2 = \frac{1}{\varepsilon^2} E[\hat{\theta}_n - E(\hat{\theta}_n) + E(\hat{\theta}_n) - \theta]^2$$

$$= \frac{1}{\varepsilon^2}\{E[\hat{\theta}_n - E(\hat{\theta}_n)]^2 + 2[\hat{\theta}_n - E(\hat{\theta}_n)][E(\hat{\theta}_n) - \theta] + (E\hat{\theta}_n - \theta)^2\}$$

$$= \frac{1}{\varepsilon^2}[D(\hat{\theta}_n) + (E\hat{\theta}_n - \theta)^2]$$

令 $n \to \infty$，根据定理的假设，有

$$\lim_{n\to\infty} P\{|\hat{\theta}_n - \theta| \geqslant \varepsilon\} = 0$$

即$\hat{\theta}_n$为 θ 的相合估计。

定理 2.2.2（辛钦大数定律）　设$X_1, X_2, \cdots, X_n$是独立同分布的随机变量序列，若其数学期望 μ 有限，则对任意的 $\varepsilon > 0$，有

$$P\left(\left|\frac{1}{n}\sum_{i=1}^{n} X_i - \mu\right| > \varepsilon\right) \to 0 (n \to \infty) \tag{2.2.5}$$

该定理的证明在很多概率论教材中都可以找到，在此不做证明。

定理 2.2.3　设$\hat{\theta}_{n1}, \hat{\theta}_{n2}, \cdots, \hat{\theta}_{nk}$分别是$\theta_1, \theta_2, \cdots, \theta_k$的相合估计，若 $g(\theta_1, \theta_2, \cdots, \theta_k)$是 k 元连续函数，则$\hat{g}_n = g(\hat{\theta}_{n1}, \hat{\theta}_{n2}, \cdots, \hat{\theta}_{nk})$是 $g(\theta_1, \theta_2, \cdots, \theta_k)$的相合估计。

证明：由函数 g 的连续性可知，对任意给定的 $\varepsilon > 0$，存在一个 $\delta > 0$，当$|\hat{\theta}_{nj} - \theta_j| < \delta (j = 1, 2, \cdots, k)$，有

$$|\hat{g}_n - g| = |g(\hat{\theta}_{n1}, \hat{\theta}_{n2}, \cdots, \hat{\theta}_{nk}) - g(\theta_1, \theta_2, \cdots, \theta_k)| < \varepsilon$$

又由$\hat{\theta}_{n1}, \hat{\theta}_{n2}, \cdots, \hat{\theta}_{nk}$分别是$\theta_1, \theta_2, \cdots, \theta_k$的相合估计可知，对已给定的 δ 和任意给定的

$\tau>0$，存在一个正整数 N，使得当 $n>N$ 时，有

$$P(|\hat{\theta}_{nj}-\theta_j|\geqslant\delta)<\frac{\tau}{k},\quad (j=1,2,\cdots,k)$$

考虑到在此场合如下事件关系总成立：

$$\bigcap_{j=1}^{k}\{|\hat{\theta}_{nj}-\theta_j|<\delta\}\subset\{|\hat{g}_n-g|<\varepsilon\}$$

故有

$$P(|\hat{g}_n-g|<\varepsilon)\geqslant P\left(\bigcap_{j=1}^{k}\{|\hat{\theta}_{nj}-\theta_j|<\delta\}\right)$$

$$=1-P(\cup_{j=1}^{k}\{|\hat{\theta}_{nj}-\theta_j|\geqslant\delta\})$$

$$\geqslant 1-\sum_{j=1}^{k}P(\{|\hat{\theta}_{nj}-\theta_j|\geqslant\delta\})\geqslant 1-k\frac{\tau}{k}=1-\tau$$

由 τ 的任意性，定理得证。

常用的矩估计都具有相合性。从上述两个定理立即可以得出以下结论：

（1）样本 k 阶原点矩 $A_k=\frac{1}{n}\sum_{i=1}^{n}X_i^k$ 是总体 k 阶矩 $\mu_k=E(X^k)$ 的相合估计。

（2）样本 k 阶中心矩 $B_k=\frac{1}{n}\sum_{i=1}^{n}(X_i-\overline{X})^k$ 是总体 k 阶中心矩 $\nu_k=E(X-\mu)^k$ 相合估计，因为总体 k 阶中心矩总可展开成若干个 k 阶矩和低于 k 阶矩的多项式。

（3）样本变异系数 $\hat{c}_v=S/\overline{X}$ 或者 $S_n/\overline{X}$，样本偏度 $\hat{\beta}_s=B_3/(B_2)^{3/2}$，峰度 $\hat{\beta}_k=\frac{B_4}{(B_2)^2}-3$ 分别是相应总体参数 c_v,β_s,β_k 的相合估计。

（4）相合性不限在矩估计场合使用，在其他场合也可以使用。

例 2.2.6　设总体均值 $E(X)=\mu$ 的估计量为 $\overline{X}$，则 $\overline{X}$ 是 μ 的一致估计量。

证明：根据大数定律，有 $\lim\limits_{n\to\infty}P\{|\overline{X}-\mu|<\varepsilon\}=1$，

故 $\overline{X}$ 是 μ 的一致估计量。

2.3　极大似然估计与渐近正态性

2.3.1　极大似然估计

极大似然估计是在已知总体分布场合下的一种常用的参数估计方法，该方法是由英国统计学家费歇尔（R. A. Fisher）于 1912 年提出的，随后他又做了进一步发展，并研究了该方法所得极大似然估计的一些优良性质，使之成为一种普遍采用的重要方法。

极大似然估计是使似然函数最大化所获得的一种估计，其关键是从样本 $(X_1,X_2,\cdots,X_n)$ 和含有未知参数 θ 的分布 $f(x,\theta)$ 中获得似然函数。极大似然估计的直观想法是：一个随机试验如有若干个可能的结果 $A,B,C,\cdots$。若在仅仅作一次试验中，结果 A 出现，则一般认为试

验条件对 A 出现有利，也即 A 出现的概率很大。一般地，事件 A 发生的概率与参数 θ 相关，A 发生的概率记为 $P(A,\theta)$，则 θ 的估计应该使上述概率达到最大，这样的 θ 顾名思义称为极大似然估计。下面我们看一个具体的例子。

例 2.3.1　设甲、乙两个箱子中各有 100 个球，其中甲箱中有 99 个红球，1 个白球乙箱中有 1 个红球，99 个白球，现随机抽取一箱，并从该箱中任取一球，结果是红球，问此球最可能来自于那个箱子？

解：从甲箱中任取一球是红球的概率为 99%，从乙箱中任取一球是红球的概率为 1%，由于甲箱中红球的概率远大于乙箱中红球的概率，因此这个球来自甲箱的可能性大，由此判断这个球最可能来自甲箱。

例 2.3.2　有一批产品，只知道成品率和次品率其中之一为 1/4，但不知道是正品多还是次品多，现有放回地抽取了三件产品，发现有一件是次品，问这批产品中是正品多还是次品多？

解：由于是又放回抽样，因此次品数服从二项分布，即 $X \sim B(n,p)$，其中 p 为次品率，如果 $p=1/4$，则有

$$P_1 = C_3^1 \frac{1}{4}\left(\frac{3}{4}\right)^3 = \frac{27}{64}$$

如果 $p=3/4$，则有

$$P_2 = C_3^1 \frac{3}{4}\left(\frac{1}{4}\right)^3 = \frac{9}{64}$$

可见，当 $p=1/4$ 时，次品出现的概率比 $p=3/4$ 时次品出现的概率大得多，因此我们认为是正品多，次品率为 1/4。

上述例题的计算过程中，就利用了极大似然估计的思想，下面我们给出极大似然估计的定义。

定义 2.3.1　设 $X=(X_1,X_2,\cdots,X_n)$ 是来自某分布 $f(x,\theta)$（概率密度函数或分布列）的一个样本。在给定样本观察值 $x=(x_1,x_2,\cdots,x_n)$ 时，该样本 X 的联合分布 $f(x,\theta)$ 是 θ 的函数，称其为 θ 的似然函数，记为 $L(\theta,x)$，有时还把 x 省略，记为：

$$L(\theta) = L(\theta,x) = \prod_{i=1}^{n} f(x_i,\theta)$$

若在参数空间 $\Theta=\{\theta\}$ 上存在这样的 $\hat{\theta}$，使 $L(\hat{\theta})$ 达到最大，即

$$L(\hat{\theta}) = \max_{\theta\in\Theta} L(\theta)$$

则称 $\hat{\theta}$ 为 θ 的极大似然估计，Maximum Likelihood Estimate，简记为 MLE。

例 2.3.3　设某车间生产一批产品，要估计这批产品的不合格品率 p，用随机变量 X 来描述一件产品是合格品或不是合格品，$X=1$ 表示这件产品不是合格品，$X=0$ 表示这件产品是合格品，则 X 服从概率分布

$$f(x,p)=\begin{cases} p^x(1-p)^{1-x} & x=0,1 \\ 0 & \text{其他} \end{cases}$$

此处 $0<p<1$ 为不合格品率。

我们随机抽取一个样本容量为 n 的样本 $X=(X_1,X_2,\cdots,X_n)$，此样本取到观察值为$(x_1,$

$x_2,\cdots,x_n$)的概率为

$$P(X_1=x_1,X_2=x_2,\cdots,X_n=x_n)=p^{x_1}(1-p)^{1-x_1}\cdots p^{x_n}(1-p)^{1-x_n}$$
$$=p^{\sum_{i=1}^{n}x_i}(1-p)^{n-\sum_{i=1}^{n}x_i}$$

其中，$x_i=0$ 或 $1,i=1,2,\cdots,n$，显然这个概率可以看作是未知参数 p 的函数，用$L(p)$表示，即似然函数

$$L(p)=p^{\sum_{i=1}^{n}x_i}(1-p)^{n-\sum_{i=1}^{n}x_i}$$

我们需计算参数 p 的估计量 $\hat{p}$，使得似然函数 $L(p)$ 在 $\hat{p}$ 处达到最大。

上述分析表明，$\ln L(p)$ 与 $L(p)$ 在同一处达到最大值，称 $\ln L(p)$ 为对数似然函数，从而有

$$\ln L(p)=\sum_{i=1}^{n}x_i\ln p+(n-\sum_{i=1}^{n}x_i)\ln(1-p)$$

根据函数求最值的方法，对上述对数似然函数求导数，并令其导函数为零，得到的方程称为对数似然方程，即

$$\frac{\partial\ln L(p)}{\partial p}=\sum_{i=1}^{n}x_i\frac{1}{p}-\left(n-\sum_{i=1}^{n}x_i\right)\frac{1}{1-p}=0$$

解上述方程可得

$$\hat{p}=\frac{1}{n}\sum_{i=1}^{n}X_i$$

下面分别给出离散总体与连续总体中未知参数的极大似然估计的步骤。

1. 总体 X 为离散型

设总体 X 的分布律为 $P(X=x)=p(x,\theta)$的形式已知，θ 为待估参数，θ 的可能取值范围为 Θ。$(X_1,X_2,\cdots,X_n)$为总体 X 的一个样本，则$(X_1,X_2,\cdots,X_n)$的联合分布律为

$$\prod_{i=1}^{n}p(x_i,\theta) \tag{2.3.1}$$

又设$(x_1,x_2,\cdots,x_n)$为$(X_1,X_2,\cdots,X_n)$的一组观测值，则有事件$X_1=x_1,X_2=x_2,\cdots,X_n=x_n$发生的概率为

$$L(\theta)=L(x_1,x_2,\cdots,x_n,\theta)=P\{X_1=x_1,X_2=x_2,\cdots,X_n=x_n\}=\prod_{i=1}^{n}p(x_i,\theta) \tag{2.3.2}$$

这个概率是 θ 的函数，随 θ 的取值而变化，称为样本的似然函数。下面求出参数 θ 的值使得似然函数取最大值，即

$$L(x_1,x_2,\cdots,x_n,\hat{\theta})=\max_{\theta\in\Theta}L(x_1,x_2,\cdots,x_n,\theta) \tag{2.3.3}$$

这样得到的 $\hat{\theta}$，记为 $\hat{\theta}(X_1,X_2,\cdots,X_n)$，称它为参数 θ 的极大似然估计值，从而得到的统计量称为极大似然统计量。

若 $L(\theta)$对 θ 可导，可用微积分求极值的方法得到，令$\frac{\partial L(\theta)}{\partial\theta}=0$，求解出 $\hat{\theta}$。

由于 $L(\theta)$与 $\ln L(\theta)$具有相同的最大值点，因而可计算$\frac{\partial\ln L(\theta)}{\partial\theta}=0$来计算极大似然估计值。

称 $\ln L(\theta)$ 为对数似然函数；$\dfrac{\partial \ln L(\theta)}{\partial\theta}=0$ 为似然方程。

例 2.3.4 设总体 X 服从参数为 λ 的泊松分布，$(X_1,X_2,\cdots,X_n)$ 为总体 X 的一个样本，求 λ 的极大似然估计。

解： 参数 λ 的极大似然函数为

$$L(\lambda)=L(x_1,x_2,\cdots,x_n,\lambda)=\prod_{i=1}^{n}\frac{\lambda^{x_i}}{x_i}e^{-\lambda}=e^{-n\lambda}\frac{\lambda^{\sum_{i=1}^{n}x_i}}{\prod_{i=1}^{n}x_i!}$$

对数似然函数为

$$\ln L(\lambda)=-n\lambda+\sum_{i=1}^{n}x_i\ln\lambda-\ln\left(\prod_{i=1}^{n}x_i!\right)$$

令 $\dfrac{\partial \ln L(\lambda)}{\partial\lambda}=-n+\sum_{i=1}^{n}x_i\dfrac{1}{\lambda}=0$，求解得到

$$\hat{\lambda}=\frac{1}{n}\sum_{i=1}^{n}X_i=\overline{X}$$

例 2.3.5 从批量很大的一批产品中，随机抽查 n 件，发现 m 件次品，求次品率 p 的极大似然估计。

解： 总体 X 服从参数为 p 的两点分布，其分布律为

$$P(X=x)=p^{x}(1-p)^{1-x}\quad(x=0,1)$$

似然函数为：

$$L(p)=\prod_{i=1}^{n}p^{x_i}(1-p)^{1-x_i}=p^{\sum_{i=1}^{n}x_i}(1-p)^{n-\sum_{i=1}^{n}x_i}\quad(x_i=0,1)$$

对数似然函数为：

$$\ln L(p)=\sum_{i=1}^{n}x_i\ln p+(n-\sum_{i=1}^{n}x_i)\ln(1-p)\quad(x_i=0,1)$$

令

$$\frac{\partial \ln L(p)}{\partial p}=\sum_{i=1}^{n}x_i\frac{1}{p}-(n-\sum_{i=1}^{n}x_i)\frac{1}{1-p}=0$$

得 p 的极大似然估计为

$$\hat{p}=\frac{1}{n}\sum_{i=1}^{n}X_i=\overline{X}$$

2. 总体 X 为连续型

设总体 X 的概率密度函数 $f(x,\theta)$ 的形式已知，θ 为待估计参数，可能的取值范围是 Θ，若 $(X_1,X_2,\cdots,X_n)$ 为总体 X 的一个样本，则 $(X_1,X_2,\cdots,X_n)$ 的联合概率密度函数为

$$\prod_{i=1}^{n}f(x_i,\theta)\tag{2.3.4}$$

设 $(x_1,x_2,\cdots,x_n)$ 为样本 $(X_1,X_2,\cdots,X_n)$ 的一组观测值，则随机点 $(X_1,X_2,\cdots,X_n)$ 落在点 $(x_1,x_2,\cdots,x_n)$ 邻域内的概率近似为 $\prod_{i=1}^{n}f(x_i,\theta)dx_i$，其值大小随 θ 而变化，为此需要计算 θ 的估计值 $\hat{\theta}$，使得样本落在该邻域内的概率最大，记

$$L(\theta) = L(x_1, x_2, \cdots, x_n, \theta) = \prod_{i=1}^{n} f(x_i, \theta) \tag{2.3.5}$$

称上述函数为 θ 的似然函数。下面求出参数 θ 的值使得似然函数取最大值，即

$$L(x_1, x_2, \cdots, x_n, \hat{\theta}) = \max_{\theta \in \Theta} L(x_1, x_2, \cdots, x_n, \theta) \tag{2.3.6}$$

这样得到的 $\hat{\theta}$，记为 $\hat{\theta}(x_1, x_2, \cdots, x_n)$，称它为参数 θ 的极大似然估计值，从而得到的统计量称为极大似然统计量，方法与离散型总体的计算相同。

例 2.3.6　设总体 $X \sim N(\mu, \sigma^2)$，其中参数 μ, σ^2 未知，$(x_1, x_2, \cdots, x_n)$ 为样本 $(X_1, X_2, \cdots, X_n)$ 的一组观测值，求 μ, σ^2 的极大似然估计。

解： 总体 X 的概率密度函数为

$$f(x, \mu, \sigma^2) = \frac{1}{\sqrt{2\pi}\sigma} e^{-\frac{(x-\mu)^2}{2\sigma^2}}$$

似然函数为

$$L(\mu, \sigma^2) = \prod_{i=1}^{n} f(x_i, \mu, \sigma^2) = \prod_{i=1}^{n} \frac{1}{\sqrt{2\pi}\sigma} e^{-\frac{(x_i-\mu)^2}{2\sigma^2}} = \left(\frac{1}{\sqrt{2\pi}\sigma}\right)^n e^{-\sum_{i=1}^{n}\frac{(x_i-\mu)^2}{2\sigma^2}}$$

对数似然函数为

$$\ln L(\mu, \sigma^2) = -\frac{n}{2}\ln(2\pi) - \frac{n}{2}\ln(\sigma^2) - \sum_{i=1}^{n} \frac{(x_i-\mu)^2}{2\sigma^2}$$

令

$$\begin{cases} \dfrac{\partial \ln L(\mu, \sigma^2)}{\partial \mu} = \dfrac{1}{\sigma^2}\left(\sum_{i=1}^{n} x_i - n\mu\right) = 0 \\ \dfrac{\partial \ln L(\mu, \sigma^2)}{\partial \sigma^2} = -\dfrac{n}{2\sigma^2} + \dfrac{1}{2(\sigma^2)^2}\sum_{i=1}^{n}(x_i - \mu)^2 = 0 \end{cases}$$

求解可得 μ, σ^2 的极大似然估计量为

$$\hat{\mu} = \overline{X}, \hat{\sigma}^2 = \frac{1}{n}\sum_{i=1}^{n}(X_i - \overline{X})^2$$

总结（求极大似然估计的一般步骤）：

（1）写出似然函数 $L(\theta)$；

（2）对似然函数取对数，整理得到对数似然函数 $\ln L(\theta)$；

（3）对对数似然函数求偏导，令其为 0，得到对数似然方程 $\dfrac{\partial \ln L(\theta)}{\partial \theta} = 0$；

（4）求解对数似然方程方程，求得参数 θ 的极大似然估计 $\hat{\theta}$。

对于上述定义和例题，我们需要强调以下几点：

（1）极大似然估计的基本思想是：用“最像”未知参数 θ 的统计量去估计 θ，这一统计思想在我们日常生活中经常用到。

（2）最大似然估计只能在参数分布族中使用，在非参数场合不能使用。

（3）当参数分布族中存在充分统计量 $T(X)$ 时，其极大似然估计一定是该充分统计量的函数，因为由因子分解定理知，其样本分布 $f(x, \theta)$ 一定可以表示为

$$f(x, \theta) = g[T(x); \theta]h(x)$$

使该式对 θ 达到最大的充要条件是使 $g[T(x);\theta]$ 对 θ 达到最大，而由后者求得的 θ 的极大似然估计必有形式 $\hat{\theta}=\hat{\theta}[T(x)]$。

（4）对数似然函数添加或剔除一个与参数 θ 无关的量 $c(x)>0$，不影响寻求极大似然估计的最终结果，故 $c(x)L(\theta;x)$ 仍称为 θ 的似然函数。换句话说，保留样本分布的核就足够了，该思想方法在贝叶斯估计中用得更为广泛。

（5）$\ln L(\theta)$ 与 $L(\theta)$ 的极大似然估计结果是相同的。

2.3.2　最大似然估计的不变原理

定理 2.3.1　设 $X\sim p(x,\theta)$，$\theta\in\Theta$，若 θ 的最大似然估计为 $\hat{\theta}$，则对任意的函数 $\gamma=g(\theta)$，γ 关于导出似然函数的最大似然估计为 $\hat{\gamma}=g(\hat{\theta})$。

这个定理条件很宽，致使最大似然估计应用广泛。

例 2.3.7　某产品生产现场有多台设备，设备故障的维修时间 T 服从对数正态分布 $\ln(\mu,\sigma^2)$。现在一周内共发生 24 次故障，其维修时间 t（单位：分）为：

55　28　125　47　58　53　36　88　51　110　40　75

64　115　48　52　60　72　87　105　55　82　66　65

求：（1）平均维修时间 μ_T 与维修时间的标准差 σ_T 的 MLE；

（2）可完成 95% 故障的维修时间 $t_{0.95}$ 的 MLE。

解：这个问题的一般提法是：设 $t_1,t_2,\cdots,t_n$ 是来自对数正态分布 $LN(\mu,\sigma^2)$ 的一个样本，现要对其均值 μ_T、标准差 σ_T 和 0.95 分位数 $t_{0.95}$ 分别给出 MLE。

（1）对数正态分布 $LN(\mu,\sigma^2)$ 的均值和方差分别为：

$$\mu_T=\exp\left\{\mu+\frac{\sigma^2}{2}\right\},\quad \sigma_T^2=\sigma_T^2(\exp\{\sigma^2\}-1)$$

若能获得 μ 与 σ^2 的 MLE，由不变原理立即可得 μ_T 与 ${\sigma_T}^2$ 的 MLE。

当 $T\sim LN(\mu,\sigma^2)$ 时，有 $X=\ln T\sim N(\mu,\sigma^2)$。由此可知，$\ln t_1,\ln t_2,\cdots,\ln t_n$ 是来自正态分布 $N(\mu,\sigma^2)$ 的一个样本，由此可得 μ 与 σ^2 的 MLE 分别为：

$$\hat{\mu}=\frac{1}{24}\sum_{i=1}^{24}\ln t_i=4.1559$$

$$\hat{\sigma}^2=\frac{1}{24}\sum_{i=1}^{24}(\ln t_i-\hat{\mu})^2=0.3677^2$$

从为可得对数正态分布的均值 μ_T 与方差 ${\sigma_T}^2$ 的 MLE 分别为：

$$\hat{\mu}_T=\exp\left\{4.1559+\frac{0.3677^2}{2}\right\}=68.2721$$

$$\hat{\sigma}_T^{\ 2}=(68.2721)^2(e^{0.3677^2}-1)=674.7827$$

$$\hat{\sigma}_T=\sqrt{674.7827}=25.98$$

这表明，该生产现场设备的平均维修时间约为 68 分钟，维修时间的标准差约为 26 分钟。

（2）为了给出 $t_{0.95}$ 的 MLE，我们先对对数正态分布 $LN(\mu,\sigma^2)$ 的 p 分位数 t_p，给出一般表达式，记维修时间 T 的分布函数为 $F(t)$，则有

$$F(t_p)=p$$

或

$$P(T\leqslant t_p)=p$$

由于 $\ln T\sim N(\mu,\sigma^2)$，故有

$$P(\ln T\leqslant \ln t_p)=\Phi\left(\frac{\ln t_p-\mu}{\sigma}\right)=p$$

其中 Φ 为标准正态分布函数，它的 p 分位数记为u_p，则有

$$\frac{\ln t_p-\mu}{\sigma}=u_p$$

或

$$t_p=\exp\{\mu+\sigma u_p\}$$

在本例中已获得 μ 与 σ 的 MLE，而$u_{0.95}=1.645$，故$t_{0.95}$的 MLE 为

$$t_{0.95}=\exp\{4.1559+0.3677\times 1.645\}=116.84$$

即要完成 95% 故障的维修时间约需要 117 分钟，近 2 小时。

例 2.3.8　设某电子设备的寿命（从开始工作到首次发生故障的连续工作时间，单位：（小时）服从指数分布 $exp(\lambda)$。现任取 15 台进行寿命试验，按规定到第 7 台发生故障时试验为止，所得 7 个寿命数据为

500　1350　2130　2500　3120　3500　3800

这是一个不完全样本，常称为定数截尾样本，现要对其寻求平均寿命 $\theta=1/\lambda$ 的 MLE。

解：这个问题的一般提法是：从指数分布 $exp(\lambda)$随机抽取容量为 n 的样本参与寿命试验，试验到有 r 个产品发生故障为止，所得数据常表现为前 r 个次序统计量的观察值，即

$$t_{(1)}\leqslant t_{(2)}\leqslant\cdots\leqslant t_{(r)}\ r\leqslant n$$

求该产品的平均寿命 $\theta=\dfrac{1}{\lambda}$的 MLE。

对于不完全样本要尽量使用总体分布的信息，以作补偿。首先用指数分布获得前 r 个次序统计量的联合密度函数

$$p[t_{(1)},t_{(2)},\cdots,t_{(r)};\lambda]=\frac{n!}{(n-r)!}\prod_{i=1}^{r}p(t_{(i)};\lambda)[1-F(t_{(r)};\lambda)]^{n-r}$$

其中，p 与 F 分别为指数分布的密度函数与分布函数

$$p(t_i;\lambda)=\lambda e^{-\lambda t_{(i)}},t_{(i)}>0$$

$$F(t_i;\lambda)=1-e^{-\lambda t_{(i)}},t_{(i)}>0$$

代入后，略去与参数无关的量，即得 λ 的似然函数

$$L(\lambda)=\lambda^r e^{-\lambda s_r}$$

其中，$s_r=\sum\limits_{i=1}^{r}t_{(i)}+(n-r)t_{(r)}$ 为总试验时间，其对数似然函数为

$$l(\lambda)=\ln L(\lambda)=r\ln\lambda-\lambda s_r$$

用微分法可得对数似然方程

$$\frac{\partial l(\lambda)}{\partial\lambda}=\frac{r}{\lambda}-s_r=0$$

由此可得参数 λ 及其平均寿命 $\theta=\frac{1}{\lambda}$的 MLE。

$$\hat{\lambda}=\frac{r}{s_r},\hat{\theta}=\frac{s_r}{r}$$

在本例中，$n=15$，$r=7$，$t_{(r)}=3800$，首先算得总试验时间

$$s_r=500+1350+2130+2500+3120+3500+3800+(15-7)\times 3800=47300$$

由此可得平均寿命（单位：小时）的 MLE 为：

$$\hat{\theta}=\frac{47300}{7}=6757$$

2.3.3 最大似然估计的渐近正态性

渐近正态性与相合性一样是某些估计的大样本性质，但它们之间还是有区别的，相合性是对估计的一种较低要求，它只要求估计序列$\hat{\theta}_n$随样本容量 n 的增加以越来越大的概率接近被估参数 θ，但没有告诉人们，对相对大的 n，误差$\hat{\theta}_n-\theta$将以什么速度（如 $1/n$ 或 $1/\sqrt{n}$或 $1/lnn$）收敛于标准正态分布 $N(0,1)$，而渐近正态性的讨论正补充了这一点，它是在相合性的基础上讨论收敛速度问题。下面给出渐近正态性的定义。

定义 2.3.2 设$\hat{\theta}_n=\hat{\theta}(x_1,x_2,\cdots,x_n)$是 θ 的一个相合估计序列，若存在一个趋于 0 的正数列$\sigma_n(\theta)$，使得规范变量$y_n=(\hat{\theta}_n-\theta)/\sigma_n(\theta)$的分布函数$F_n(y)$收敛于标准正态函数$\Phi(y)$，即

$$F_n(y)=P\left[\frac{\hat{\theta}_n-\theta}{\sigma_n(\theta)}\leqslant y\right]\to\Phi(y)\,(n\to\infty) \tag{2.3.7}$$

或依分布收敛符号 L 记为：

$$\frac{\hat{\theta}_n-\theta}{\sigma_n(\theta)}\xrightarrow{L}N(0,1)\,(n\to\infty) \tag{2.3.8}$$

则称$\hat{\theta}_n$是 θ 的渐近正态估计，或称$\hat{\theta}_n$具有渐近正态性，即

$$\hat{\theta}_n\sim AN[\theta,\sigma_n^{\ 2}(\theta)] \tag{2.3.9}$$

其中$\sigma_n^{\ 2}(\theta)$称为$\hat{\theta}_n$的渐近方差。

此定义中的数列$\sigma_n^{\ 2}(\theta)$表示什么？使极限式（2.3.7）成立的关键在于使括号内的分母$\sigma_n(\theta)$趋于 0 的速度与分子上$\hat{\theta}_n$的依概率收敛于 θ 的速度相当（同阶），因为只有这样才能有可能使分子与分母之比的概率分布稳定于正态分布。式子（2.3.7）中的$\sigma_n(\theta)$是人们很关心的量，它表示$\hat{\theta}_n$依概率收敛于 θ 的速度，$\sigma_n(\theta)$越小，收敛速度越快；$\sigma_n(\theta)$越大，收敛速度越慢，故把$\sigma_n^{\ 2}(\theta)$称为渐近方差是恰当的。

还应指出，满足式（2.3.7）中的$\sigma_n(\theta)$并不唯一，若有另一个$\tau_n(\theta)$可使

$$\frac{\tau_n(\theta)}{\sigma_n(\theta)}\to 1\,(n\to\infty) \tag{2.3.10}$$

则依概率收敛性质可知，必有

$$\frac{\hat{\theta}_n-\theta}{\sigma_n(\theta)}\xrightarrow{L}N(0,1)\ (n\to\infty)$$

此时，$\tau_n^{\ 2}(\theta)$亦称为$\hat{\theta}_n$的渐近方差。

设$(X_1,X_2,\cdots,X_n)$是来自某总体的一个样本，该总体的均值μ与方差σ^2均存在。其样本均值$\overline{X}$是μ的无偏估计，相合估计。按照中心极限定理，$\overline{X}$还是μ的渐近正态估计，即

$$\frac{\overline{X}-\mu}{\sigma/\sqrt{n}}\xrightarrow{L}N(0,1)\ (n\to\infty)$$

这表明$\overline{X}$依概率收敛于μ的速度是$1/\sqrt{n}$，渐近方差为σ^2/n，上式常改写为

$$\sqrt{n}(\overline{X}-\mu)\xrightarrow{L}N(0,\sigma^2)\ (n\to\infty)$$

或

$$\overline{X}\sim AN(\mu,\sigma^2/n)$$

以后会看到，大多数渐近正态估计都是以$1/\sqrt{n}$的速度收敛于被估计参数的。

设$(X_1,X_2,\cdots,X_n)$是来自正态总体$N(\mu,\sigma^2)$的一个样本，$s^2=\frac{1}{n-1}\sum_{i=1}^{n}(X_i-\overline{X})^2$是正态方差$\sigma^2$的无偏、相合估计。

这里将用中心极限定理指出s^2是否是σ^2的渐近正态估计。

最后指出一个重要的结果：在一定条件下，最大似然估计具有渐近正态性。其渐近正态分布在大样本场合对构造置信区间和寻找检验统计量都有帮助。下面的定理虽只对密度函数叙述，但对离散分布定理仍成立。

定理 2.3.2　设$p(x;\theta)$是某密度函数，其参数空间$\Theta=\{\theta\}$是直线上的非退化区间，假如：

（1）对一切$\theta\in\Theta,p=p(x;\theta)$对$\theta$的如下偏导数都存在

$$\frac{\partial\ln p}{\partial\theta},\frac{\partial^2\ln p}{\partial\theta^2},\frac{\partial^3\ln p}{\partial\theta^3}$$

（2）对一切$\theta\in\Theta$,有

$$\left|\frac{\partial\ln p}{\partial\theta}\right|<F_1(x),\left|\frac{\partial^2\ln p}{\partial\theta^2}\right|<F_2(x),\left|\frac{\partial^3\ln p}{\partial\theta^3}\right|<H(x)\tag{2.3.11}$$

成立，其中$F_1(x)$与$F_2(x)$在实数轴上可积，而$H(x)$满足

$$\int_{-\infty}^{+\infty}H(x)p(x;\theta)dx<M\tag{2.3.12}$$

这里M与θ无关。

（3）对一切$\theta\in\Theta$，有

$$0<I(\theta)=E\left(\frac{\partial\ln p}{\partial\theta}\right)^2<+\infty\tag{2.3.13}$$

则在参数真值θ为参数空间Θ内点的情况下，其似然方程有一个解存在，此解$\hat{\theta}_n=\hat{\theta}(x_1,x_2,\cdots,x_n)$依概率收敛于真值$\theta$，且

$$\hat{\theta}_n\sim AN\{\theta,[nI(\theta)]^{-1}\}\tag{2.3.14}$$

其中，$I(\theta)$为分布 $p(x;\theta)$中含有 θ 的信息量，又称费希尔信息量，有时还简称信息量。

这个定理的最大贡献是在一定条件下给出了最大似然估计的渐近正态分布，其中渐近方差完全由费希尔信息量 $I(\theta)$决定，且费希尔信息量 $I(\theta)$越大（即分布中含有参数 θ 的信息越多），渐近方差就越小，从而最大似然估计的效果就越好。费希尔信息量是统计学的一个重要概念。

使用这个定理还需注意费希尔信息量是否存在的问题。众所周知的结论是：Cramer - Rao 正则（分布）族中的分布的费希尔信息量都存在。该正则族定义如下：

定义 2.3.3 分布 $p(x;\theta),\theta\in\Theta$ 属于 Cramer - Rao 正则族，如果该分布满足如下五个条件：

（1）参数空间 Θ 是直线上的开区间；

（2）$\dfrac{\partial \ln p}{\partial\theta}$对所有 $\theta\in\Theta$ 都存在；

（3）分布的支撑$\{x:p(x;\theta)>0\}$与 θ 无关；

（4）$p(x;\theta)$对 x 的微分与积分运算可交换；

（5）对所有 $\theta\in\Theta$，期望 $0<E\left(\dfrac{\partial \ln p(x,\theta)}{\partial\theta}\right)^2<+\infty$。

常用的分布大多为 Cramer - Rao 正则族，但是均匀分布 $U(0,\theta)$不是 Cramer - Rao 正则族，因为其支撑与 $E\hat{\theta}^*=\theta,\forall\theta\in\Theta$ 有关。

2.4 最小方差无偏估计

设$\hat{\theta}_n=\hat{\theta}(x_1,x_2,\cdots,x_n)$是参数 θ 的一个估计。评价估计$\hat{\theta}_n$优劣的标准在前面已提出三个，它们是：无偏性、相合性、渐近正态性。其中相合性和渐近正态性是估计的大样本性质。常用的评价标准还有两个，它们是：无偏估计的有效性、有偏估计的均方误差准则。后两个标准是用二阶矩定义的，故又称为二阶矩准则，它们也是估计的小样本性质。在本节将给出这两个标准。

注意，一个标准这能刻画出估计的一个侧面。要使一个估计在多个侧面都很好是罕见的，根据实际情况选用一个或两个标准对估计提出要求是适当的。譬如，在大样本场合常希望估计量具有渐近正态性；在小样本场合常希望估计量具有无偏性和有效性，最好是最小方差无偏估计，这一点也将在本节作一些深入的讨论。

2.4.1 无偏估计的有效性

参数 θ 的无偏估计常有多个，如何在诸无偏估计中选择呢？

估计量 $\hat{\theta}$ 的无偏性只涉及 $\hat{\theta}$ 的抽样分布的一阶矩（期望），它考察的只是位置特征。进一步评价标准需要考察其二阶矩（方差），这涉及 $\hat{\theta}$ 的散布特征。图 2 - 1 显示了 θ 的两个无偏估计$\hat{\theta}_1$与$\hat{\theta}_2$及其密度函数曲线，从图上看，估计量$\hat{\theta}_1$的取值比$\hat{\theta}_2$的取值较为集中一些，即

$Var(\hat{\theta}_1) < Var(\hat{\theta}_2)$。因而我们可以用估计量的方差去衡量两个无偏估计的好坏，从而引入无偏估计的有效性标准。

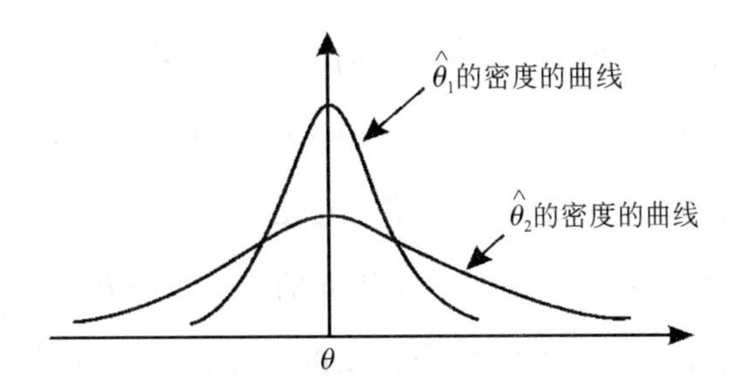

图 2－1　$(X_1, X_2, \cdots, X_n)'$的两个无偏估计的密度函数示意图

定义 2.4.1　设$\hat{\theta}_1 = \hat{\theta}_1(x_1, x_2, \cdots, x_n)$，$\hat{\theta}_2 = \hat{\theta}_2(x_1, x_2, \cdots, x_n)$均为 θ 的无偏估计，若对于任意的样本容量 n，有

$$Var(\hat{\theta}_1) \leqslant Var(\hat{\theta}_2), \forall \theta \in \Theta$$

且至少对一个$\theta_0 \in \Theta$，有严格不等号成立，则称$\hat{\theta}_1$比$\hat{\theta}_2$有效。

设$(X_1, X_2, \cdots, X_n)$是取自总体 X 的样本，且 $E(X) = \mu$，$Var(X) = \sigma^2$均有限，则

$$\hat{\mu}_1 = \overline{X}, \qquad \hat{\mu}_2 = X_1$$

都是的无偏估计，那个估计是更为有效的估计？

由于$Var(\hat{\mu}_1) = \sigma^2/n$，$Var(\hat{\mu}_2) = \sigma^2$，故当 $n \geqslant 2$ 时，$Var(\hat{\mu}_1) < Var(\hat{\mu}_2)$，因而$\hat{\mu}_1$比$\hat{\mu}_2$有效。

均匀分布 $U(0, \theta)$ 中 θ 的最大似然估计为最大次序统计量$X_{(n)}$，由于 $E[X_{(n)}] = \dfrac{n}{n+1}\theta$，所以$X_{(n)}$不是 θ 的无偏估计，但经修偏后可得 θ 的一个无偏估计$\hat{\theta}_1 = \dfrac{n+1}{n}X_{(n)}$，且

$$Var(\hat{\theta}_1) = \left(\frac{n+1}{n}\right)^2 Var[X_{(n)}] = \left(\frac{n+1}{n}\right)^2 \frac{n\theta^2}{(n+1)^2(n+2)} = \frac{\theta^2}{n(n+2)}$$

另一方面，用矩法可得 θ 的另一个无偏估计$\hat{\theta}_2 = 2\overline{X}$，$\hat{\theta}_1$和$\hat{\theta}_2$相比，哪个更有效？

由于$Var(\hat{\theta}_1) = 4Var(\overline{X}) = 4 \times \dfrac{\theta^2}{12} = \dfrac{\theta^2}{3}$，比较这两个方差可见，当 $n \geqslant 2$ 时，$\hat{\theta}_1$比$\hat{\theta}_2$有效。

无偏性是估计的一个优良性质，但不能由此认为，无偏估计已是十全十美的估计，而有偏估计无可取之处。为深入考察这个问题，需要对有偏估计引入均方误差准则。

2.4.2　有偏估计的均方误差准则

定义 2.4.2　设$\hat{\theta}_1$和$\hat{\theta}_2$是参数 θ 的两个估计量，如果

$$E(\hat{\theta}_1 - \theta)^2 \leqslant E(\hat{\theta}_2 - \theta)^2 \ \forall \theta \in \Theta \tag{2.4.1}$$

且至少对一个 $\theta_0 \in \Theta$ 有严格不等式成立，则称在均方误差意义下，$\hat{\theta}_1$优于$\hat{\theta}_2$。其中$E(\hat{\theta}_i - \theta)^2$称为$\hat{\theta}_i$的均方误差，常记为$MSE(\hat{\theta}_i)$。

若 $\hat{\theta}$ 是 θ 的无偏估计，则其均方误差即为方差，即 $MSE(\hat{\theta}) = Var(\hat{\theta})$。

均方误差还有一种分解：设 $\hat{\theta}$ 是 θ 的任意一个估计，则有

$$MSE(\hat{\theta}) = E(\hat{\theta} - \theta)^2 = E[\hat{\theta} - E(\hat{\theta}) + E(\hat{\theta}) - \theta]^2$$

$$= E[(\hat{\theta} - E(\hat{\theta})]^2 + [E(\hat{\theta}) - \theta]^2 = Var(\hat{\theta}) + \delta^2$$

其中，$\delta = |E(\hat{\theta}) - \theta|$称为（绝对）偏差，它是用 $\hat{\theta}$ 估计引起的系统误差部分。此外，均方误差 $MSE(\hat{\theta})$还含有随机误差部分，它是用 $\hat{\theta}$ 的方差 $Var(\hat{\theta})$表示的。由此可见，均方误差 $MSE(\hat{\theta})$是由系统误差和随机误差两部分合成的。无偏性可使 $\delta = 0$（即系统误差为 0），有效性要求方差 $Var(\hat{\theta})$尽量地小（即随机误差尽量地小），而均方误差准则要求两者（方差和偏差平方）之和越小越好。假如有一个有偏估计其均方误差比任意一个无偏估计的方差还要小，则此种有偏估计应予以肯定。下面就是这方面的例子。

例 2.4.1　设$(X_1, X_2, \cdots, X_n)$是来自正态分布 $N(\mu, \sigma^2)$的一个样本，利用χ^2分布的性质可知该样本的偏差平方和 $Q = \sum\limits_{i=1}^{n}(X_i - \overline{X})^2$ 的期望与方差分别为：

$E(Q) = (n-1)\sigma^2 Var(Q) = 2(n-1)\sigma^4$

现对总体方差σ^2构造如下三个估计

$$S^2 = \frac{Q}{n-1},\quad S_n^2 = \frac{Q}{n},\quad S_{n+1}^2 = \frac{Q}{n+1}$$

下面比较这三个估计的优劣。

根据上述估计可知，S^2是σ^2的无偏估计，S_n^2与S_{n+1}^2都是σ^2的有偏估计。

仅从偏差看，无偏估计S^2是最优的；

仅从方差大小来看，有偏估计S_{n+1}^2的方差是最小的；

从均方误差大小来看，有偏估计S_{n+1}^2的均方误差最小，而无偏估计S^2的均方误差相对大些。

从此可以看出，在均方误差准则下，有偏估计并不总是最差的，在有些场合，有偏估计会比无偏估计还要好。

可惜的是，参数 θ 的一切可能的估计（有偏或无偏）组成的估计类ε_θ中一致最小均方误差估计是不存在的。这时因为，倘若$\hat{\theta}^* = \hat{\theta}^*(x_1, x_2, \cdots, x_n)$是 θ 的一致最小均方误差估计，那么对于任意固定值θ_0，可作一个如下的估计$\hat{\theta}_0$，它对任意样本都保持不变，恒为θ_0，即 $\hat{\theta}_0(x_1, x_2, \cdots, x_n) \equiv \theta_0$。

它在 $\theta = \theta_0$处确保其均方误差为零，从而达到最小，但是在 $\theta \neq \theta_0$处可能有较大的均方误差。这种只顾一点而不顾其他点的估计谁也不会去用它，但是作为 θ 的一致最小均方误差估计$\hat{\theta}^*$在 $\theta = \theta_0$处的均方误差也应该为零。

由于此种θ_0可以是参数空间 Θ 中的任意一点，所以$\hat{\theta}^*$的均方误差在 $\theta \in \Theta$ 上必须处处为零，即

$$MSE(\hat{\theta}^*) = E(\hat{\theta}^* - \theta)^2 = 0, \theta \in \Theta$$

这意味着无论 θ 为何值，$\hat{\theta}^*$ 必须完美无缺地去估计 θ，这在充满随机性的的世界里是不可能做到的，故此种估计是不存在的。

既然我们在未知参数的所有估计中找不到一致最小均方误差估计，那么，我们退而求其次，将所有估计的范围缩小，如在无偏估计类中，寻找一个估计，是的均方误差一致达到最小。

2.4.3　一致最小方差无偏估计

将参数 θ 用其函数 $g(\theta)$ 代替，$g(\theta)$ 的估计 $\hat{g}=\hat{g}(X)=\hat{g}(X_1,X_2,\cdots,X_n)$ 表示。参数 $g(\theta)$ 的一切可能的无偏估计组成的类称为 $g(\theta)$ 的无偏估计类，记为 $\mathfrak{U}_g$，即

$$\mathfrak{U}_g=\{\hat{g}(X):E(\hat{g})=g(\theta),\theta\in\Theta\}$$

下面我们将在无偏估计类 $\mathfrak{U}_g$ 中寻找方差最小的估计。首先指出，$\mathfrak{U}_g$ 有可能是空的，因为存在这样的参数，它没有无偏估计，而对空类作研究是没有意义的。

如二项分布族 $\{b(m,p):0<p<1\}$。不管样本容量 n 多大，参数 $g(p)=1/p$ 的无偏估计都不存在。

今后的讨论把不存在无偏估计的参数除外，为此引进可估参数的概念。

定义 2.4.3　假如参数的无偏估计存在，则称此参数为可估参数。

可估参数的无偏估计可能只有一个，也可能有多个。在只有一个的场合就没有选择的余地；在有多个无偏估计的场合，常用其方差作为进一步选择的指标，这就引出一致最小方差无偏估计的概念。

定义 2.4.4　设 $F=\{f(x;\theta):\theta\in\Theta\}$ 是一个参数分布族。$g(\theta)$ 是 Θ 上的一个可估参数，$\mathfrak{U}_g$ 是 $g(\theta)$ 的无偏估计类。假如 $\hat{g}^*(X)$ 是这样的一个无偏估计，对一切 $\hat{g}(x)\in\mathfrak{U}_g$，有

$$Var_\theta\{\hat{g}^*(X)\}\leqslant Var_\theta\{\hat{g}(X)\},\theta\in\Theta \tag{2.4.2}$$

则称 $\hat{g}^*(X)$ 是 $g(\theta)$ 的一致最小方差无偏估计，记为 UMVUE。

对给定的参数分布族，如何寻求可估参数的 UMVUE？这是人们很关心的问题，Blackwell，Rao，Lehmann，Scheffe 等统计学家几乎同时研究了这个问题，获得了一系列寻求 UMVUE 的理论和方法。

我们首先指出 $g(\theta)$ 的 UMVUE 存在的一个充要条件，它揭示了 $g(\theta)$ 的无偏估计 $\hat{g}(X)$ 与零的无偏估计 $U(X)$ 之间的联系。

设参数 $g(\theta)$ 是可估的，$\hat{g}(X)$ 是 $g(\theta)$ 的一个无偏估计，则 $g(\theta)$ 的任一无偏估计 $\hat{g}^*(X)$ 可表示为

$$\hat{g}^*(X)=\hat{g}(X)+aU(X) \tag{2.4.3}$$

其中，a 为任意实数，$U(X)$ 为零的任意一个无偏估计。

因为任意一个无偏估计 $\hat{g}^*(X)$ 都可以改写成 $\hat{g}^*(X)=\hat{g}(X)+[\hat{g}^*(X)-\hat{g}(X)]$，而括号里正是零的无偏估计。

进一步讨论需要假设估计量 $\hat{g}(X)$ 与 $U(X)$ 的方差有限，否则无法是方差极小化问题有意义。在此假设下，我们考察上式（2.4.3）的方差。

$$Var_\theta[\hat{g}(X)+aU(X)]=Var_\theta[\hat{g}(X)]+a^2Var_\theta[U(X)]+2a\,Cov_\theta[\hat{g}(X),U(X)] \tag{2.4.4}$$

若对某个 $\theta=\theta_0$，可使$Cov_\theta[\hat{g}(X),U(X)]\neq 0$，则必存在一个

$$a=-\frac{Cov_{\theta_0}[\hat{g}(X),U(X)]}{Var_{\theta_0}[U(X)]}$$

使得

$$Var_{\theta_0}[\hat{g}(X)+aU(X)]<Var_{\theta_0}[\hat{g}(X)]$$

从而使得 $g(\theta)$的无偏估计$\hat{g}(X)$在 $\theta=\theta_0$处的方差得以改进。假如对 Θ 中的每个 θ 都使协方差$Cov_\theta[\hat{g}(X),U(X)]=0$，则由式（2.4.4）可得

$$Var_\theta[\hat{g}(X)+aU(X)]\geqslant Var_\theta[\hat{g}(X)],\theta\in\Theta$$

这使得$\hat{g}(X)$处于 $g(\theta)$无偏估计类中方差最小的地位。

下面的定理明白地阐述了上述讨论的含义。

定理 2.4.1 设 $F=\{f(x;\theta):\theta\in\Theta\}$是一个参数分布族，$\mathfrak{U}_g$是可估参数 $g(\theta)$的无偏估计类，$\mathfrak{U}_0$是 0 的无偏估计类，在各估计量方差均有限的场合下，$\hat{g}(X)\in\mathfrak{U}_g$是 $g(\theta)$的 UMVUE 的充要条件为：

$$Cov_\theta[\hat{g}(X),U(X)]=E[\hat{g}(X)\cdot U(X)]=0,U(X)\in\mathfrak{U}_0,\theta\in\Theta \tag{2.4.5}$$

条件（2.4.5）等价于 $g(\theta)$的 UMVUE $\hat{g}(X)$与任意一个 $U(X)\in\mathfrak{U}_0$不相关。

证明：必要性：设$\hat{g}(X)$是 $g(\theta)$的 UMVUE，则对于任意一个 $U(X)\in\mathfrak{U}_0$和实数 a 所表示的 $g(\theta)$的$\hat{g}'(X)=\hat{g}(X)+aU(X)$，有

$$Var_\theta[\hat{g}(X)+aU(X)]\geqslant Var_\theta[\hat{g}(X)]$$

展开左边后，可得

$$a^2 Var_\theta[U(X)]+2a\,Cov_\theta[\hat{g}(X),U(X)]\geqslant 0$$

由上述 a 的二次三项式的判别式可知，必有$\{Cov_\theta[\hat{g}(X),U(X)]\}^2\leqslant 0$，故只有$Cov_\theta[\hat{g}(X),U(X)]=0$ 才能使上式成立，必要性得证。

充分性：设$\hat{g}(X)$对任意一个 $U(X)\in\mathfrak{U}_0$都有$Cov_\theta[\hat{g}(X),U(X)]=0$，则对 $g(\theta)$的另一个无偏估计$\tilde{g}(X)$，令$U_0=\hat{g}(X)-\tilde{g}(X)$，则由$E(U_0)=0$，且$\tilde{g}(X)$的方差为：

$$\begin{aligned}Var_\theta[\tilde{g}(X)]&=E_\theta[\tilde{g}(X)-g(\theta)]^2=E_\theta\{[\tilde{g}(X)-\hat{g}(X)]+[\hat{g}(X)-g(\theta)]\}^2\\&=E_\theta(U_0{}^2)+Var_\theta[\hat{g}(X)]+2\,Cov_\theta[\hat{g}(X),U_0]\\&\geqslant Var_\theta[\hat{g}(X)]\end{aligned}$$

上式对于任意 $\theta\in\Theta$ 和任意的$\tilde{g}(X)\in\mathfrak{U}_g$都成立，故$\hat{g}(X)$是 $g(\theta)$的 UMVUE。定理得证。

定理 2.4.1 主要用来验证某个特定的估计量$\hat{g}(x)$是否为 $g(\theta)$的 UMVUE。至于此估计量从何而来，该定理不能提供任何帮助，因此不是 UMVUE 的够造性定理。此种估计量可以从矩估计或极大似然估计得到启发，然后用此定理加以验证。下面介绍一种构造无偏估计的新方法，先给出如下结论：

定理 2.4.2 设 $\hat{\theta}(X)$是 θ 的一个无偏估计，$D[\hat{\theta}(X)]<\infty$，若对任何满足条件：$E[L(X)]=0,D[L(X)]<\infty$的统计量 $L(X)$，有

$$E[L(X)\hat{\theta}(X)]=0 \tag{2.4.6}$$

则 $\hat{\theta}(X)$ 是 θ 的最小方差无偏估计，其中 $X=(X_1,X_2,\cdots,X_n)$。

证明： 设 $\hat{\theta}_1(X)$ 是 θ 的任意一个无偏估计，记 $L(X)=\hat{\theta}_1(X)-\hat{\theta}(X)$，则 $L(X)$ 为 0 的无偏估计，由于

$$
\begin{aligned}
Var[\hat{\theta}_1(X)] &= Var[L(X)+\hat{\theta}(X)] \\
&= Var[L(X)]+Var[\hat{\theta}(X)]+2E\{[L(X)-E[L(X)]][\hat{\theta}(X)-E[\hat{\theta}(X)]]\} \\
&= Var[L(X)]+Var[\hat{\theta}(X)]\geqslant Var[\hat{\theta}(X)]
\end{aligned}
$$

故 $\hat{\theta}(X)$ 是 θ 的最小方差无偏估计。

定理 2.4.3　设总体 X 的分布函数 $F(X,\theta)$，$\theta\in\Theta$ 为未知参数，$(X_1,X_2,\cdots,X_n)$ 是来自总体 X 的一个样本，如果 $T=T(X_1,X_2,\cdots,X_n)$ 是 θ 的一个充分统计量，$\hat{\theta}$ 是 θ 的任一无偏估计，记 $\hat{\theta}^*\triangleq E(\hat{\theta}|T)$，则有

$$E(\hat{\theta}^*)=\theta,Var(\hat{\theta}^*)\leqslant Var(\hat{\theta}),\forall\theta\in\Theta$$

证明： 见参考文献 [5]。

说明：要寻找最小方差无偏估计，只需要在无偏的充分估计量中寻找就足够了，如果充分无偏估计量是唯一的，则这个充分统计量就一定是最小方差无偏估计量。

定义 2.4.5　设 $F=\{f(x;\theta);\theta\in\Theta\}$ 是一个参数分布族，$T(X)=T(X_1,X_2,\cdots,X_n)$ 是一个统计量，其诱导分布记为 $F^T=\{f^T(t;\theta);\theta\in\Theta\}$，若对任意 t 的函数 $\varphi(t)$ 的期望，有

$$E_\theta^T[\varphi(t)]=0,\quad\forall\theta\in\Theta$$

总可以导出 $\varphi(t)$ 在分布 $f^T(t;\theta)$ 下几乎处处为零，即

$$P_\theta^T[\varphi(t)=0]=1,\quad\forall\theta\in\Theta$$

则称分布族 F^T 是完备的，又称 $T(X)$ 为完备统计量。

由定义 2.4.5 可以看出，完备统计量的定义中没有要求原参数分布族 F 具有完备性，因此就可能出现原分布族是不完备的，但其诱导分布族是完备的这种现象。这是完备统计量本身的构造所决定的。

定义 2.4.6　如果一个统计量 $T=T(X_1,X_2,\cdots,X_n)$ 既是参数 θ 充分统计量，又是参数 θ 的完备统计量，则称该统计量 $T=T(X_1,X_2,\cdots,X_n)$ 为参数 θ 的充分完备统计量。

现在不加证明的指出三个结果：

1. 设 $(X_1,X_2,\cdots,X_n)$ 是来自指数型分布的一个样本，则其充分统计量都是完备的。
2. 在分布族满足一定条件下，次序统计量 $X_{(1)}\leqslant X_{(2)}\leqslant\cdots\leqslant X_{(n)}$ 是完备的。
3. 完备统计量的函数亦是完备的，但反之不真。

这些结果的证明可参考陈希孺所著的《数理统计引论》一书。

在统计中有多处要用到完备性，这里将应用完备性来寻找可估参数的 UMVUE，具体见下面的定理。

定理 2.4.4　总体 X 的分布函数为 $F(X,\theta)$，$\theta\in\Theta$，$(X_1,X_2,\cdots,X_n)$ 是来自总体 X 的一个样本，如果 $T=T(X_1,X_2,\cdots,X_n)$ 是 θ 的一个充分完备统计量，$\hat{\theta}$ 是 θ 的任一无偏估计，则 $\hat{\theta}^*\triangleq E(\hat{\theta}|T)$ 为 θ 的唯一的最小方差无偏估计。

证明： 设$\hat{\theta}_1$和$\hat{\theta}_2$是参数θ的任意两个无偏估计，由定理 2.4.2 可知，$E(\hat{\theta}_1|T)$和$E(\hat{\theta}_2|T)$也是参数θ的无偏估计，即对一切$\theta\in\Theta$，有

$$E[E(\hat{\theta}_1|T)]=\theta,\quad E[E(\hat{\theta}_2|T)]=\theta$$

且

$$Var[E(\hat{\theta}_1|T)]\leqslant Var(\hat{\theta}_1),\quad Var[E(\hat{\theta}_2|T)]\leqslant Var(\hat{\theta}_2)$$

令

$$g(T)\triangleq E(\hat{\theta}_1|T)-E(\hat{\theta}_2|T)$$

有

$$E_\theta[g(T)]=0,\quad \forall\theta\in\Theta$$

由于是完备统计量，有定义 2.4.5 得

$$P_\theta[E(\hat{\theta}_1|T)=E(\hat{\theta}_2|T)]=1,\forall\theta\in\Theta$$

即θ的充分无偏估计是惟一的，再根据定理 2.4.2 知，是$\hat{\theta}^*\triangleq E(\hat{\theta}|T)$为$\theta$的最小方差无偏估计。

定理 2.4.4 提供了一种寻求θ的最小方差无偏估计的方法，即先找到θ的一个充分完备统计量$T=T(X_1,X_2,\cdots,X_n)$和一个无偏估计$\hat{\theta}$，再计算条件数学期望$E(\hat{\theta}_1|T)$即可。

定理 2.4.5　设$T(X)$是参数分布族$F=\{f(x;\theta);\theta\in\Theta\}$的充分完备统计量，则每个可估参数$g(\theta)$有一个且仅有一个依赖于$T$的无偏估计$\hat{g}(T)$，它就是$g(\theta)$的 UMVUE。这里的唯一性是指$g(\theta)$的任何两个这样的估计几乎处处相等。

证明： 因为$g(\theta)$是可估参数，则必存在$g(\theta)$的无偏估计，记为$\varphi(X)$。假如$\varphi(X)$不是$T(X)$的函数，则计算$\varphi(X)$对$T(X)$的条件期望，得到$g(\theta)$的另一个无偏估计

$$\hat{g}(T)=E[\varphi(X)|T(X)]$$

则$\hat{g}(T)$就是$g(\theta)$的 UMVUE。倘若不然，还有一个依赖于$T(X)$的$h(T)$是$g(\theta)$的 UMVUE，那么其差

$$f(T)=\hat{g}(T)-h(T)$$

$$E_\theta[f(T)]=0,\forall\theta\in\Theta$$

因此由$T(X)$的完备性，$\hat{g}(T)$与$h(T)$几乎处处相等。若$\varphi(X)$还是通过$T(X)$与样本发生联系，由$T(X)$的完备性可知，$\varphi(X)$就是$g(\theta)$的 UMVUE。这就完成了定理的证明。

根据这个定理可以看出，使用这个方法的最大困难在于条件期望的计算，为了简化计算，所选的无偏估计可尽量简单一些。

上述用条件期望是寻求 UMVUE 的一种常用方法，而求解方程是寻求 UMVUE 的另一种方法。

若T是一个充分完备统计量，则任意一个可估参数$g(\theta)$的 UMVUE 可惟一由如下方程

$$E_\theta[\hat{g}(T)]=g(\theta),\forall\theta\in\Theta$$

决定。此方程可直接求解，也可以先设定一个充分完备统计量T的函数$f(T)$，然后逐步修正。

2.5　有效估计与 C－R 不等式

2.5.1　C－R 不等式

瑞典统计学家克拉梅（H. Cramer）和印度统计学家劳（C. R. Rao）分别在 1945 年和 1946 年对单参数正则分布族证明了一个重要不等式，后人称为 Cramer－Rao 不等式，简称 $C-R$ 不等式。这个不等式给出了可估参数的无偏估计的方差下界，这个下界与下列三个量有关。

样本量 n；

费希尔信息量 $I(\theta)$；

可估参数 $g(\theta)$ 的变化率 $g'(\theta)$。

这个 $C-R$ 不等式成立的条件是总体是 $C-R$ 正则分布族。

定理 2.5.1　设 $F=\{f(x;\theta);\theta\in\Theta\}$ 是 $C-R$ 正则分布族，可估参数 $g(\theta)$ 是 Θ 上的可微函数，又设 $X=(X_1,X_2,\cdots,X_n)$ 是取自总体分布 $f(x;\theta)\in F$ 的一个样本，假如 $\hat{g}(X)$ 是 $g(\theta)$ 的无偏估计，且满足条件：下述积分

$$\int\cdots\int\hat{g}(x_1,x_2,\cdots,x_n)\cdot f(x_1,x_2,\cdots,x_n;\theta)\,dx_1dx_2\cdots dx_n$$

可在积分号下对 θ 求导，则有

$$Var_\theta[\hat{g}(X)]\geqslant\frac{[g'(\theta)]^2}{nI(\theta)},\theta\in\Theta$$

其中 $I(\theta)$ 为该分布族 F 的费希尔信息量。

证明：因为样本是简单随机样本，记

$$s(X,\theta)=\frac{\partial\ln f(x_1,x_2,\cdots,x_n;\theta)}{\partial\theta}=\sum_{i=1}^{n}\frac{\partial\ln f(x_i;\theta)}{\partial\theta}$$

由于

$$E_\theta\left\{\frac{\partial\ln f(x_i;\theta)}{\partial\theta}\right\}=\int\frac{\partial\ln f(x_i;\theta)}{\partial\theta}\cdot f(x_i;\theta)\,dx_i=\int\frac{\partial f(x_i;\theta)}{\partial\theta}dx_i=\frac{d}{d\theta}\int f(x_i;\theta)\,dx_i=0$$

所以

$$E_\theta\{s(X,\theta)\}=\sum_{i=1}^{n}E_\theta\left\{\frac{\partial\ln f(x_i;\theta)}{\partial\theta}\right\}=0$$

$$Var_\theta\{s(X,\theta)\}=Var_\theta\left\{\sum_{i=1}^{n}\frac{\partial\ln f(x_i;\theta)}{\partial\theta}\right\}$$

$$=\sum_{i=1}^{n}Var_\theta\left\{\frac{\partial\ln f(x_i;\theta)}{\partial\theta}\right\}=\sum_{i=1}^{n}E_\theta\left\{\frac{\partial\ln f(x_i;\theta)}{\partial\theta}\right\}^2=nI(\theta)$$

再利用协方差性质，即施瓦兹不等式

$$\{Cov[s(X,\theta),\hat{g}(X)]\}^2\leqslant Var_\theta[s(X,\theta)]\cdot Var_\theta[\hat{g}(X)]$$

上述不等式右端为 $nI(\theta)\cdot Var_\theta[\hat{g}(X)]$，而左端为：

$$\begin{aligned} Cov[s(X,\theta),\hat{g}(X)] &= E_\theta\{s(X,\theta)[\hat{g}(X)-g(\theta)]\} \\ &= E_\theta\{s(X,\theta)\hat{g}(X)\}-g(\theta)E_\theta\{s(X,\theta)\} \\ &= \int\cdots\int \hat{g}(X)\frac{\partial \ln f(x_1,x_2,\cdots,x_n;\theta)}{\partial\theta}\cdot f(x_1,x_2,\cdots,x_n;\theta)dx_1dx_2\cdots dx_n \\ &= \int\cdots\int \hat{g}(X)\frac{\partial f(x_1,x_2,\cdots,x_n;\theta)}{\partial\theta}dx_1dx_2\cdots dx_n \\ &= \frac{d}{d\theta}\int\cdots\int \hat{g}(X)f(x_1,x_2,\cdots,x_n;\theta)dx_1dx_2\cdots dx_n = g'(\theta) \end{aligned}$$

将上述结果代回原式,即得 $C-R$ 不等式。

$C-R$ 不等式的右端是一个不依赖于无偏估计量$\hat{g}(X)$的量。这个量与参数 $g(\theta)$ 的变化率的平方成正比，与总体所在的分布族的费希尔信息量的 n 倍成反比。这表明，当参数 $g(\theta)$ 和总体分布族给定时，要构造一个方差无限小的无偏估计，只有当样本量 n 无限增大时才有可能，而要做到这一点是不现实的。所以当样本量 n 给定时，$g(\theta)$ 的无偏估计的方差不可能任意小，它的下界是$\frac{[g'(\theta)]^2}{nI(\theta)}$。这个下界也称 $C-R$ 下界，$C-R$ 不等式的意义就在于此。

2.5.2 有效估计

定义 2.5.1 设$\hat{g}(X)$是 $g(\theta)$ 的无偏估计，在 $C-R$ 正则分布族下，比值

$$e_n = \frac{[g'^{(\theta)}]^2/nI(\theta)}{Var_\theta[\hat{g}(X)]}$$

称为无偏估计$\hat{g}(X)$的效率（显然，$0<e_n<1$）。

假如$e_n=1$，则称$\hat{g}(X)$是 $g(\theta)$ 的有效（无偏）估计。

假如$\lim\limits_{n\to\infty}e_n=1$，则称$\hat{g}(X)$是 $g(\theta)$ 的渐近有效（无偏）估计。

人们当然希望使用有效估计，因为它是无偏估计类$\mathfrak{U}_g$中最好的估计。可惜有效估计并不多，但渐近有效估计略多一些。从有效估计的定义可见，有效估计一定是 UMVUE，但很多 UMVUE 不是有效估计，这是因为 $C-R$ 下界偏小，在很多场合达不到。因此，有些统计学家提出改进 $C-R$ 下界，使其能达到或者能接近。

例 2.5.1 设$(X_1,X_2,\cdots,X_n)$是取自正态总体 $N(\mu,1)$ 的一个样本，可以验证这个正态分布族$\{N(\mu,1):-\infty<\mu<\infty\}$是 $C-R$ 正则分布族，其费希尔信息量 $I(\mu)=1$。

根据 $C-R$ 不等式可知，假如 $\hat{\mu}$ 是 $g(\mu)=\mu$ 的任一个无偏估计，则有 $g'(\mu)=1$ 和 $Var(\hat{\mu})\geqslant\frac{1}{n}$。容易看到，若取 $\hat{\mu}=\overline{X}$，则等号可以取到，这表明，样本均值是 μ 的有效估计。

2.6 习　题

1. 设总体 X 服从正态分布 $N(\mu,\sigma^2)$，$(X_1,X_2,\cdots,X_n)$是其样本，求：

(1) k 使估计量 $\hat{\sigma}^2=\frac{1}{k}\sum\limits_{i=1}^{n-1}(X_{i+1}-X_i)^2$ 是σ^2的无偏估计；

(2) k 使估计量 $\hat{\sigma} = \frac{1}{k}\sum_{i=1}^{n} | X_i - \overline{X} |$ 为 σ 的无偏估计。

2. 设$(X_1, X_2, \cdots, X_n)$是来自总体 X 的样本，$\alpha_i > 0, (i = 1, 2, \cdots, n)$ 且满足 $\sum_{i=1}^{n} \alpha_i = 1$，试证：

(1) $\sum_{i=1}^{n} \alpha_i X_i$ 是 $E(X)$的无偏估计；

(2) 在 $E(X)$的所有形如 $\sum_{i=1}^{n} \alpha_i X_i$ 的线性无偏估计类中，$\overline{X} = \frac{1}{n}\sum_{i=1}^{n} X_i$ 的方差最小，即$\overline{X}$是 $E(X)$的最小方差线性无偏估计。

3. 总体 X 服从二项分布 $b(n,p)$，其中参数 $0 < p < 1$，n 为正整数，$(X_1, X_2, \cdots, X_n)$为总体 X 的一个样本，求 n 与 p 的矩估计量。

4. 设总体 X 服从$[a, b]$上的均匀分布，其中参数 a, b 未知，$(X_1, X_2, \cdots, X_n)$是来自总体 X 的一个样本，求 a, b 的极大似然估计值。

5. 设总体 X 服从区间$[0, \theta]$上的均匀分布，$(X_1, X_2, \cdots, X_n)$是其样本，

(1) 证明$\hat{\theta}_1 = 2\overline{X}$和$\hat{\theta}_2 = \frac{n+1}{n}\max\limits_{1 \leq i \leq n}\{X_i\}$均为 θ 的无偏估计；

(2) 比较$\hat{\theta}_1$和$\hat{\theta}_2$哪个有效。

6. 设总体 $X \sim P(\lambda)$，其中参数 $\lambda > 0$，X_1为总体 X 的一个样本，试证：$T(X_1) = (-2)^{X_1}$是待估函数$e^{-3\lambda}$的无偏估计。

7. 设总体 X 的均值μ 和方差σ^2存在，$(X_1, X_2, \cdots, X_n)$是来自总体 X 的一个样本，求μ 的估计量 $\hat{\mu} = \overline{X}$的均方误差 $MSE(\hat{\mu}, \mu)$。

8. 设总体 $X \sim N(0, \sigma^2)$，$\sigma > 0$ 是未知参数，$(X_1, X_2, \cdots, X_n)$是来自总体 X 的样本，试证估计量 $\hat{\sigma}^2 = \frac{1}{n}\sum_{i=1}^{n} X_i^2$ 是σ^2的相合估计，并求$\hat{\sigma}^2$的渐近分布。

9. 设$(X_1, X_2, \cdots, X_n)$是来自正态总体 $N(\mu, \sigma^2)$的一个样本，证明S_n^2是σ^2的相合估计。

10. 设总体 X 服从几何分布 $P(X = k) = p(1-p)^{1-k} k = 1, 2, \cdots$，$(X_1, X_2, \cdots, X_n)$为总体的样本，试求参数 p 的矩估计和极大似然估计。

11. 设总体 X 服从 $(1,\theta)$ 均匀分布 $U(1,\theta)$，其概率密度函数为 $f(x,\theta)=\begin{cases}\dfrac{1}{\theta-1}, & 1<x<\theta\\ 0, & \text{others}\end{cases}$，试求 θ 的矩估计量，并验证该估计量的无偏性与一致性。

12. 设总体 X 的概率密度函数为 $f(x)=\begin{cases}\dfrac{2}{\theta^2}(\theta-x), & 0<x<\theta\\ 0, & \text{其他}\end{cases}$，$(X_1,X_2,\cdots,X_n)$ 为总体 X 的样本，试求总体 θ 的矩估计。

13. 设总体 X 服从上 $(0,\theta)$ 的均匀分布，$(1.3,0.6,1.7,2.2,0.3,1.1)$ 是总体 X 的一个样本值，
(1) 试用矩估计法求总体均值、总体方差及参数 θ 的估计值；
(2) 试用极大似然估计法 求总体均值、总体方差及参数 θ 的估计值。

14. 设 $(X_1,X_2,\cdots,X_n)$ 是来自总体 X 的一个样本，X 的分布密度为 $U(0,\theta)$
试求 θ 的矩法估计量与极大似然估计量。

15. 设 $(X_1,X_2,\cdots,X_n)$ 是来自总体 X 的一个样本，X 的概率密度函数为 $E[x(n)]=\dfrac{n+1}{n}\theta$
求 θ 的矩法估计量与极大似然估计量。

16. 设总体 X 的概率密度函数为

$$f(x)=\begin{cases}(\theta+1)x^{\theta}, & 0<x<1\\ 0, & \text{其他}\end{cases}$$

其中 $\theta>-1$，$(X_1,X_2,\cdots,X_n)$ 为其样本，求参数 θ 的矩估计和极大似然估计值。当样本值为 $(0.1,0.2,0.9,0.8,0.7,0.7)$ 时求 θ 的估计值。

17. 设 $(X_1,X_2,\cdots,X_n)$ 是来自总体 X 的样本，试分别求总体分布中未知参数的极大似然估计值。已知总体 X 的概率密度函数为

(1) $f(x)=\begin{cases}\dfrac{2x}{\theta^2}e^{-\frac{x^2}{\theta^2}}x>0, & \theta>0\\ 0, & x\leqslant 0\end{cases}$

(2) $f(x)=\dfrac{1}{2\sigma}e^{\frac{\perp x\rfloor}{\sigma}}, \quad -\infty<x<+\infty,\sigma>0$

(3) $f(x)=\begin{cases}e^{-(x-\theta)} & x\geqslant\theta\\ 0, & x<\theta\end{cases}$

18. 设某电子元件的寿命 T 的概率密度为 $f(t)=\begin{cases}\dfrac{1}{\lambda}e^{-\frac{t}{\lambda}}, & t>0\\ 0, & t\leqslant 0\end{cases}$，其中 $\lambda>0$ 未知，随机地取

50 个电子元件投入寿命试验，规定试验进行到其中有 15 个失效时结束试验，测得失效时间（小时）为

115,119,131,138,142,147,148,155,158,159,163,166,167,170,172

试求电子元件平均寿命 λ 的最大似然估计值。

19. 设总体 X 的概率密度函数为 $f(x,\theta)=k\,\theta^k x^{-(k+1)}, x>\theta>0, k>2$，$(X_1,X_2,\cdots,X_n)$ 为一个样本。

（1）证明：$T_1=\frac{k-1}{2k}(X_1+X_2)$ 和 $T_1=\frac{2k-1}{2k}\min(X_1,X_2)$ 都是 θ 的无偏估计；

（2）证明：在均方误差意义下，在形如 $T_C=C\min(X_1,X_2)$ 的估计中，$C=\frac{2k-2}{2k-1}$ 最优。

20. 设总体 $N(\mu,\sigma^2)$，现得到总体 X 的一个样本值为（14.7，15.1，14.8，15.0，15.2，14.6）

（1）试用最大似然估计 μ 值；

（2）试用最大似然估计 σ^2 值。

21. 设总体 X 服从二项分布 $b(N,p)$，$(X_1,X_2,\cdots,X_n)$ 为其样本，求参数 p 的最小方差无偏估计。

22. 设总体 X 的分布密度 $f(x)=\begin{cases}\frac{1}{\theta}e^{-\frac{x}{\theta}}x>0, & \theta>0\\ 0, & x\leqslant 0\end{cases}$，$(X_1,X_2,\cdots,X_n)$ 为其样本，试求参数 θ 的最小方差无偏估计。

23. 设总体 $X\sim N(\mu,\sigma^2)$，$(X_1,X_2,\cdots,X_n)$ 为其样本，试求：

（1）σ^2 的最小方差无偏估计；

（2）σ 和 σ^2 的最小方差无偏估计。

24. 设总体 $N(\mu,\sigma^2)$，$(X_1,X_2,\cdots,X_n)$ 为其样本，试求：

（1）$3\mu+4\sigma^2$ 最小方差无偏估计；

（2）$\mu^2-4\sigma^2$ 最小方差无偏估计。

25. 在下列情况下，分别求 C－R 不等式的下界：

（1）总体 $X\sim N(\theta,1)$，$g(\theta)=\theta^2$

（2）总体 $X\sim U(0,\theta)$，$g(\theta)=Var(X)$；

（3）总体 $X\sim b(N,p)$，$g(p)=p^2$。

26. 设 $(X_1,X_2,\cdots,X_n)$ 是来自正态总体 $N(\mu,\sigma^2)$ 的一个样本，试证：

(1) $\hat{\sigma}^2=\frac{1}{n}\sum_{i=1}^{n}X_i^2$ 是σ^2的有效估计。

(2) $\hat{\sigma}^2=\frac{1}{n-1}\sum_{i=1}^{n}(X_i-\overline{X})^2$ 不是σ^2的有效估计，而是σ^2的渐近有效估计。

27. 设$(X_1,X_2,\cdots,X_n)$是取自正态总体$N(\mu,\sigma^2)$的一个样本，μ为已知，试证 $\hat{\sigma}=\frac{1}{n}\sqrt{\frac{\pi}{2}}\sum_{i=1}^{n}|X_i-\mu|$ 是σ的无偏估计，并求$\hat{\sigma}$的效率$e(\hat{\sigma})$。

28. 设总体$X\sim N(1,\sigma^2)$，$(X_1,X_2,\cdots,X_n)$为其样本，试求参数σ^2的有效估计。

29. 设总体X服从$Ga(\alpha,\theta)$分布，即分布密度为$f(x)=\frac{\lambda^\alpha}{\Gamma(\alpha)}x^{\alpha-1}e^{-\lambda x}$，$x\geqslant 0$，其中$\alpha(\alpha>0)$为已知常数，$\theta(\theta>0)$为未知常数，$(X_1,X_2,\cdots,X_n)$为总体$X$的一个样本，试求$g(\theta)=1/\theta$的极大似然估计，并判别其是否为有效估计。

第3章　统计决策与贝叶斯估计

20世纪40年代，瓦尔德提出了一种观点，把统计推断问题看成是人和自然的一种博弈，建立统计决策理论。它是前面讨论过的参数估计方法——点估计、区间估计的一种推广。这个理论的一些基本观点，已不同程度渗透到各个统计分支，对数理统计学的发展产生了一定的影响。

频率学派（又称经典学派）和贝叶斯学派是统计学的两个主要学派，它们之间有共同点，又有不同点。贝叶斯估计是贝叶斯统计的主要内容，它运用决策理论研究参数估计问题。本章在对统计决策理论的基本概念介绍的基础上，讨论贝叶斯方法在参数估计中的一些应用。

3.1　统计决策的基本概念

3.1.1　统计判决问题的三个要素

为了估计一个未知参数，需要给出一个合适的估计量，该估计量也称为该统计问题的解。一般地说，一个统计问题的解就是所谓的统计决策函数。为了明确统计决策函数这一重要概念，需要对构成一个统计决策问题的基本要素做一介绍，这些要素是：样本空间和分布族、行动空间以及损失函数。

1. 样本空间和分布族

设总体 X 的分布函数为 $F(x;\theta),\theta$ 是未知参数 $\theta\in\Theta,\Theta$ 称为参数空间。若 $(X_1,X_2,\cdots,X_n)^T$ 为取自总体 X 的一个样本，则样本所有可能值组成的集合称为样本空间，记为χ，由于 X_i 的分布函数为 $F(x;\theta),i=1,2,\cdots,n$，则 $(X_1,X_2,\cdots,X_n)^T$ 的联合分布函数为

$$F(x_1,\cdots,x_n;\theta)=\prod_{i=1}^{n}F(x_i;\theta),\theta\in\Theta$$

若记 $F^*=\{\prod_{i=1}^{n}F(x_i;\theta),\theta\in\Theta\}$，则称 F^* 为样本的概率分布族，简称分布族。

例 3.1.1　设总体 X 服从两点分布 $B(1,p)$，p 为未知参数，$0<p<1$，$(X_1,X_2,\cdots,X_n)^T$ 是取自总体 X 的样本，则样本空间是集合

$$\chi=\{(x_1,\cdots,x_n):x_i=0,1,i=1,2,\cdots,n\}$$

它含有 2^n 个元素，样本 $(X_1,X_2,\cdots,X_n)^T$ 的分布族为

$$F^*=\{p^{\sum_{i=1}^{n}x_i}(1-p)^{n-\sum_{i=1}^{n}x_i},x_i=0,1,i=1,2,\cdots,n,0<p<1\}$$

2. 决策空间或判决空间

对于一个统计问题，如参数 θ 的点估计，区间估计及其他统计问题，我们常常要给予适当的回答。对参数 θ 的点估计，一个具体的估计值就是一个回答。在统计决策中，每一个具体的回答称为一个决策，一个统计问题中可能选取的全部决策组成的集合称为决策空间，记为$\mathcal{A}$一个决策空间$\mathcal{A}$至少应含有两个决策，假如$\mathcal{A}$中只含有一个决策，那人们就无需选择，从而也形成不了一个统计决策问题。

例如，要估计正态分布 $N(\mu,\sigma^2)$ 中的参数μ, $\mu \in \Theta = (-\infty, +\infty)$。因为$\mu$在$(-\infty, +\infty)$中取值，所以每一个实数都可用来估计 μ，故每一个实数都代表一个决策，决策空间为 $\mathcal{A} = (-\infty, +\infty)$。

值得注意的是，在$\mathcal{A}$中具体选取哪个决策与抽取的样本和所采用的统计方法有关。

例 3.1.2 某厂打算根据各年度市场的销售量来决定下年度应该扩大生产还是缩减生产，或者维持原状，这样决策空间$\mathcal{A}$为

$$\mathcal{A} = \{\text{扩大生产},\text{缩减生产},\text{维持原状}\}$$

3. 损失函数

统计决策的一个基本观点和假定是，每采取一个决策，必然有一定的后果（经济的或其他的），决策不同，后果各异。对于每个具体的统计决策问题，一般有多种优劣不同的决策可采用。例如，要估计正态分布 $N(\mu,0.2^2)$ 中的参数 μ，假设 μ 的真值为3，那么采用3.5这个决策显然比10这个决策好的多。如果要作 μ 的区间估计，则显然 [2, 4] 这个决策比 [-5, 10] 这个决策好。统计决策理论的一个基本思想是把上面所谈的优劣性，以数量的形式表现出来，其方法是引入一个依赖于参数值 $\theta \in \Theta$ 和决策 $d \in \mathcal{A}$ 的二元实值非负函数 $L(\theta,d) \geqslant 0$，称之为损失函数，它表示当参数真值为 θ 而采取决策 d 时所造成的损失，决策越正确，损失就越小。由于在统计问题中人们总是利用样本对总体进行推断，所以误差是不可避免的，因而总会带来损失，这就是损失函数定义为非负函数的原因。

例 3.1.3 设总体 X 服从正态分布 $N(\theta,1)$，θ 为未知参数，参数空间 $\Theta = (-\infty, +\infty)$，决策空间自然地取为 $\mathcal{A} = (-\infty, +\infty)$，一个可供考虑的损失函数是 $L(\theta,d) = (\theta - d)^2$，$\theta \in \Theta$，

当 $d = \theta$，即估计正确时损失为0，估计 d 与实际值 θ 的距离 $|\theta - d|$ 越大，损失也越大。

如果要求未知参数的区间估计，损失函数可取为

$$L(\theta,d) = d_2 - d_1$$

其中 $\mathcal{A} = \{[d_1,d_2]: -\infty < d_1 < d_2 < +\infty\}$，这个损失函数表示以区间估计的长度来度量采用决策 $d = [d_1,d_2]$ 所带来的损失，也可以取损失函数为

$$L(\theta,d) = 1 - I_{[d_1,d_2]}(\theta), \theta \in \Theta, d = [d_1,d_2] \in \mathcal{A}$$

其中 $I_{[d_1,d_2]}(\theta)$ 是集合 $[d_1,d_2]$ 的示性函数，即

$$I_{[d_1,d_2]}(\theta) = \begin{cases} 0, \text{当 } \theta \notin [d_1,d_2] \text{ 时} \\ 1, \text{当 } \theta \in [d_1,d_2] \text{ 时} \end{cases}$$

这个损失函数表示当决策 d 正确（即区间 $[d_1,d_2]$ 覆盖未知参数的实际值）时损失为0，反之损失为1。

对于不同的统计问题，可以选取不同的损失函数，常见的损失函数有以下几种。

(1) 线性损失函数

$$L(\theta,d) = \begin{cases} k_0(\theta - d), d \leqslant \theta \\ k_1(d - \theta), d > \theta \end{cases} \tag{3.1.1}$$

其中 k_0 和 k_1 是两个常数，它们的选择常反映行动 d 低于参数 θ 和高于参数 θ 的相对重要性，$k_0 = k_1 = 1$ 时就得到：

绝对值损失函数

$$L(\theta,d) = |\theta - d| \tag{3.1.2}$$

(2) 平方损失函数

$$L(\theta,d) = (\theta - d)^2 \tag{3.1.3}$$

(3) 凸损失函数

$$L(\theta,d) = \lambda(\theta)W(|\theta - d|) \tag{3.1.4}$$

其中 $\lambda(\theta) > 0$ 是 θ 的已知函数，且有限，$W(t)$ 是 $t > 0$ 上的单调非降函数且 $W(0) = 0$。

(4) 多元二次损失函数，当 θ 和 d 均为多维向量时，可取如下二次型作为损失函数

$$L(\theta,d) = (d - \theta)^T A(d - \theta) \tag{3.1.5}$$

其中 $\theta = (\theta_1, \cdots, \theta_p)^T, d = (d_1, \cdots, d_p)^T$，$A$ 为 $p \times p$ 阶正定矩阵 p 为大于 1 的某个自然数。当的为对角阵即 $A = diag(\omega_1, \cdots, \omega_p)$ 时，则 p 元损失函数为

$$L(\theta,d) = \sum_{i=1}^{p} \omega_i (d_i - \theta_i)^2 \tag{3.1.6}$$

其中诸 $\omega_i (i = 1, 2, \cdots, p)$ 可看作各参数重要性的加权。

将统计决策方法用于实际问题时，如何选择损失函数是一个关键问题，也是一个难点。一般来说，选取的损失函数应与实际问题相符合，同时也要在数学上便于处理，上面提到的二次损失（又称为平方损失）函数是参数点估计中常用的一种损失函数。

3.1.2　统计决策函数以及风险函数

1. 统计决策函数

给定了样本空间 χ 和概率分布族 F^*，决策空间 A 及损失函数 $L(\theta,d)$ 这三个要素后，统计决策问题就确定了，此后，我们的任务就是在 A 中选取一个好的决策 d，所谓好是指有较小的损失。对样本空间 χ 中每一点 $x = (x_1, \cdots, x_n)^T$，可在决策 空间中寻找一点 $d(x)$ 与其对应，这样一个对应关系可看作定义在样本空间分上而取值于决策空间 A 内的函数 $d(x)$。

定义 3.1.1　定义在样本空间 χ 上，取值于决策空间 A 内的函数称为统计决策函数，简称为决策函数。

形象地说，决策函数 $d(x)$ 就是一个"行动方案"。当有了样本 x 后，按既定的方案采取行动（决策）$d(x)$。在不致误解的情况下，也称 $d(X) = d(X_1, \cdots, X_n)$ 为决策函数，此时表示当样本值为 $x = (x_1, \cdots, x_n)^T$ 时采取决策 $d(x) = d(x_1, \cdots, x_n)^T$，因此，决策函数 $d(X)$ 本质上是一个统计量。

例如，设总体 X 服从正态分布 $N(\mu, \sigma^2)$，σ^2 已知，$(X_1, X_2, \cdots, X_n)^T$ 为取自 X 的样本，求参数 μ 的点估计。此时可用 $d(x) = \bar{x} = \frac{1}{n}\sum_{i=1}^{n} x_i$ 来估计 μ，$d(x) = \bar{x}$ 就是一个决策函数。

如果要求 μ 的区间估计，那么

$$d(x) = \bar{x} - \mu_{\frac{\alpha}{2}} \frac{\sigma}{\sqrt{n}}, \bar{x} + \mu_{\frac{\alpha}{2}} \frac{\sigma}{\sqrt{n}}$$

就是一个决策函数。

2. 风险函数

给定一个决策函数 $d(X)$ 之后，所采取的决策完全取决于样本 X，从而损失必然与 X 有关，也就是说决策函数与损失函数 $L(\theta,d)$ 都是样本 x 的函数，因此都是随机变量。当样本 X 取不同的值 x 时，对应的决策 $d(x)$ 可能不同，由此带来的损 失 $L[\theta,d(x)]$ 也不相同，这样就不能运用基于样本 x 所采取的决策而带来的损失 $L[\theta,d(x)]$ 来衡量决策的好坏，而应该从整体上来评价。为了比较决策函数的优劣，一个常用的数量指标是平均损失，即所谓的风险函数。

定义 3.1.2 设样本空间和分布族分别为 χ 和 F^*，决策空间为 A 损失函数为 数 $L(\theta,d)$，$d(X)$ 为决策函数，则由下式确定的 θ 的函数 $R(\theta,d)$ 称为决策函数 $d(X)$ 的风险函数

$$R(\theta,d) = E_\theta\{L[\theta,d(X)]\} = E_\theta\{L[\theta,d(X_1,X_2,\cdots,X_n)]\} \tag{3.1.7}$$

$R(\theta,d)$ 表示当真参数为 θ 时，采用决策（行动）d 所遭受的平均损失，其中 E_θ 表示当参数为 θ 时，对样本的函数 $L[\theta,d(X)]$ 求数学期望。显然风险越小，即损失越小决策函数就越好。但是，对于给定的决策函数 $d(X)$ 风险函数仍是 θ 的函数。所以，两个决策函数风险大小的比较涉及两个函数的比较，情况比较复杂，因此就产生了种种优良性准则，下面仅介绍两种。

定义 3.1.3 设 $d_1(X)$ 和 $d_2(X)$ 是统计决策问题中的两个决策函数，若其风险函数满足不等式

$$R(\theta,d_1) \leqslant R(\theta,d_2), \forall \theta \in \Theta$$

且存在一些 θ 使上述严格不等式 $R(\theta,d_1) \leqslant R(\theta,d_2)$ 成立，则称决策函数 $d_1(X)$ 一致优于 $d_2(X)$。假如下列关系式成立

$$R(\theta,d_1) = R(\theta,d_2), \forall \theta \in \Theta$$

则称决策函数 $d_1(X)$ 和 $d_2(X)$ 等价。

定义 3.1.4 设 $D = \{d(X)\}$ 是一切定义在样本空间上取值于决策空间 A 上的决策函数的全体，若存在一个决策函数 $d^*(X)[d^*(X) \in D]$，使对任一个 $d^*(X) \in D$，都有

$$R(\theta,d^*) \leqslant R(\theta,d), \forall \theta \in \Theta$$

则称 $d^*(X)$ 为（该决策函数类 D 的）一致最小风险决策函数，或称为一致最优决策函数。

上述两个定义都是对某个给定的损失函数而言的，当损失函数改变了，相应的结论也可能随之而变。定义 3.4 的结论还是对某个决策函数类而言的，当决策函数类改变了，一致最优性可能就不具备了。

例 3.1.4 设总体 X 服从正态分 $N(\mu,1)$，$\mu \in (-\infty, +\infty)$，$X = (X_1,X_2,\cdots,X_n)^T$ 为取自 X 的样本，欲估计未知参数 μ，选取损失函数为

$$L(\mu,d) = (\mu - d)^2$$

则对 μ 的任一估计 $d(X)$，风险函数为

$$R(\mu,d) = E_\mu[L(\mu,d)] = E_\mu(\mu - d)^2$$

若进一步要求 $d(X)$ 是无偏估计，即 $E_\mu[d(X)] = \mu$，则风险函数是

$$R(\mu,d) = E_{\mu}(\mu - Ed)^2 = D_{\mu}[d(X)]$$

即风险函数为估计量 $d(X)$ 的方差。

若取 $d(X) = \bar{x}$，则 $R(\mu,d) = D\bar{x} = \frac{1}{n}$

若取 $d(X) = X_1$，则 $R(\mu,d) = DX_1 = 1$

显然，当 $n > 1$ 时，后者的风险比前者大，即 $\bar{x}$ 优于 X_1。

例 3.1.5　设 x_1 和 x_2 是从下列分布获得的两个观察值

$$P\{X = \theta - 1\} = P\{X = \theta + 1\} = 0.5, \theta \in \Theta = R$$

现研究 e 的估计问题．为此取决策空间 $A = R$，取损失函数为

$$L(\theta,d) = 1 - I(d)$$

其中 $I(d)$ 为示性函数，当 $d = \theta$ 时它为 1，否则为 0。我们知道，从样本空间 $\mathcal{A} = \{(x_1,x_2)\}$ 到决策空间 $\mathcal{A}$ 上的决策函数有许多，现考察其中三个。

(1) $d_1(x_1,x_2) = (x_1 + x_2)/2$，其风险函数为

$$R(\theta,d_1) = 1 - P\{d_1 = \theta\} = 1 - P\{x_1 \neq x_2\} = 0.5, \forall \theta \in \Theta$$

(2) $d_2(x_1,x_2) = x_1 - 1$，其风险函数为

$$R(\theta,d_2) = 1 - P\{d_2 = \theta\} = 1 - P\{x_1 = \theta + 1\} = 0.5, \forall \theta \in \Theta$$

(3) $d_3(x_1,x_2) = \begin{cases} \frac{x_1 + x_2}{2}, x_1 \neq x_2 \\ x_1 - 1, x_1 = x_2 \end{cases}$ 其风险函数为

$$R(\theta,d_3) = 1 - P\{d_3 = \theta\} = 1 - P\{x_1 = \theta + 1 \text{ 或} x_1 \neq x_2\} = 0.25, \forall \theta \in \Theta$$

假如只限于考察这三个决策函数组成的类 $D = \{d_1,d_2,d_3\}$，那么 d_3 是决策函数类中一致最优决策函数，当决策函数类扩大或损失函数改变时，d_3 的最优性可能会消失。

3.2　贝叶斯估计

3.2.1　三种信息

统计学中有两个主要学派：频率学派（又称“经典学派”）和贝叶斯学派，为了说明它们之间的异同点，我们从统计推断中所使用的三种信息说起。

(1) 总体信息，即总体分布或总体所属分布族给我们的信息。

(2) 样本信息，即样本提供给我们的信息，这是最“新鲜”的信息，并且越多越好，希望通过样本对总体分布或总体的某些特征作出较精确的统计推断。没有样本就没有统计学可言。

基于以上两种信息进行统计推断的统计学就称为经典统计学。然而在我们周围还存在着第三种信息——先验信息，它也可用于统计推断。

(3) 先验信息，即在抽样之前有关统计问题的一些信息。

基于上述三种信息进行统计推断的统计学称为贝叶斯统计学。它与经典统计学的差别就在于是否利用先验信息。

例 3.2.1 英国统计学家萨瓦赫（Savage L. J.）曾考察了如下两个统计试验：

（1）一位常饮牛奶加茶的妇女声称，她能辨别先倒进杯子里的是茶还是牛奶。对此做了 10 次试验，她都正确地说出了。

（2）一位音乐家声称，他能从一页乐谱辨别出是海顿（Haydn）还是莫扎特（Mozart）的作品。在 10 次这样的试验中，他都辨别正确。

在这两个统计试验中，假如认为被试验者是在猜测，每次成功概率为 0.5，那么十次都猜中的概率为 $2^{-10}=0.0009766$。这是很小的概率，是几乎不可能发生的事件。所以有很大的把握认为"每次成功概率为 0.5"应被拒绝，认为试验者每次成功概率要比 0.5 大得多，这就不是猜测，而是他们的经验帮了他们的忙。可见经验（先验信息的一种）在推断中不可忽视。

例 3.2.2 "免检产品"是怎样决定的？某工厂的产品每天要抽检 n 件，获得不合格品率 θ 的估计。经过一段时间后，就可根据历史资料（先验信息的一种）对过去产品的不合格品率 θ 构造一个分布

$$P\left(\theta = \frac{i}{n}\right) = \pi, i = 0,1,2,\cdots,n$$

这种对先验信息进行加工获得的分布称为先验分布。有了这种先验分布就可得到对该厂过去产品的不合格品率 θ 的一个全面看法。如果这个分布的概率绝大部分集中在 $\theta=0$ 附近，那么该产品可以认为是"信得过产品"。假如以后的多次抽检结果与历史资料提供的先验分布是一致的，那就可以对它作出"免检产品"的决定，或者每月抽检一次就足够了，这就省去了大量的人力与物力。可见，历史资料在统计推断中应该加以应用。

基于上述三种信息进行统计推断的统计学称为贝叶斯统计学。它与经典统计学的差别就在于是否利用先验信息。贝叶斯统计在重视使用总体信息和样本信息的同时，还注意先验信息的收集、挖掘和加工，使它数量化，形成先验分布，参加到统计推断中来，以提高统计推断的质量。忽视先验信息的利用，有时是一种浪费，有时还会导出不合理的结论。

贝叶斯学派最基本的观点是：任一未知量 θ 都可看做随机变量，可用一个概率分布去描述，这个分布称为先验分布。因为任一未知量都有不确定性，而在表述不确定性的程度时，概率与概率分布是最好的语言。

例 3.2.3 某地区煤的储量 θ 在几百年内不会有多大变化，可看做一个常量，但对人们来说，它是未知的、不确定的量。有位专家研究了有关钻探资料，结合他的经验认为：该地区煤的储量 θ"大概有 5 亿吨左右"。若把"左右"理解为 4 亿～6 亿吨之内，把"大概"理解为 80% 的把握，还有 20% 的可能性在此区间之外（见图 3－1）。这无形中就是用一个概率分布（这一分布的确定是用主观概率）去描述未知量 θ，而具有概率分布的量当然是随机变量。

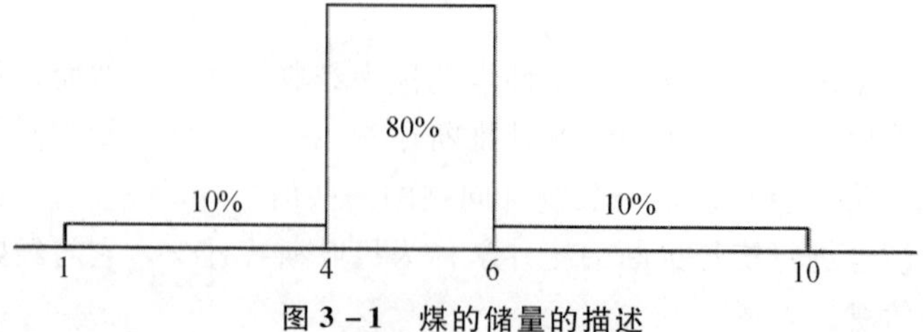

图 3－1　煤的储量的描述

3.2.2　贝叶斯公式的密度函数形式

贝叶斯公式的事件形式在很多教材中都有叙述，这里用随机变量的密度函数再一次叙述贝叶斯公式，并价绍贝叶斯学派的一些具体想法。

（1）依赖于参数 θ 的密度函数在经典统计中记为 $p(x:\theta)$，它表示参数空间 Θ 中不同的 θ 对应不同的分布。在贝叶斯统计中应记为 $p(x \mid \theta)$，它表示在随机变量 θ 给定某个值时，X 的条件密度函数。

（2）根据参数 θ 的先验信息确定先验分布 $\pi(\theta)$。

（3）从贝叶斯观点看，样本 $x=(x_1,x_2,\cdots,x_n)$ 的产生要分两步进行。首先设想从先验分布 $\pi(\theta)$ 产生一个样本 θ'。这一步是“老天爷”做的，人们是看不到的，故用“设想”二字。第二步从 $p(x \mid \theta')$ 中产生一个样本 $x=(x_1,x_2,\cdots,x_n)$。这时样本 x 的联合条件密度函数为：

$$p(x \mid \theta') = p(x_1,x_2,\cdots,x_n \mid \theta') = \prod_{i=1}^{n} p(x_i \mid \theta') \tag{3.2.1}$$

这个联合分布综合了总体信息和样本信息，又称为似然函数。它与最大似然估计中的似然函数没有什么不同。

（4）由于 θ' 是设想出来的，仍然是未知的，它是按先验分布 $\pi(\theta)$ 产生的。为把先验信息综合进去，不能只考虑 θ'，对 θ 的其他值发生的可能性也要加以考虑，故要用 $\pi(\theta)$ 进行综合。这样一来，样本 X 和参数 θ 的联合分布为：

$$h(x,\theta) = p(x \mid \theta)\pi(\theta) \tag{3.2.2}$$

这个联合分布把三种可用信息都综合进去了。

（5）我们的任务是要对未知参数 θ 作统计推断。在没有样本信息时，我们只能依据先验分布 $\pi(\theta)$ 对 θ 作出判断。在有了样本观察值 $X=(x_1,x_2,\cdots,x_n)$ 之后，我们应依据 $h(x,\theta)$ 对 θ 作出推断。若把 $h(x,\theta)$ 作如下分解：

$$h(x,\theta) = \pi(\theta \mid x)m(x) \tag{3.2.3}$$

其中 $m(x)$ 是 X 的边际密度函数

$$m(x) = \int_{\Theta} h(x,\theta)d\theta = \int_{\Theta} p(x \mid \theta)\pi(\theta)d\theta \tag{3.2.4}$$

它与 θ 无关，或者说 $m(x)$ 中不含 θ 的任何信息。因此能用来对 θ 作出推断的仅是条件分布 $\pi(\theta \mid x)$，它的计算公式是

$$\pi(\theta \mid x) = \frac{h(x,\theta)}{m(x)} = \frac{p(x \mid \theta)\pi(\theta)}{\int_{\Theta} p(x \mid \theta)\pi(\theta)d\theta} \tag{3.2.5}$$

这就是贝叶斯公式的密度函数形式。这个条件分布称为 θ 的后验分布，它集中了总体、样本和先验中有关 θ 的一切信息。它也是用总体和样本对先验分布 $\pi(\theta)$ 作调整的结果，它要比 $\pi(\theta)$ 更接近 θ 的实际情况，从而使基于 $\pi(\theta \mid x)$ 对 θ 的推断可以得到改进。

式（3.2.5）是在 x 和 θ 都是连续随机变量场合下的贝叶斯公式。其他场合下的贝叶斯公式容易写出。

譬如在 x 是离散随机变量和 θ 是连续随机变量时的贝叶斯公式如式（3.2.6）所示，而

当 θ 为离散随机变量时的贝叶斯公式如式（3.2.7）和式（3.2.8）所示。

$$\pi(\theta \mid x_j) = \frac{p(x_j \mid \theta)\pi(\theta)}{\int_{\Theta} p(x_j \mid \theta)\pi(\theta)d\theta} \tag{3.2.6}$$

$$\pi(\theta_i \mid x) = \frac{p(x \mid \theta_i)\pi(\theta_i)}{\sum_i p(x \mid \theta_i)\pi(\theta_i)} \tag{3.2.7}$$

$$\pi(\theta_i \mid x_j) = \frac{p(x_j \mid \theta_i)\pi(\theta_i)}{\sum_i p(x_j \mid \theta_i)\pi(\theta_i)} \tag{3.2.8}$$

例 3.2.4 设事件 A 的概率为 θ，即 $P(A) = \theta$。为了估计 θ，进行了 n 次独立观察，其中事件 A 出现次数为 X。显然 $X \sim B(n,\theta)$，即

$$P(X = x \mid \theta) = \binom{n}{x}\theta^x (1 - \theta)^{n-x}, x = 0,1,2,\cdots,n \tag{3.2.9}$$

这就是似然函数。假如在试验前，我们对事件 A 没有什么了解，从而对其发生的概率 θ 也说不出是大是小。在这种场合，贝叶斯建议用区间（0，1）上的均匀分布 U（0，1）作为 θ 的先验分布，因为它取（0，1）上每点都机会均等。贝叶斯的这个建议被后人称为贝叶斯假设。

3.2.3 共轭先验分布

先验分布的确定是贝叶斯统计推断中关键的一步，它会影响最后的贝叶斯统计推断结果。先验分布的确定有两个原则：

一是要根据先验信息，即经验和历史资料；二是要使用方便，在数学上处理方便。在具体操作时，人们可首先假定先验分布来自于数学上易处理的一个分布族，然后再依据已有的先验信息从该分布族中挑选一个作为未知参数的先验分布。

具体操作见下面的例子。

先验分布的确定已有一些较为成熟的方法，具体有

（1）共轭先验分布；

（2）无信息先验分布；

（3）多层先验分布。

定义 3.2.1 设 θ 是某分布中的一个参数，$\pi(\theta)$ 是其先验分布。假如由抽样信息算得的后验分布 $\pi(\theta \mid x)$ 与 $\pi(\theta)$ 同属于一个分布族，则称 $\pi(\theta)$ 是 θ 的共轭先验分布。

例 3.2.5 设 $X \sim B(n,\theta)$

（1）若 θ 服从均匀分布 $U(0,1)$，证明：θ 的后验分布为贝塔分布。

（2）若取 θ 的先验分布为贝塔分布 $Be(a,b)$，其中 a,b 已知，证明：θ 的后验分布仍为贝塔分布，即 θ 的共轭先验分布为贝塔分布。

证明：（1）均匀分布 $U(0,1)$ 是贝塔分布 $Be(1,1)$，$X \sim B(n,\theta)$，其概率分布为

$$f(x \mid \theta) = \binom{n}{x}\theta^x (1 - \theta)^{n-x}(x = 0,1,\cdots n)$$

而 θ 的先验分布为 $\pi(\theta) = 1(0 < \theta < 1)$，故有

$$\pi(\theta \mid x) = \frac{\theta^x (1-\theta)^{n-x}}{\int_0^1 \theta^x (1-\theta)^{n-x} d\theta} \quad (3.2.10)$$

计算积分得到

$$\int_0^1 \theta^x (1-\theta)^{n-x} d\theta = \frac{\Gamma(x+1)\Gamma(n-x+1)}{\Gamma(n+2)}$$

将上式代入（3.2.10），得到后验密度

$$\pi(\theta \mid x) = \frac{\Gamma(n+2)}{\Gamma(x+1)\Gamma(n-x+1)} \theta^{(x+1)-1} (1-\theta)^{(n-x+1)-1}$$

因此 θ 的后验分布是贝塔分布 $Be(x+1, n-x+1)$。

（2）若 $\theta \sim Be(a,b)$，则

$$\pi(\theta \mid x) = \frac{\theta^{x+a-1} (1-\theta)^{n-x+b-1}}{\int_0^1 \theta^{x+a-1} (1-\theta)^{n-x+b-1} d\theta} \quad (3.2.11)$$

计算积分得到

$$\int_0^1 \theta^{x+a-1} (1-\theta)^{n-x+b-1} d\theta = \frac{\Gamma(x+a)\Gamma(n-x+b)}{\Gamma(n+a+b)}$$

将上式代入（3.2.11），得到后验密度

$$\pi(\theta \mid x) = \frac{\Gamma(n+a+b)}{\Gamma(x+a)\Gamma(n-x+b)} \theta^{(x+a)-1} (1-\theta)^{(n-x+b)-1}$$

因此 θ 的后验分布是贝塔分布 $Be(x+a, n-x+b)$。

这个定义可以看出，共轭先验分布是对某一分布中的参数而言的，离开指定参数及其所在的分布谈共轭先验分布是没有意义的。常用的共轭先验分布列于表 3－1 中。

表 3－1　　常用的共轭先验分布

总体分布	参数	共轭先验分布
二项分布	成功概率	贝塔分布
泊松分布	均值	伽玛分布
指数分布	均值倒数	伽玛分布
正态分布（方差已知）	均值	正态分布
正态分布（均值已知）	方差	倒伽玛分布

共轭先验分布中常含有未知参数，先验分布中的未知参数称为超参数。在先验分布类型已定，但其中还含有超参数时，确定先验分布的问题就转化为估计超参数的问题。

3.2.4 贝叶斯估计

后验分布 $\pi(\theta \mid x)$ 综合了总体分布 $p(x \mid \theta)$、样本 X 和先验 $\pi(\theta)$ 中有关 θ 的信息，如今要寻求参数 θ 的估计 $\hat{\theta}$，只需从后验分布 $\pi(\theta \mid x)$ 合理提取信息即可。如何提取呢？常用的方法就是用后验均方误差准则，即选择这样的统计量

$$\hat{\theta} = \hat{\theta}(x_1, x_2, \cdots, x_n)$$

使后验均方误差达到最小，即

$$MSE(\hat{\theta} \mid x) = E^{\theta \mid x}(\hat{\theta}_B - \theta)^2 = Var(\theta \mid x) \tag{3.2.12}$$

这样的估计 $\hat{\theta}$ 称为 θ 的贝叶斯估计，有时还记为 $\hat{\theta}_B$，其中 $E^{\theta \mid x}$ 表示用后验分布 $\pi(\theta \mid x)$ 求期望。

例 3.2.6　经过早期筛选后的彩色电视接收机（简称彩电）的寿命服从指数分布。它的密度函数为：

$$p(t \mid \theta) = \frac{1}{\theta} e^{-t/\theta}, t > 0$$

其中 $\theta > 0$ 是彩电的平均寿命。

现从一批彩电中随机抽取 n 台进行寿命试验。试验到第 r 台失效为止，其失效时间为 $t_1 \leqslant t_2 \leqslant \cdots \leqslant t_r$，另外 $n-r$ 台彩电直到试验停止时（t_r）还未失效。这种试验称为截尾寿命试验，所得样本 $t=(t_1, t_2, \cdots, t_r)$ 为截尾样本。试求彩电平均寿命 θ 的贝叶斯估计。

解：截尾样本的联合分布为：

$$p(t \mid \theta) = \frac{n!}{(n-r)!} \prod_{i=1}^{r} p(t_i \mid \theta)\left[1 - F(t_r)\right]^{n-r} = \frac{n!}{(n-r)!} \prod_{i=1}^{r} \left(\frac{1}{\theta} e^{-\frac{t_i}{\theta}}\right)\left(e^{-\frac{t_r}{\theta}}\right)^{n-r}$$

$$= \frac{n!}{(n-r)!} \frac{1}{\theta^r} e^{-\frac{s_r}{\theta}}$$

其中，$s_r = t_1 + t_2 \cdots + t_r + (n-r)t_r$ 称为总试验时间；$F(t)$ 为彩电寿命的分布函数。

为寻求 θ 的贝叶斯估计，我们寻求 θ 的先验分布。根据国内外的经验，选用倒伽玛分布作为 θ 的先验分布是恰当的。假如随即变量 $X \sim Ga(\alpha, \lambda)$，则 X^{-1} 的分布就称为倒伽玛分布 $IGa(\alpha, \lambda)$，记为，它的密度函数为：

$$\pi(\theta) = \frac{\lambda^{\alpha}}{\Gamma(\alpha)} \theta^{-(\alpha+1)} e^{-\lambda/\theta}, \theta > 0$$

其中，$\alpha > 0, \lambda > 0$ 是两个待定参数，其数学期望 $E(\theta) = \frac{\lambda}{\alpha - 1}$。

利用贝叶斯公式可得 θ 的后验分布为：

$$\pi(\theta \mid t) = \frac{(\lambda + s_r)^{\alpha + r}}{\Gamma(\alpha + r)} \theta^{-(\alpha + r + 1)} e^{-(\lambda + s_r)/\theta}$$

即 $IGa(\alpha + r, \lambda + s_r)$，因此其后验期望为 $\frac{\lambda + s_r}{\alpha + r - 1}$，故 θ 的贝叶斯估计为：

$$\hat{\theta}_B = \frac{\lambda + s_r}{\alpha + r - 1}$$

为了最终确定这个估计，我们收集大量的先验信息。我国彩电生产厂家做了大量的彩电寿命试验，仅 15 个工厂实验室和一些独立实验室就对 13142 台彩电进行了共计 5369812 台时的试验，而且对 9240 台彩电进行了三年现场跟踪试验，总共进行了 5547810 台时试验。这两类试验的失效台数总共不超过 250 台。对如此大量先验信息加工整理后，确认我国彩电平均寿命不低于 30000 小时，它的 10% 分位数大约为 11250 小时，经过专家认定，这两个数据符合我国前几年彩电寿命的实际情况，也是留有余地的。

由此可列出如下两个方程：

$$\begin{cases} \dfrac{\lambda}{\alpha - 1} = 30000 \\ \displaystyle\int_0^{11250} \pi(\theta) d\theta = 0.1 \end{cases}$$

在计算机上解此方程，得

$$\hat{\alpha} = 1.956, \hat{\lambda} = 2868$$

这样一来，我们就完全确定了先验分布 $IGa(1.956, 2868)$，假如随机抽取 100 台彩电进行 400 小时试验，没有一台失效。这时总试验时间 $s_r = 100 \times 400 = 40000$（小时），$r = 0$，于是彩电平均使命 θ 的贝叶斯估计为 $\hat{\theta}_B = 44841$（小时）。

两个注释或说明：

1. 利用分布的核简化后验分布计算

在给定样本分布 $p(x \mid \theta)$ 和先验分布 $\pi(\theta)$ 后，用贝叶斯公式可得 θ 的后验分布

$$\pi(\theta \mid x) = p(x \mid \theta)\pi(\theta)/m(x)$$

其中 $m(x)$ 为样本 $X = (x_1, x_2, \cdots, x_n)$ 的边际分布，它不依赖于 θ，在后验分布计算中仅起到一个正则化因子的作用，假如把 $m(x)$ 省略，贝叶斯公式可改写为如下形式：

$$\pi(\theta \mid x) \propto p(x \mid \theta)\pi(\theta) \tag{3.2.13}$$

其中符号“ $\propto$ ”表示两边仅差一个不依赖于 θ 的一个常数因子。上式右端虽不是 θ 的密度函数（或分布列），但在需要时利用正则化立即可以恢复密度函数（或分布列）的原型。这时可把上式右端 $p(x \mid \theta)\pi(\theta)$ 称为后验分布 $\pi(\theta \mid x)$ 的核，假如 $p(x \mid \theta)\pi(\theta)$ 中还有不含 θ 的因子，仍可剔去，使核更为精炼。

2. 利用充分统计量简化后验分布的计算

在经典统计中有一个判定一个统计量 $T(x)$ 是否是充分的充要条件，它就是因子分解定理。该定理的充分条件说：若样本 $X = (x_1, x_2, \cdots, x_n)$ 的分布 $p(x \mid \theta)$ 可以分解为：

$$p(x \mid \theta) = g[T(x), \theta]h(x) \tag{3.2.14}$$

其中 $g(t, \theta)$ 是 t 与 θ 函数，并通过 $t = T(x)$ 与样本发生联系，而 $h(x)$ 仅是样本 X 的函数，与 θ 无关，则 $T(x)$ 为 θ 的充分统计量。

在贝叶斯统计中对充分统计量也有一个充要条件，其充要条件说：若 θ 的后验分布 $\pi(\theta \mid x)$ 可以表示为 θ 和某个统计量 $T(x)$ 的函数：

$$\pi(\theta \mid x) = \pi[\theta \mid T(x)] \tag{3.2.15}$$

则 $T(x)$ 为 θ 的充分统计量。

上述两个充要条件式（3.2.14）与式（3.2.15）是等价的，证明见参考文献［4］。故由式（3.2.15）可算得后验分布。

3.3　习　　题

1. 设 $X = (x_1, x_2, \cdots, x_n)$ 是来自 $N(\theta, \sigma^2)$ 的一个样本，其中 σ^2 已知，θ 为未知参数，假如 θ 的先验分布为 $N(\mu, \tau^2)$，其中 μ 与 τ^2 已知。试求 θ 的贝叶斯估计。

2. 为估计不合格品率 θ ，今从一批产品中随机抽取 n 件，其中不合格品数为 X ，又设 θ 的先验分布为贝塔分布 $Be(a,b)$ ，这里 a,b 已知，求 θ 的贝叶斯估计。

3. 设 $X = (x_1,x_2,\cdots,x_n)$ 为来自二点分布 $B(1,\theta)$ 的一个样本，其中成功概率 θ 的先验分布为贝塔分布，求 θ 的后验分布。

4. 设 $X = (x_1,x_2,\cdots,x_n)$ 是来自正态分布 $N(\theta,\sigma^2)$ 的一个样本，其中 θ 已知，求正态方差 σ^2 的共轭先验分布。

5. 设随机变量 X 的密度函数为：

$$p(x \mid \theta) = \frac{2x}{\theta^2}, 0 < x < \theta < 1$$

从中获得容量为 1 的样本，观察值记为 x。

（1）假如 θ 的先验分布为 $U(0,1)$ ，求 θ 的后验分布。

（2）假如 θ 的先验分布为 $\pi(\theta) = 3\theta^2 (0 < \theta < 1)$ ，求的后验分布。

6. 设随机变量 X 服从几何分布，即

$$P(X = k \mid \theta) = \theta(1-\theta)^k, k = 0,1,2,\cdots$$

其中，参数 θ 的先验分布为均匀分布 $U(0,1)$ 。

（1）若只对 X 做一次观察，观察值为 3，求 θ 的贝叶斯估计；

（2）若对 X 做三次观察，观察值为 2，3，5，求 θ 的贝叶斯估计。

7. 设总体 X 服从泊松分布 $P(\lambda)$ ，其中 λ 未知，$\lambda > 0$ ；$X = (x_1,x_2,\cdots,x_n)$ 是取自总体 X 的一个样本，试证 λ 的共轭先验分布为 Γ 分布。

8. 设 X 服从二项分布 $B(N,p)$ ，p 的先验分布为区间 $(0,1)$ 上的均匀分布，$X = (x_1,x_2,\cdots,x_n)$ 是取自总体 X 的一个样本，试在平方损失函数下，求 p 的贝叶斯估计。

9. 设总体 X 服从参数为 θ 的指数分布，$X = (x_1,x_2,\cdots,x_n)$ 是取自总体 X 的一个样本，θ 的先验分布为 Γ 分布，其密度函数为

$$p(x) = \frac{1}{\Gamma(\alpha+1)\beta^{\alpha+1}} x^{\alpha} e^{-x/\beta}, x > 0$$

其中 $\alpha > -1, \beta > 0$ 在平方损失函数下，求 θ 的贝叶斯估计。

10. 设随机变量 X 服从几何分布，即

$P(X = k \mid \theta) = \theta(1-\theta)^k, k = 0,1,2,\cdots$

（1）寻求 θ 的共轭先验分布。

（2）寻求 θ 的后验均值与后验方差。

11. 设一页书上的错别字个数服从泊松分布 $P(\lambda)$ ，λ 有两个取值可能：1.5 和 1.8，且先验分布为

$$P(\lambda = 1.5) = 0.45 \text{ , } P(\lambda = 1.8) = 0.55$$

现检查了一页，发现有 3 个错别字，试求 λ 的后验分布。

12. 验证：泊松分布的均值 λ 的共轭先验分布是伽马分布

13. 设指数分布 $Exp(\theta)$ 中未知参数 θ 的先验分布为伽马分布 $Ga(\alpha,\lambda)$ ，先从先验信息得知：先验均值为 0.0002，先验标准差为 0.01，试确定先验分布。

14. 验证：正态总体方差（均值已知）的共轭先验分布是倒伽马分布。

15. 从一批产品中抽检 100 个，发现 3 个不合格，假定该产品不合格率 θ 的先验分布为贝塔分布 $Be(2,200)$ ，求 θ 的后验分布。

第4章 区间估计

在参数的点估计中，当 $\hat{\theta}(X_1,X_2,\cdots,X_n)$ 是未知参数 θ 的一个估计量时，对于一个样本值 $(x_1,x_2,\cdots,x_n)$ 就得到 θ 的一个估计值 $\hat{\theta}(x_1,x_2,\cdots,x_n)$。估计值虽然能给人们一个明确的数量概念，但由于样本的随机性，我们无法知道这个估计值与参数的真实值是否有误差，如果有误差，误差又在什么范围内？因为它只是 θ 的一个近似值，与 θ 总有一个正的或负的偏差。而点估计本身既没有反映近似值的精确度，又不知道它的偏差范围。

因此在实际问题中，人们更希望知道未知量的取值范围，也就是我们希望能够找到一个区间，使参数落入该区间内的概率是可以计算的，这样我们就能在一定的可靠程度下，得出估计值可能的最大误差，这就是区间估计的思想，也就是用一个区间来估计未知量。点估计与区间估计是参数估计的两种方案，它们相互补充，各有各的用途。这一章我们将讨论构造区间估计的统计方法。

4.1 置信区间

4.1.1 置信区间的概念

设 $\hat{\theta}=\hat{\theta}(X_1,X_2,\cdots,X_n)$ 是参数 θ 的一个点估计，有了样本观察值后就可以算得 $\hat{\theta}$ 的一个值，譬如说是 $\hat{\theta}_0$，这个值对实际很有用，他告诉人们，θ 的真值可能就在附近，但没有告知离真值是近是远。大家知道，要 $\hat{\theta}_0$ 使恰好为真值 θ，几乎是不可能的。特别是在连续总体场合，点估计 $\hat{\theta}$ 恰好是 θ 真值的概率为0，即 $P(\hat{\theta}=\theta)=0$。因此人们想在点估计旁再设置一个区间 $[\hat{\theta}_L,\hat{\theta}_U]$，使这个区间尽可能以较大的概率覆盖（包含）$\theta$ 的真值，这就形成了区间估计的概念。

定义 4.1.1 设 $X=(X_1,X_2,\cdots,X_n)$ 是取自某总体 $F_\theta(x)$ 的一个样本，假如 $\hat{\theta}_L(x)$ 与 $\hat{\theta}_U(x)$ 是在参数空间 Θ 上取值的两个统计量，且 $\hat{\theta}_L(x)<\hat{\theta}_U(x)$，则称随机区间 $[\hat{\theta}_L(x),\ \hat{\theta}_U(x)]$ 为参数 θ 的一个区间估计。该区间覆盖参数 θ 的概率 $P_\theta(\hat{\theta}_L(x)\leqslant\theta\leqslant\hat{\theta}_U(x))$ 称为置信度。该置信度在参数空间 Θ 上的下确界 $\inf\limits_{\theta\in\Theta}P_\theta(\hat{\theta}_L\leqslant\theta\leqslant\hat{\theta}_U)$ 称为该区间估计的置信系数。

注1：从上述定义可知，构造一个未知参数的区间估计并不难。譬如，要构造某总体均值 θ 的区间估计，可以从样本均值 $\bar{x}$ 为中心，样本标准差 s 的2倍作半径，形成一个随机区间 $\bar{x}\pm 2s=[\bar{x}-2s,\bar{x}+2s]$，这就是总体均值 θ 的一个区间估计，若把其中的 $2s$ 改成 $2.5s$ 或

$3s$，则可获得 θ 的另一些区间估计。一个参数的区间估计可以给出多种，但要给出一个好的区间，估计需要有丰富的统计思想和熟练的统计技巧。

注2：当置信度所示概率与参数 θ 无关时，置信度就是置信系数，以后我们将努力寻求置信度与 θ 无关的区间估计。

注3：上述定义中区间估计用闭区间给出，也可以用开区间或半开区间给出，由实际需要而定。

一个未知参数的区间估计有多个，如何评价其好坏呢？常用的标准有如下两个：

置信度（或置信系数）越大越好，因为人们给出的区间估计可能覆盖未知参数的概率越大越放心。但不宜一味追求高置信度的区间估计，置信度最高为1，而置信度为1的区间估计（如人的平均身高在0～10米之间），没有任何用处，因为它没有给出对人们有用的信息。

随机区间 $[\hat{\theta}_L,\hat{\theta}_U]$ 的平均长度 $E_\theta[\hat{\theta}_U-\hat{\theta}_L]$ 越短越好，因为平均长度越短表示区间估计的精度越高。

定义4.1.2 设 θ 是总体的一个参数，其参数空间为 Θ，又设 $(X_1,X_2,\cdots,X_n)$ 是来自该总统的一个样本，对给定的 $\alpha(0<\alpha<1)$，确定两个统计量 $\hat{\theta}_L=\hat{\theta}_L(x_1,x_2,\cdots,x_n)$ 与 $\hat{\theta}_U=\hat{\theta}_U(x_1,x_2,\cdots,x_n)$，若有

$$P_\theta(\hat{\theta}_L\leqslant\theta\leqslant\hat{\theta}_U)\geqslant 1-\alpha,\ \forall\,\theta\in\Theta \tag{4.1.1}$$

则称随机区间 $[\hat{\theta}_L,\hat{\theta}_U]$ 是 θ 的置信水平为 $1-\alpha$ 的置信区间，或简称 $[\hat{\theta}_L,\hat{\theta}_U]$ 是 θ 的 $1-\alpha$ 置信区间，$\hat{\theta}_L$ 与 $\hat{\theta}_U$ 分别称为 $1-\alpha$ 置信区间的（双侧）置信下限与（双侧）置信上限。

置信水平 $1-\alpha$ 的本意是，设法构造一个随机区间 $[\hat{\theta}_L,\hat{\theta}_U]$，它能盖住未知参数 θ 的概率至少为 $1-\alpha$。这个区间随着样本观察值的不同而不同，但100次运用这个区间估计，约有 $100(1-\alpha)$ 个区间能盖住 θ，或者说约有 $100(1-\alpha)$ 个区间含有 θ，言下之意，大约还有 100α 个区间不含 θ。

定义4.1.3 在定义4.1.2的记号下，如对给定的 $\alpha(0<\alpha<1)$，恒有

$$P_\theta(\hat{\theta}_L\leqslant\theta\leqslant\hat{\theta}_U)=1-\alpha,\ \forall\,\theta\in\Theta \tag{4.1.2}$$

则称随机区间 $[\hat{\theta}_L,\hat{\theta}_U]$ 是 θ 的 $1-\alpha$ 同等置信区间。

由此定义可以看出，θ 的 $1-\alpha$ 同等置信区间是用足了给定的置信水平 $1-\alpha$，并且置信度与参数无关，实际工作者都很喜欢使用它。我们在构造置信区间时，首选的是设法构造同等置信区间，特别是在总体分布为连续场合下，这一要求实现并不难。

在一些实际问题中，我们往往只关心某些未知参数的上限或下限。例如，对某种合金钢的强度来，希望其强度越大越好（又称望大特征），这时平均强度的“下限”是一个很重要的指标。而对某种药物的毒性来讲，人们总希望其毒性越小越好（又称望小特征），这使药物平均毒性的“上限”便成了一个重要的指标。这些问题都可归结为寻求未知参数的单侧置信限问题。

定义4.1.4 设 θ 是总体的一个参数，如对给定的 $\alpha(0<\alpha<1)$，由来自该总统的一个样本 $(X_1,X_2,\cdots,X_n)$ 确定的统计量 $\hat{\theta}_L=\hat{\theta}_L(x_1,x_2,\cdots,x_n)$ 满足

$$P_\theta(\theta \geqslant \hat{\theta}_L) \geqslant 1-\alpha, \forall \theta \in \Theta \tag{4.1.3}$$

则称$\hat{\theta}_L$为θ的置信水平为$1-\alpha$的单侧置信下限，简称$1-\alpha$单侧置信下限。若等号对一切$\theta \in \Theta$成立，称$\hat{\theta}_L$为θ的$1-\alpha$的单侧同等置信下限。

又若有样本$(X_1,X_2,\cdots,X_n)$确定的统计量$\hat{\theta}_U=\hat{\theta}_U(x_1,x_2,\cdots,x_n)$满足

$$P_\theta(\theta \leqslant \hat{\theta}_U) \geqslant 1-\alpha, \forall \theta \in \Theta \tag{4.1.4}$$

则称$\hat{\theta}_U$为θ的置信水平为$1-\alpha$的单侧置信上限，简称$1-\alpha$单侧置信上限。若等号对一切$\theta \in \Theta$成立，称$\hat{\theta}_U$为θ的$1-\alpha$的单侧同等置信上限。

容易看出，单侧置信下限与单侧置信上限都是置信区间的特殊情况（一端被固定），它们的置信水平的解释类似，它们的寻求方法也是相通的。若已有

θ的$1-\alpha_1$的单侧同等置信下限为$\hat{\theta}_L$，即

$$P_\theta(\theta \geqslant \hat{\theta}_L) \geqslant 1-\alpha_1，或 P_\theta(\theta < \hat{\theta}_L) < \alpha_1；$$

θ的$1-\alpha_2$的单侧同等置信上限为$\hat{\theta}_U$，即

$$P_\theta(\theta \leqslant \hat{\theta}_U) \geqslant 1-\alpha_2，或 P_\theta(\theta > \hat{\theta}_U) < \alpha_2。$$

只要对每一个样本$(X_1,X_2,\cdots,X_n)$都有$\hat{\theta}_L < \hat{\theta}_U$，则利用概率性质立即可知：$[\hat{\theta}_L,\hat{\theta}_U]$是$\theta$的$1-(\alpha_1+\alpha_2)$的置信区间。

4.1.2 枢轴量法

构造未知参数θ的置信区间的一种常用方法是枢轴量法，它的具体步骤是：

（1）从参数θ的一个点估计$\hat{\theta}$出发，构造$\hat{\theta}$与θ的一个函数$G(\hat{\theta},\theta)$，使得G的分布（在大样场合，可以是G的渐近分布）是已知的，而且与θ无关，通常称这种函数$G(\hat{\theta},\theta)$为枢轴量。

（2）适当选取两个常数c与d，使对于给定的α有

$$P(c \leqslant G(\hat{\theta},\theta) \leqslant d) = 1-\alpha \tag{4.1.5}$$

这里概率的大于等于号是专门为离散分布而设置的，当$G(\hat{\theta},\theta)$的分布是连续分布时，应选择c与d使式（4.1.5）中的等号成立，这样就能充足地使用置信水平$1-\alpha$，并获得同等置信区间。

（3）利用不等式运算，将不等式$c \leqslant G(\hat{\theta},\theta) \leqslant d$进行等价变形，使最后能得到形如$\hat{\theta}_L \leqslant \theta \leqslant \hat{\theta}_U$的不等式，若这一切可能，则$[\hat{\theta}_L,\hat{\theta}_U]$就是$\theta$的$1-\alpha$置信区间。因为这是有

$$P_\theta(\hat{\theta}_L \leqslant \theta \leqslant \hat{\theta}_U) = P(c \leqslant G(\hat{\theta},\theta) \leqslant d) = 1-\alpha$$

上述三步中，关键是第一步，构造枢轴量$G(\hat{\theta},\theta)$。为了使后面两步可行，G的分布不能含有未知参数，譬如标准正态分布，t分布都不含未知参数。因此在构造枢轴量时，首先要尽量使其分布为常用的一些分布。第二步是如何确定c与d，在G的分布为单峰时，常用

如下两种方法确定。

第一种，当 G 的分布是对称分布（如标准正态分布时），可取 d，使

$$P[-d \leqslant G(\hat{\theta},\theta) \leqslant d] = P[|G(\hat{\theta},\theta)| \leqslant d] = 1-\alpha$$

这时 $c=-d$，d 为 G 的分布的 $1-\alpha/2$ 分位数。这样获得的 $1-\alpha$ 同等置信区间的长度最短。

第二种，当 G 的分布为非对称分布（如分布）时，可以选择这样的 c 与 d，使得左右两个尾部概率均为 $\alpha/2$，即

$$P[G(\hat{\theta},\theta) < c] = \alpha/2, \quad P[G(\hat{\theta},\theta) > d] = \alpha/2$$

即取 c 为 G 的分布的 $\alpha/2$ 分位数，d 为 G 的分布的 $1-\alpha/2$ 分位数。这样得到的置信区间，称为等尾置信区间。

4.2　单正态总体参数的置信区间

正态分布 $N(\mu,\sigma^2)$ 用途很广，寻找它的两个参数 μ 与 σ^2（或 σ）的置信区间（或置信限）是实际中常遇到的问题。下面分几种情况来讨论这类问题。

4.2.1　单正态总体均值 μ 的置信区间

设总体 X 服从正态分布 $N(\mu,\sigma^2)$，其中 σ^2 已知，现对总体均值 μ 作区间估计。

1. σ 已知时 μ 的置信区间

设 $(X_1,X_2,\cdots,X_n)$ 是来自总体 X 的样本，显然 $\overline{X}$ 是总体均值 μ 的一个点估计，由于 $\overline{X} \sim N(\mu,\sigma^2/n)$，从而

$$u = \frac{\overline{X}-\mu}{\sigma/\sqrt{n}} \sim N(0,1)$$

由正态分布表（附表 1）可知，对于给定的 α，存在一个值 $u_{\frac{\alpha}{2}}$，使

$$P\{|u| < u_{\frac{\alpha}{2}}\} = 1-\alpha,$$

这里 $u_{\frac{\alpha}{2}}$ 是标准正态分布的 $\frac{\alpha}{2}$ 上侧分位数，于是

$$P\left\{\left|\frac{\overline{X}-\mu}{\sigma/\sqrt{n}}\right| < u_{\frac{\alpha}{2}}\right\} = 1-\alpha$$

或

$$P\left\{\overline{X} - u_{\frac{\alpha}{2}}\frac{\sigma}{\sqrt{n}} \leqslant \mu \leqslant \overline{X} + u_{\frac{\alpha}{2}}\frac{\sigma}{\sqrt{n}}\right\} = 1-\alpha,$$

故 μ 的置信度为 $1-\alpha$ 的置信区间为

$$\left(\overline{X} - u_{\frac{\alpha}{2}}\frac{\sigma}{\sqrt{n}}, \overline{X} + u_{\frac{\alpha}{2}}\frac{\sigma}{\sqrt{n}}\right) \tag{4.2.1}$$

由此可以看出，正态均值 μ 的置信水平为 $1-\alpha$ 的置信区间是以 $\overline{X}$ - 为中心，以 $u_{\frac{\alpha}{2}}\frac{\sigma}{\sqrt{n}}$ 为

半径的一个对称区间，可简单记为：$\overline{X} \pm u_{\frac{\alpha}{2}}\frac{\sigma}{\sqrt{n}}$。若还要减少区间的平均长度，提高精度，只有增加样本容量 n 了。

未知参数的 μ 的置信水平为 $1-\alpha$ 的置信区间不是惟一的，对上述问题来说，根据标准正态分布分位数的定义，还可以取 $\beta<\alpha$，使

$$P\{U<u_{1-\alpha+\beta}\}=\alpha-\beta,$$
$$P\{U>u_{\beta}\}=\beta$$

从而，有

$$P\{u_{1-\alpha+\beta}<U<u_{\beta}\}=1-\alpha$$

即

$$P\left\{u_{1-\alpha+\beta}<\frac{\overline{X}-\mu}{\frac{\sigma}{\sqrt{n}}}<u_{\beta}\right\}=1-\alpha$$

故

$$P\left\{\overline{X}-u_{\beta}\frac{\sigma}{\sqrt{n}}<u<\overline{X}+u_{1-\alpha+\beta}\frac{\sigma}{\sqrt{n}}\right\}=1-\alpha$$

即是说，$\left(\overline{X}-u_{\beta}\frac{\sigma}{\sqrt{n}}<u<\overline{X}+u_{1-\alpha+\beta}\frac{\sigma}{\sqrt{n}}\right)$也是所求的多的置信度为 $1-\alpha$ 的置信区间。但是，因为标准正态分布密度曲线是一单峰以 y 轴为对称轴的曲线，故对称区间的长度最小，故用它作区间估计精确度最高。

类似可计算 μ 的 $1-\alpha$ 的单侧置信限，只要把 α 集中于一侧就可以了，即

μ 的 $1-\alpha$ 的单侧置信下限：

$$\hat{\mu}_L=\overline{X}-u_{1-\alpha}\frac{\sigma}{\sqrt{n}}$$

μ 的 $1-\alpha$ 的单侧置信上限：

$$\hat{\mu}_U=\overline{X}+u_{1-\alpha}\frac{\sigma}{\sqrt{n}}$$

例 4.2.1 某车间生产的滚珠直径 X 服从正态分布 $N(\mu,0.6)$，现从某天的产品中抽取 6 个，测得直径如下（单位：mm）：

14.6，15.1，14.9，14.8，15.2，15.1

试求平均直径置信度为 95% 的置信区间。

解：查附表 3，可得 $u_{0.025}=1.96$

根据样本信息，有 $\overline{X}=14.95$，$n=6$，$\sigma=\sqrt{0.6}$

置信下限：$\overline{X}-u_{1-\alpha}\frac{\sigma}{\sqrt{n}}=14.95-1.96\sqrt{\frac{0.6}{6}}=14.75$

置信上限：$\overline{X}+u_{1-\alpha}\frac{\sigma}{\sqrt{n}}=14.95+1.96\sqrt{\frac{0.6}{6}}=15.15$

所以 μ 的置信区间为 [14.75, 15.15]。

2. σ 未知时 μ 的置信区间

设总体 X 服从正态分布 $N(\mu,\sigma^2)$，其中σ^2未知，现对总体均值 u 作区间估计。

设$(X_1,X_2,\cdots X_n)$是来自总体 X 的样本，由于σ^2未知，如果仍然利用上述随机变量 u 的分布来求 u 的置信区间，置信上限和置信下限中因包含 σ 而无法计算。此时用样本标准差 s 来代替 σ，故选取 t 作为枢轴量，即

$$t=\frac{\overline{X}-\mu}{s/\sqrt{n}}$$

由单正态总体的抽样分布定理可知，$t \sim t(n-1)$。于是对给定的置信度 $1-\alpha$，存在 $t_{\alpha/2}(n-1)$，使得

$$P\{|t|<t_{\alpha/2}(n-1)\}=1-\alpha$$

这里$t_{\alpha/2}(n-1)$是自由度为$(n-1)$的 t 分布关于的上 $\alpha/2$ 分位数，$t_{\alpha/2}(n-1)$的数值可由附表 2 查得，于是有

$$P\left\{\left|\frac{\overline{X}-\mu}{s/\sqrt{n}}\right|<t_{\alpha/2}(n-1)\right\}=1-\alpha$$

或

$$P\left\{\overline{X}-t_{\alpha/2}(n-1)\frac{s}{\sqrt{n}}<\mu<\overline{X}+t_{\alpha/2}(n-1)\frac{s}{\sqrt{n}}\right\}=1-\alpha$$

故 λ 的置信度为 $1-\alpha$ 的置信区间为

$$\left[\overline{X}-t_{\alpha/2}(n-1)\frac{s}{\sqrt{n}},\overline{X}+t_{\alpha/2}(n-1)\frac{s}{\sqrt{n}}\right]$$

类似于 σ 已知情形，在给定置信度的条件下，上述对称的置信区间也是估计精确度最高的置信区间。

这时，μ 的 $1-\alpha$ 的单侧置信限，也只把 α 集中于一侧就可以了，即

μ 的 $1-\alpha$ 的单侧置信下限：

$$\hat{\mu}_L=\overline{X}--t_{\alpha}(n-1)\frac{s}{\sqrt{n}}$$

μ 的 $1-\alpha$ 的单侧置信上限：

$$\hat{\mu}_U=\overline{X}-+t_{\alpha}(n-1)\frac{s}{\sqrt{n}}$$

例 4.2.2　某糖厂用自动包装机装糖，设各包重量服从正态分布 $N(\mu,\sigma^2)$。某日开工后测得 9 包重量为（单位：kg）：

99.3，98.7，100.5，101.2，98.3，99.7，99.5，102.1，100.5

试求 μ 的置信度为 95% 的置信区间。

解： 置信度 $1-\alpha=0.95$，查附表 2 得$t_{\frac{\alpha}{2}}(n-1)=t_{0.025}(8)=2.306$

由样本值算得 $\overline{X}-=99.978$，$s^2=1.47$

故置信下限为：

$$\overline{X}-t_{\frac{\alpha}{2}}(n-1)\frac{s}{\sqrt{n}}=99.78-2.306\sqrt{1.47/9}=99.046$$

置信上限为：

$$\overline{X}+t_{\frac{\alpha}{2}}(n-1)\frac{s}{\sqrt{n}}=99.78+2.306\sqrt{1.47/9}=100.91$$

所以 μ 的置信度为95%的置信区间为（99.046，100.91）。

3. 样本量的确定

在统计问题中，增大样本量，一般都可以提高未知参数的估计精度。但大样本的实现所需经费高、实施时间长、投入人力多，致使统计学的应用在某些场合受到限制。所以在实际中人们关心的是在一定要求下，至少需要多少样本量。这就是样本量的确定问题。

样本量确定有多种方法，在不同场合使用不同方法。这里将在区间估计场合，限制置信区间长度不超过 $2d$ 的条件下确定样本容量 n，其中 d 是事先给定的置信区间半径。下面介绍三种方法。

（1）标准差 σ 已知场合

在此场合正态均值 μ 的 $1-\alpha$ 置信区间为 $\bar{x}\pm u_{\alpha/2}\sigma/\sqrt{n}$，若要该置信区间长度不超过 $2d$，则有

$$2u_{\alpha/2}\sigma/\sqrt{n}\leqslant 2d$$

解此不等式可得

$$n\geqslant\left(\frac{u_{\alpha/2}\sigma}{d}\right)^2 \tag{4.2.2}$$

可见，要降低样本量可扩大事先给定的区间半径 d，或减少总体方差 σ^2。

（2）标准差 σ 未知场合

在此场合，若有近期样本可用，可用其样本方差 s_0^2 去代替 σ^2，同时用 t 分布分位数去代替标准正态分布分位数，若要求该置信区间长度不超过 $2d$，则有

$$2t_{\frac{\alpha}{2}}(n_0-1)s_0/\sqrt{n}\leqslant 2d$$

其中，n_0 为近期样本的容量，由此可得

$$n\geqslant\left(\frac{t_{\alpha/2}(n_0-1)s_0}{d}\right)^2 \tag{4.2.3}$$

（3）Stein 的两步法

在缺少总体标准差的估计时，Stein 提出两步法来获得所需的样本量。该方法的要点是把 n 分为两部分 n_1+n_2，第一步确定第一样本量 n_1，第二步确定第二样本量 n_2。具体操作如下：

第一步：根据经验对 σ 作一推断，譬如为 σ'。根据此推断可用上式（4.2.2）的方法确定一个样本量 n'，即

$$n'\geqslant\left(\frac{u_{\alpha/2}\sigma'}{d}\right)^2$$

选一个比 n' 小得多的整数 n_1 作为第一样本量。选择 n_1 的一个粗略规则是：

当 $n'\geqslant 60$，可取 $n_1\geqslant 30$；

当 $n'<60$，可取 $n'=0.5\,n'$ 与 $0.7\,n'$ 中某个整数。

第二步：从总体中随机取出容量为 n_1 的样本，并逐个测量，获得 n_1 个数据，由此算得第

一个样本的标准差s_1，自由度为n_1-1。对于给定的α，可查分位数表，然后算得

$$n \geqslant \left(\frac{s_1 t_{\alpha/2}(n_1-1)}{d}\right)^2$$

这里也需要同前一样取为整数。由此可得第二个样本量$n_2=n-n_1$。这两个样本量之和便是我们所需要的样本量。

按此样本量进行抽样（前面已经抽了n_1个，现在再补抽n_1个），获得的样本均值为$\bar{x}$，则可以认为$[\bar{x}-d,\bar{x}+d]$将以置信水平$1-\alpha$包含总体均值μ。

4.2.2　单个正态总体方差σ^2的置信区间

下面给出正态总体方差σ^2或标准差σ的区间估计。

设总体X服从正态分布$N(\mu,\sigma^2)$，μ,σ^2均未知，$(X_1,X_2,\cdots,X_n)$是来自总体X的样本，$\overline{X},s^2$分别为样本均值与样本方差，我们知道，s^2是σ^2的无偏估计，且有

$$\chi^2=\frac{(n-1)s^2}{\sigma^2}\sim\chi^2(n-1)$$

于是，对于给定的置信度$1-\alpha$，可选择c,d，使

$$P\{c<\chi^2<d\}=1-\alpha$$

但满足上式的c,d有很多对，究竟如何选呢？我们希望估计的精度高，即寻求平均长度最短的$1-\alpha$同等置信区间，因此常常构造等尾的$1-\alpha$置信区间。为此，取$\chi^2(n-1)$分布的$\frac{\alpha}{2}$以及$1-\frac{\alpha}{2}$分位数，$\chi^2_{\frac{\alpha}{2}}(n-1)$和$\chi^2_{1-\frac{\alpha}{2}}(n-1)$，使

$$P\{\chi^2\geqslant\chi^2_{\frac{\alpha}{2}}(n-1)\}=P\{\chi^2\leqslant\chi^2_{1-\frac{\alpha}{2}}(n-1)\}=\frac{\alpha}{2}$$

于是就有

$$P\{\chi^2_{1-\frac{\alpha}{2}}(n-1)\leqslant\chi^2\leqslant\chi^2_{\frac{\alpha}{2}}(n-1)\}=1-\alpha$$

即

$$P\left\{\frac{(n-1)s^2}{\chi^2_{\frac{\alpha}{2}}(n-1)}\leqslant\sigma^2\leqslant\frac{(n-1)s^2}{\chi^2_{1-\frac{\alpha}{2}}(n-1)}\right\}=1-\alpha$$

故σ^2置信度为$1-\alpha$的置信区间为

$$\left[\frac{(n-1)s^2}{\chi^2_{\frac{\alpha}{2}}(n-1)},\frac{(n-1)s^2}{\chi^2_{1-\frac{\alpha}{2}}(n-1)}\right] \tag{4.2.4}$$

两端开平方后，可得标准差σ的置信区间为

$$\left[\sqrt{\frac{(n-1)s^2}{\chi^2_{\frac{\alpha}{2}}(n-1)}},\sqrt{\frac{(n-1)s^2}{\chi^2_{1-\frac{\alpha}{2}}(n-1)}}\right] \tag{4.2.5}$$

若把α集中于一侧就可以获得方差σ^2和标准化σ的$1-\alpha$单侧置信限，如

σ^2的$1-\alpha$单侧置信下限为：$\hat{\sigma}^2_L=\dfrac{(n-1)s^2}{\chi^2_{\alpha}(n-1)}$；

σ^2的$1-\alpha$单侧置信上限为：$\hat{\sigma}^2_U=\dfrac{(n-1)s^2}{\chi^2_{1-\alpha}(n-1)}$；

σ的$1-\alpha$单侧置信下限为：$\hat{\sigma}_L=\sqrt{\dfrac{(n-1)s^2}{\chi^2_{\alpha}(n-1)}}$；

σ 的 $1-\alpha$ 单侧置信上限为：$\hat{\sigma}_U=\sqrt{\dfrac{(n-1)s^2}{\chi^2_{1-\alpha}(n-1)}}$。

例 4.2.3 某种导线的电阻值服从正态分布 $N(\mu,\sigma^2)$。现从中随机抽取 9 根导线，测得样本标准差为 $s=0.0066$（单位：欧姆），试求改到先电阻值标准差的 0.95 的单侧置信上限。

解：该问题中，样本容量 $n=9$，$s=0.0066$，从而有

$$\hat{\sigma}_U=\sqrt{\frac{(n-1)s^2}{\chi^2_{1-\alpha}(n-1)}}=\sqrt{\frac{8\times(0.0066)^2}{\chi^2_{0.95}(8)}}=\sqrt{\frac{8\times(0.0066)^2}{2.73}}=0.0113\text{（欧姆）}$$

可见，该导线电阻值标准差的 0.95 单侧置信上限为 0.0113 欧姆。

例 4.2.4 从自动机床加工的同类零件中抽取 16 件，测得长度值为（单位：mm）：

12.15，12.12，12.01，12.08，12.09，12.16，12.06，12.13，
12.07，12.11，12.08，12.01，12.03，12.01，12.03，12.06

假设零件长度服从正态分布 $N(\mu,\sigma^2)$，分别求零件长度方差 σ^2 和标准差 σ 的置信度为 95% 的置信区间。

解根据题意 $n=16, 1-\alpha=0.95, \alpha=0.05$，查附表 3 得又 $\chi^2_{0.025}(15)=27.5$，$\chi^2_{0.975}(15)=6.26$，又 $\bar{x}=\dfrac{1}{n}\sum\limits_{i=1}^{n}x_i=12.08$，$(n-1)s^2=\sum\limits_{i=1}^{n}(x_i-\bar{x})^2=0.037$

置信下限：$\dfrac{(n-1)s^2}{\chi^2_{\frac{\alpha}{2}}(n-1)}=\dfrac{0.037}{27.5}\approx 0.0013$

置信上限：$\dfrac{(n-1)s^2}{\chi^2_{1-\frac{\alpha}{2}}(n-1)}=\dfrac{0.037}{6.26}\approx 0.0059$

故 σ^2 的置信区间为（0.0013，0.0059），σ 的置信区间为（0.036，0.077）。

4.3 两正态总体参数的置信区间

4.3.1 两个正态总体均值差的置信估计

设有两个正态总体 $X\sim N(\mu_1,\sigma^2)$ 和 $X\sim N(\mu_2,\sigma^2)$，X 与 Y 相互独立，且方差相等，先要求两个总体的均值差 $\mu_1-\mu_2$ 的 $1-\alpha$ 置信区间。

不妨设 $(X_1,X_2,\cdots,X_{n_1})$ 和 $(Y_1,Y_2,\cdots,Y_{n_2})$ 是分别从总体 X 和总体 Y 中抽取的样本，样本均值分别为：$\overline{X}=\dfrac{1}{n_1}\sum\limits_{i=1}^{n_1}X_i$ 与 $\overline{Y}=\dfrac{1}{n_2}\sum\limits_{i=1}^{n_2}Y_i$，样本方差分别为：$s_1^2=\dfrac{1}{n_1-1}\sum\limits_{i=1}^{n_1}(X_i-\overline{X})^2$，$s_2^2=\dfrac{1}{n_2-1}\sum\limits_{i=1}^{n_2}(Y_i-\overline{Y})^2$。根据两正态总体的抽样分布定理有

$$\overline{X}-\overline{Y}\sim N\left(\mu_1-\mu_2,\frac{{\sigma_1}^2}{n_1}+\frac{{\sigma_2}^2}{n_2}\right) \tag{4.3.1}$$

$$t=\frac{\overline{X}-\overline{Y}-(\mu_1-\mu_2)}{\sqrt{(n_1-1)s_1^2+(n_2-1)s_2^2}}\cdot\sqrt{\frac{n_1n_2(n_1+n_2-2)}{n_1+n_2}}\sim t(n_1+n_2-2)$$

1. σ_1^2和σ_2^2均已知时

当两正态总体的方差已知时，可构造如下的枢轴量：

$$u=\frac{\overline{X}-\overline{Y}-(\mu_1-\mu_2)}{\sqrt{\frac{\sigma_1^2}{n_1}+\frac{\sigma_2^2}{n_2}}}\sim N(0,1) \tag{4.3.2}$$

故对于给定的置信度 $1-\alpha$，存在标准正态分布 $\alpha/2$ 上侧分位数$u_{\alpha/2}$，使

$$P\left\{\left|\frac{\overline{X}-\overline{Y}-(\mu_1-\mu_2)}{\sqrt{\frac{\sigma_1^2}{n_1}+\frac{\sigma_2^2}{n_2}}}\right|\leqslant u_{\alpha/2}\right\}=1-\alpha$$

即

$$P\left((\overline{X}-\overline{Y})-u_{\alpha/2}\sqrt{\frac{\sigma_1^2}{n_1}+\frac{\sigma_2^2}{n_2}}\leqslant\mu_1-\mu_2\leqslant(\overline{X}-\overline{Y})+u_{\alpha/2}\sqrt{\frac{\sigma_1^2}{n_1}+\frac{\sigma_2^2}{n_2}}\right)=1-\alpha$$

从而得 $\mu_1-\mu_2$的置信度为 $1-\alpha$ 的置信区间为

$$\left[(\overline{X}-\overline{Y})-u_{\alpha/2}\sqrt{\frac{\sigma_1^2}{n_1}+\frac{\sigma_2^2}{n_2}},(\overline{X}-\overline{Y})+u_{\alpha/2}\sqrt{\frac{\sigma_1^2}{n_1}+\frac{\sigma_2^2}{n_2}}\right] \tag{4.3.3}$$

2. $\sigma_1^2=\sigma_2^2=\sigma^2$，但$\sigma^2$未知

这就是说，当总体方差σ_1^2和σ_2^2未知，但方差相等时，即$\sigma_1^2=\sigma_2^2$。根据两正态总体的抽样分布定理，可构造如下枢轴量：

$$t=\frac{\overline{X}-\overline{Y}-(\mu_1-\mu_2)}{s_w\sqrt{\frac{1}{n_1}+\frac{1}{n_2}}}\sim t(n_1+n_2-2) \tag{4.3.4}$$

其中，$s_w^2=\frac{(n_1-1)s_1^2+(n_2-1)s_2^2}{n_1+n_2-2}$。对于给定的置信度 $1-\alpha$，由附表 2 查得关于 t 分布上侧分位数$t_{\alpha/2}(n_1+n_2-2)$使

$$P\{|t|\leqslant t_{\alpha/2}(n_1+n_2-2)\}=1-\alpha$$

即

$$P\left\{\overline{X}-\overline{Y}-t_{\alpha/2}(n_1+n_2-2)s_w\sqrt{\frac{1}{n_1}+\frac{1}{n_2}}\leqslant\mu_1-\mu_2\leqslant\right.$$
$$\left.\overline{X}-\overline{Y}+t_{\alpha/2}(n_1+n_2-2)s_w\sqrt{\frac{1}{n_1}+\frac{1}{n_2}}\right\}=1-\alpha$$

从而得$\mu_1-\mu_2$的置信度为 $1-\alpha$ 的置信区间为

$$\left[\overline{X}-\overline{Y}-t_{\alpha/2}(n_1+n_2-2)s_w\sqrt{\frac{1}{n_1}+\frac{1}{n_2}},\overline{X}-\overline{Y}+t_{\alpha/2}(n_1+n_2-2)s_w\sqrt{\frac{1}{n_1}+\frac{1}{n_2}}\right] \tag{4.3.5}$$

例 4.3.1　机床厂某日从两台机器加工的同一种零件中，分别抽取若干个样品，测得零件尺寸如下（单位：mm）：

第一台机器：6.2，5.7，6.5，6.0，6.3，5.8，5.7，6.0，6.0，5.8，6.0

第二台机器：5.6，5.9，5.6，5.7，5.8，6.0，5.5，5.7，5.5

假设两台机器加工的零件尺寸均服从正态分布，且方差相同。取置信度为 95%，试对

两机器加工的零件尺寸均值之差作区间估计。

解：用 X 表示第一台机器加工的零件尺寸，Y 表示第二台机器加工的零件尺寸。

由题设 $n_1=11, n_2=9; 1-\alpha=0.95, \alpha=0.05, t_{0.025}(18)=2.1009$ 经计算得

$$\bar{x}=6.0, (n_1-1)s_1^2=\sum_{i=1}^{n_1} x_i^2-n_1\bar{x}^2=0.64$$

$$\bar{y}=5.7, (n_2-1)s_2^2=\sum_{i=1}^{n_2} y_i^2-n_2\bar{y}^2=0.24$$

置信下限：

$$\overline{X}-\overline{Y}-t_{\frac{\alpha}{2}}(n_1+n_2-2)s_w\sqrt{\frac{1}{n_1}+\frac{1}{n_2}}=6.0-5.7-2.1009\sqrt{\frac{0.64+0.24}{18}}\sqrt{\frac{1}{11}+\frac{1}{9}}=0.0912$$

置信上限：

$$\overline{X}-\overline{Y}+t_{\frac{\alpha}{2}}(n_1+n_2-2)s_w\sqrt{\frac{1}{n_1}+\frac{1}{n_2}}=6.0-5.7+2.1009\sqrt{\frac{0.64+0.24}{18}}\sqrt{\frac{1}{11}+\frac{1}{9}}=0.5088$$

故第一台机器加工的零件尺寸与第二台机器加工的零件尺寸的均值之差的置信区间为(0.0912, 0.5088)。

4.3.2 两个正态总体方差比的置信区间

设有两个正态总体 $X\sim N(\mu_1,\sigma_1{}^2)$ 和 $Y\sim N(\mu_2,\sigma_2{}^2)$，$X$ 与 Y 相互独立，$\mu_1,\mu_2,\sigma_1^2,\sigma_2^2$ 是未知参数，$(X_1,X_2,\cdots,X_{n_1})$、$(Y_1,Y_2,\cdots,Y_{n_2})$ 是分别来自总体 X 与 Y 的样本。现对两个总体的方差之比作区间估计。

由于总体方差 s_1^2 和 s_2^2 分别是总体方差 σ_1^2,σ_2^2 的点估计，且正态总体的抽样分布定理，可知

$$F=\frac{s_1^2/\sigma_1^2}{s_2^2/\sigma_2^2}\sim F(n_1-1,n_2-1) \tag{4.3.6}$$

给定置信度 $1-\alpha$，选取 c,d，使

$$P\{c\leqslant F\leqslant d\}=1-\alpha$$

满足上式的 c,d 仍有许多对，但通常选择 F 分布关于 $\alpha/2$ 和 $1-\alpha/2$ 的上侧分位数 $F_{\alpha/2}(n_1-1,n_2-1)$ 和 $F_{1-\alpha/2}(n_1-1,n_2-1)$，使

$$P\{F\geqslant F_{\alpha/2}(n_1-1,n_2-1)\}=\frac{\alpha}{2}$$

$$P\{F\leqslant F_{1-\alpha/2}(n_1-1,n_2-1)\}=\frac{\alpha}{2}$$

亦即

$$P\{F_{1-\alpha/2}(n_1-1,n_2-1)\leqslant F\leqslant F_{\alpha/2}(n_1-1,n_2-1)\}=1-\alpha$$

将式（4.3.6）中的 F 代入上式并整理得

$$P\left\{\frac{s_1^2/s_2^2}{F_{\alpha/2}(n_1-1,n_2-1)}\leqslant\frac{\sigma_1^2}{\sigma_2^2}\leqslant\frac{s_1^2/s_2^2}{F_{1-\alpha/2}(n_1-1,n_2-1)}\right\}=1-\alpha$$

故 $\frac{\sigma_1^2}{\sigma_2^2}$ 的置信度为 $1-\alpha$ 的置信区间为

$$\left[\frac{s_1^2/s_2^2}{F_{\alpha/2}(n_1-1,n_2-1)},\frac{s_1^2/s_2^2}{F_{1-\alpha/2}(n_1-1,n_2-1)}\right] \tag{4.3.7}$$

例 4.3.2　从甲、乙两个生产蓄电池工厂的产品中，分别独立抽取一些样品，测得蓄电池的电容量（单位：A · h）如下：

甲：144　141　138　142　141　143　138　137

乙：142　143　139　140　138　141　140　138　142　136

设两个工厂生产的蓄电池电容量分别服从正态分布 $N(\mu_1,\sigma_1{}^2)$ 和 $N(\mu_2,\sigma_2{}^2)$。求σ_1^2/σ_2^2的置信度为 95% 的置信区间。

解： 根据题意计算，可知$s_1^2=6.57$，$s_2^2=4.77$，$n_1=8$，$n_2=10$，

置信度 $1-\alpha=0.95$，从而 $\alpha=0.05$，查表有$F_{\frac{\alpha}{2}}(n_1-1,n_2-1)=F_{0.025}(7,9)=4.2$，

$$F_{1-\frac{\alpha}{2}}(n_1-1,n_2-1)=F_{0.975}(7,9)=\frac{1}{F_{0.025}(9,7)}=0.21$$

置信下限：$\dfrac{s_1^2/s_2^2}{F_{\alpha/2}(n_1-1,n_2-1)}=\dfrac{6.57/4.77}{4.2}=0.33$

置信上限：$\dfrac{s_1^2/s_2^2}{F_{1-\alpha/2}(n_1-1,n_2-1)}=\dfrac{6.57/4.77}{0.21}=6.56$

于是，σ_1^2/σ_2^2的置信度为 95% 的置信区间为$(0.33,6.56)$。

例 4.3.3　为了考察温度对某物体断裂强力的影响，在 70°C 与 80°C 分别重复作了 8 次试验，测得断裂强力的数据如下（单位：Pa）：

70°C：20.5，18.8，19.8，20.9，21.5，19.5，21.0，21.2

80°C；17.7，20.3，20.0，18.8，19.0，20.1，20.2，19.1

假定 70°C 下的断裂强力用 X 表示，且服从 $N(\mu_1,\sigma_1^2)$分布，80°C 下的断裂强力用 Y 表示，且服从 $N(\mu_2,\sigma_2^2)$分布。试求方差比$\dfrac{\sigma_1^2}{\sigma_2^2}$的置信度为 90% 的置信区间。

解： 由样本值计算得

$$\bar{x}=20.4，\ s_1^2=0.8857，$$

$$\bar{y}=19.4，\ s_2^2=0.8286，$$

由$n_1=n_2=8$，$1-\alpha=0.9$，$\alpha=0.10$，查附表 4 得$F_{0.05}(7,7)=3.79$，而$F_{0.95}(7,7)$在此表中不能直接查到，此时，可利用 F 分布分位数的性质得

$$F_{0.95}(7,7)=\frac{1}{F_{0.05}(7,7)}=\frac{1}{3.79}=0.2639$$

将以上计算结果代入式（4.3.7）得到$\dfrac{\sigma_1^2}{\sigma_2^2}$的置信区间为：(0.2821，4.0512)

综合分析单正态总体 $N(\mu,\sigma^2)$、两正态总体 $N(\mu_1,\sigma_1{}^2)$与 $N(\mu_2,\sigma_2{}^2)$参数的置信区间，对其内容进行总结整理，如表 4-1 所示。

表 4-1　　正态总体参数的置信区间

估计对象	条件	枢轴量及其分布	双侧置信区间
均值 μ	σ^2已知	$u=\dfrac{\overline{X}-\mu}{\sigma/\sqrt{n}}\sim N(0,1)$	$\left(\overline{X}-u_{\alpha/2}\dfrac{\sigma}{\sqrt{n}},\overline{X}+u_{\alpha/2}\dfrac{\sigma}{\sqrt{n}}\right)$
	σ^2未知	$t=\dfrac{\overline{X}-\mu}{s/\sqrt{n}}\sim t(n-1)$	$\left[\overline{X}-t_{\alpha/2}(n-1)\dfrac{s}{\sqrt{n}},\overline{X}+t_{\alpha/2}(n-1)\dfrac{s}{\sqrt{n}}\right]$

续表

估计对象	条件	枢轴量及其分布	双侧置信区间
方差σ^2		$\chi^2=\dfrac{(n-1)s^2}{\sigma^2}\sim\chi^2(n-1)$	$\left[\dfrac{(n-1)s^2}{\chi^2_{\frac{\alpha}{2}}(n-1)},\dfrac{(n-1)s^2}{\chi^2_{1-\frac{\alpha}{2}}(n-1)}\right]$
均值差$\mu_1-\mu_2$	${\sigma_1}^2,{\sigma_2}^2$已知	$u=\dfrac{\overline{X}-\overline{Y}-(\mu_1-\mu_2)}{\sqrt{\dfrac{{\sigma_1}^2}{n_1}+\dfrac{{\sigma_2}^2}{n_2}}}\sim N(0,1)$	$\left[(\overline{X}-\overline{Y})-u_{\alpha/2}\sqrt{\dfrac{{\sigma_1}^2}{n_1}+\dfrac{{\sigma_2}^2}{n_2}},(\overline{X}-\overline{Y})+u_{\alpha/2}\sqrt{\dfrac{{\sigma_1}^2}{n_1}+\dfrac{{\sigma_2}^2}{n_2}}\right]$
	${\sigma_1}^2={\sigma_2}^2$，但未知	$t=\dfrac{\overline{X}-\overline{Y}-(\mu_1-\mu_2)}{s_w\sqrt{\dfrac{1}{n_1}+\dfrac{1}{n_2}}}\sim t(n_1+n_2-2)$ 其中 $s_w^2=\dfrac{(n_1-1)s_1^2+(n_2-1)s_2^2}{n_1+n_2-2}$	$\left[\overline{X}-\overline{Y}-t_{\alpha/2}(n_1+n_2-2)s_w\sqrt{\dfrac{1}{n_1}+\dfrac{1}{n_2}},\right.$ $\left.\overline{X}-\overline{Y}+t_{\alpha/2}(n_1+n_2-2)s_w\sqrt{\dfrac{1}{n_1}+\dfrac{1}{n_2}}\right]$
方差比$\dfrac{\sigma_1^2}{\sigma_2^2}$		$F=\dfrac{s_1^2/\sigma_1^2}{s_2^2/\sigma_2^2}\sim F(n_1-1,n_2-1)$	$\left[\dfrac{s_1^2/s_2^2}{F_{\alpha/2}(n_1-1,n_2-1)},\dfrac{s_1^2/s_2^2}{F_{1-\alpha/2}(n_1-1,n_2-1)}\right]$

4.4　大样本置信区间

前面叙述的枢轴量法和单调函数法都是构造精确置信区间的方法，其特点是：对给定的置信水平$1-\alpha$，按这些方法一般可获得置信系数恰好为$1-\alpha$的置信区间。这类方法常在小样本场合使用，当然也可用于大样本场合。还有一类构造置信区间的方法，它们仅能在大样本场合使用，所得的置信区间的置信系数不能精准地达到预先设定的置信水平$1-\alpha$，只能近似于给定的置信水平$1-\alpha$，这一类方法常称为大样本方法，所得置信区间称为近似置信区间，或称大样本置信区间。

在不少场合，数据可以大量收集形成大样本。譬如，为估计比率p而要收集成败型数据（又称0-1型数据）并不难，在不少场合其花费也不大，在短时间内可收集到大量数据，这时比率p的大样本置信区间就容易获得。在另外一些场合，要获得某参数的精确置信区间很难，因为有关统计量的精确抽样分布很难得到。但是在大样本场合，借助其渐近分布就比较容易获得大样本置信区间。

4.4.1　基于 MLE 的近似置信区间

在极大似然估计场合，概率密度函数$f(x,\theta)$中的参数θ常有一列估计量$\hat{\theta}_n=\hat{\theta}_n(x_1,x_2,\cdots,x_n)$，并有其渐近分布$N(\theta,\sigma_n^2(\theta))$，其中渐近方差$\sigma_n^2(\theta)$是参数$\theta$和样本量$n$的函数。当$n\to\infty$时，有

$$\frac{\hat{\theta}_n-\theta}{\sigma_n(\theta)}\xrightarrow{L}N(0,1) \tag{4.4.1}$$

在一般场合，用参数 θ 的极大似然估计$M\hat{L}E\theta_n$代替$\sigma_n^2(\theta)$中的未知参数 θ，上式仍然成立，因为极大似然估计$M\hat{L}E\theta_n$还是 θ 的相合估计。

此时，对于给定的置信水平 $1-\alpha$，利用标准正态分布的分位数，可得

$$P\left[-u_{\alpha/2}\leqslant\frac{\hat{\theta}_n-\theta}{\sigma_n(\hat{\theta}_n)}\leqslant u_{\alpha/2}\right]=1-\alpha$$

从而可得 θ 的近似 $1-\alpha$ 的等尾置信区间

$$[\hat{\theta}_n-u_{\frac{\alpha}{2}}\sigma_n(\hat{\theta}_n),\hat{\theta}_n+u_{\frac{\alpha}{2}}\sigma_n(\hat{\theta}_n)] \tag{4.4.2}$$

上式（4.4.2）即为未知参数 θ 的基于极大似然估计$\hat{\theta}_n$的近似置信区间。

4.4.2　基于中心极限定理的近似置信区间

在独立同分布样本场合，只要总体均值 μ 与总体方差σ^2存在，无论总体分布是什么，据中心极限定理，其样本均值 $\overline{X}$ 有渐近正态分布，即

$$\overline{X}\dot{\sim}N(\mu,\sigma^2/n)$$

由此立即可得总体均值 μ 的近似 $1-\alpha$ 的等尾置信区间：

$$\bar{x}\pm u_{1-\alpha/2}\cdot\sigma/\sqrt{n} \tag{4.4.3}$$

若其中 σ 未知，可用σ^2的相合估计代替（譬如样本方差s^2）即可。当然，在具体问题中还有一些细节问题要处理，下面结合一个例子作进一步叙述。

例 4.4.1　设$(X_1,X_2,\cdots X_n)$是来自二点分布 $b(1,p)$的一个样本，其总体均值与方差分别为：

$$E(X)=p,Var(X)=p(1-p)$$

当样本量 n 足够大时，根据中心极限定理，样本均值 $\overline{X}$ 渐近服从正态分布，即

$$\frac{\overline{X}-p}{\sqrt{p(1-p)/n}}\dot{\sim}N(0,1)$$

对给定的置信水平 $1-\alpha$，利用标准正态分布 $N(0,1)$的 $\alpha/2$ 分位数，有

$$P\left(\left|\frac{\overline{X}-p}{\sqrt{p(1-p)/n}}\right|\leqslant u_{\alpha/2}\right)=1-\alpha \tag{4.4.4}$$

可以从$\left|\frac{\overline{X}-p}{\sqrt{p(1-p)/n}}\right|\leqslant u_{\alpha/2}$去求解 p 的范围。上式等价于

$$(\overline{X}-p)^2\leqslant u_{\alpha/2}^2\frac{p(1-p)}{n}$$

亦等价于

$$(n+u_{\frac{\alpha}{2}}^2)p^2-(2n\overline{X}+u_{\frac{\alpha}{2}}^2)p+n\overline{X}^2\leqslant 0$$

记 $a=n+u_{\frac{\alpha}{2}}^2$，$b=-(2n\overline{X}+u_{\frac{\alpha}{2}}^2)$，$c=n\overline{X}^2$，则有 $a>0$，判别式$b^2-4ac=(2n\overline{X}+u_{\frac{\alpha}{2}}^2)^2-$

$4(n+u_{\frac{\alpha}{2}}^2)(n\overline{X}^2)=4n\overline{X}(1-\overline{X})u_{\frac{\alpha}{2}}^2+u_{\frac{\alpha}{2}}^4>0$，故二次三项式开口向上，有两个实根，记为$\hat{p}_L$，$\hat{p}_U$，则区间$[\hat{p}_L,\hat{p}_U]$就是参数 p 的 $1-\alpha$ 置信区间。

该区间的两个端点分别为（暂记 $u=u_{\alpha/2}$）：

$$\hat{p}_L=\frac{-b-\sqrt{b^2-4ac}}{2a}=\frac{2n\overline{X}+u^2-u\sqrt{4n\overline{X}(1-\overline{X})+u^2}}{2(n+u^2)} \tag{4.4.5}$$

$$\hat{p}_U=\frac{-b+\sqrt{b^2-4ac}}{2a}=\frac{2n\overline{X}+u^2+u\sqrt{4n\overline{X}(1-\overline{X})+u^2}}{2(n+u^2)} \tag{4.4.6}$$

在上面两式中，当$\hat{p}_L<0$ 时，应取$\hat{p}_L=0$；当$\hat{p}_U>1$ 时，应取$\hat{p}_U=1$。

继续对式（4.4.5）和式（4.4.6）进行简化，忽略含有$1/\sqrt{n}$的项，即在两式右端的分子分母中同时除以 n，有

$$\hat{p}_L=\frac{2\overline{X}+\left(\frac{u}{\sqrt{n}}\right)^2-u\sqrt{\frac{4\overline{X}(1-\overline{X})}{n}+\frac{u^2}{n}}}{2\left(1+\left(\frac{u}{\sqrt{n}}\right)^2\right)}\approx\overline{X}-u\sqrt{\frac{\overline{X}(1-\overline{X})}{n}}$$

对（4.4.6）类似处理，有$\hat{p}_U\approx\overline{X}+u\sqrt{\frac{\overline{X}(1-\overline{X})}{n}}$。

这样得到 p 的 $1-\alpha$ 近似的大样本置信区间为

$$\left[\overline{X}-u_{\alpha/2}\sqrt{\frac{\overline{X}(1-\overline{X})}{n}},\overline{X}+u_{\alpha/2}\sqrt{\frac{\overline{X}(1-\overline{X})}{n}}\right] \tag{4.4.7}$$

当样本量足够大时，这个置信区间常在实际中使用。

例 4.4.2 在某电视节目的收视率调查中，调查了 400 人，其中有 100 人收看了该电视节目，试求该节目收视率 p 的置信水平为 0.95 的置信区间。

解：在本例中，$n=400$，置信水平为 0.95，即 $\alpha=0.05$，$u_{\alpha/2}=1.96$，又根据样本信息得到 $\overline{X}=\frac{100}{400}=1/4$，从而代入式（4.4.7）计算，有

$$\hat{p}_L=0.25-1.96\sqrt{0.25(1-0.25)/400}=0.207$$

$$\hat{p}_L=0.25+1.96\sqrt{0.25(1-0.25)/400}=0.2924$$

从而该节目收视率 p 的置信水平为 0.95 的置信区间为[0.207,0.29240]。

类似地，在样本量足够大时，可讨论泊松分布参数 λ 的置信区间。

4.5 估计精度及确定必要的样本量

4.5.1 区间估计的精度

用样本估计总体的参数信息，总会产生误差，我们希望区间估计的精度尽可能高，即区间长度尽量小，并且此区间内包含真正参数的可靠度很大。前面学习的区间估计我们会发

现，当样本容量固定时，置信度越大，置信区间就越长，有时为了单纯的追求置信度，会使得置信区间很长以至于失去了意义。置信精度与哪些因素有关，我们通过前面学习的区间估计进行分析。

如当方差已知时，对均值进行区间估计，有 $P\left\{\left|\overline{X}-\mu\right|<u_{\alpha/2}\frac{\sigma}{\sqrt{n}}\right\}=1-\alpha$，可见，用样本均值估计总体均值时，产生的最大绝对误差为$u_{\alpha/2}\frac{\sigma}{\sqrt{n}}$，它的可靠性为 $1-\alpha$，允许误差是置信区间长度的一半，记 $\Delta=u_{\alpha/2}\frac{\sigma}{\sqrt{n}}$，显然 Δ 与下列因素有关：

（1）若给定 α，Δ 与$\sqrt{n}$成反比，即样本容量越小，允许误差就越大；

（2）若给定 α 以及样本容量 n，则 Δ 与总体的标准差成正比，总体标准差越大，允许误差就越大；

（3）对于固定的样本容量 n，α 越大，置信度 $1-\alpha$ 就越小，$u_{\alpha/2}$就越小，从而允许误差就越小，反之，置信度 $1-\alpha$ 就越大，允许误差就越大。

因此存在这样一个问题，在设计具体的研究方案时，需要确定合适的样本容量，使得在一定置信度的要求下，置信区间能够达到所要求的精度。在估计中，如果样本容量过小，不能取得足够的信息，会使的调查结果的误差相对较大，统计分析的可靠性得不到保证；如果样本容量过大，会增加调查的费用，使得抽样调查本身失去意义。下面我们考虑有关样本容量的确定。

4.5.2　样本量的确定

如在正态总体均值的估计中，允许误差为 $\Delta=u_{\alpha/2}\frac{\sigma}{\sqrt{n}}$，于是有

$$n=\frac{(u_{\alpha/2})^2\cdot\sigma^2}{\Delta^2}\tag{4.5.1}$$

可以看出，样本容量与总体方差、允许误差以及置信度有关。

式（4.5.1）是我们确定样本容量的计算公式。

例 4.5.1　设某市家庭每户月收入服从正态分布，标准差为 150 元，现要对该市家庭每户平均收入加以估计，若置信度为 99%，平均收入的允许误差在 ±10 元以内，问样本容量应确定为多少户？

解：根据（4.5.1），有

$$n=\frac{Z_{\frac{\alpha}{2}}{}^2\sigma^2}{\Delta^2}=\frac{2.58^2150^2}{10^2}=1497.69$$

所以需要抽查 1498 户。

4.6 习　　题

1. 随机地从一批零件中抽取 16 个，测得其长度为（单位：cm）：
2.14, 2.10, 2.13, 2.15, 2.13, 2.12, 2.13, 2.10
2.15, 2.12, 2.14, 2.10, 2.13, 2.11, 2.14, 2.11
假设该零件的长度服从正态分布 $N(\mu,\sigma^2)$，试求总体均值 μ 的置信水平为 90% 的置信区间。
（1）若已知 $\sigma=0.01$（cm）；
（2）若 σ 未知。

2. 共 16 次测量铅的比重，得 16 个测量值的平均值为 2.705，而修正样本标准差为 0.029，假定测量结果 X 服从正态分布，试求铅的平均比重的置信度为的 95% 置信区间。

3. 为了确定某铜矿的储量，打钻个数为 107，测得铜矿的平均厚度为 11.6（m），样本方差为 78.6。已知铜矿厚度服从正态分布。试求在置信水平为 95% 的条件下，以样本平均厚度估计总体均值的误差是多少？

4. 对方差σ^2已知的正态总体来说，样本容量 n 应取多大，才能使总体均值 μ 的置信水平为 $1-\alpha$的置信区间长度不大于 L？

5. 指标 $X\sim N(\mu,0.5^2)$，问至少取多大的样本容量，才能使样本均值与总体均值的绝对误差在置信水平为 95% 的条件下小于 0.1。

6. 设总体 $X\sim N(\mu_0,\sigma^2)$，μ_0已知，$(X_1,X_2,\cdots,X_n)$为其样本，试求未知参数σ^2的置信水平为 $1-\alpha$ 的置信区间。

7. 投资的回收利润率常常用来衡量投资的风险，随机地调查 26 个年回收利润率（%），得样本标准差 $s=15$（%），设回收利润率服从正态分布，求它的均方差的置信度为 95% 的置信区间。

8. 对某农作物两个品种 A、B，计算了 8 个地区的亩产量，产量如下（单位：kg）
品种 A：86，87，56，93，84，93，75，79
品种 B：79，58，91，77，82，74，80，66
假定两个品种的亩产量均服从正态分布，且方差相等，试求两品种平均亩产量之差的置信度为 95% 的置信区间。

9. 某自动机床加工同类型套筒，假设套筒的直径服从正态分布，现从两个不同班次的产品中各抽验了 5 个套筒，测定它们的直径，得如下数据：

A 班：2.066，2.063，2.068，2.060，2.067

B 班：2.058，2.057，2.063，2.059，2.060

试求两班所加工的套筒直径的方差比的置信度为 90% 的置信区间。

10. 为估计一批钢索所能承受的平均张力，从其中取样做 10 次试验，由试验值算得平均张力 6700Pa，标准差 220Pa，设张力服从正态分布，求平均张力的单侧置信下限（置信度为 95%）。

11. 从一批某种型号电子管中抽出容量为 10 的样本，计算出标准差 $s=45h$，设整批电子管寿命服从正态分布，试求这批电子管寿 σ 的单侧置信上限（置信度为 95%）。

12. 从某批产品中随机抽取 100 个，其中一等品为 64 个，试求一等品率 p 的置信区间（置信度为 95%）。

13. 在一批货物的容量为 100 的样本中，经检验发现 16 个次品，试求这批货物次品率的 95% 的置信区间。

14. 假定总体 X 服从泊松分布 $P(\lambda)$，$\lambda>0$，$(X_1, X_2, \cdots, X_n)$ 为总体 X 的样本，试在 n 充分大的条件下，求参数 λ 的置信度为 $1-\alpha$ 近似置信区间。

第 5 章　假设检验

前面我们学习了统计量与抽样分布、点估计以及区间估计的内容，在科学研究、工业生产以及生活中，常常要对一些问题做出肯定或否定的回答，如：某种药物有效吗？一批产品的合格率是否符合规定标准？对与这类问题我们常常是做出某种适当的假设，然后进行实验或观测，得到样本的统计量，进行判断，这种思想就是假设检验的思想，也是统计推断的主要研究内容之一。

由样本到总体的推理称为统计推断，主要包括抽样分布、参数估计以及假设检验三大部分内容。抽样分布即统计量的分布，参数估计主要包括点估计和区间估计，这些内容前面都已学习，假设检验是我们接下来需要学习的内容，主要包括参数的假设检验以及非参数的假设检验。

这一章的主要内容是，在介绍假设检验的概念、步骤的基础上，阐述单正态总体均值与方差的假设检验、两正态均值差与方差比的假设检验、比率的推断以及广义似然比检验等。

5.1　假设检验的概念与步骤

5.1.1　假设检验问题

我们首先通过一个例题，了解一下假设检验研究什么样的问题。

例 5.1.1　某厂生产的化纤长度 X 服从正态分布 $N(\mu, 0.04^2)$，其中正态均值 μ 的设计值为 1.40。每天都要对"$\mu=1.40$"作例行检验，以观察生产是否正常进行。若不正常，需对生产设备进行调整和再检验，直到正常为止。

某日从生产线上随机抽取 25 根化纤，测得其长度值为 $x_1, x_2, \cdots, x_n\ (n=25)$，算得其平均长度 $\bar{x}=1.38$，问当日生产是否正常？

几点评论：

（1）这不是一个参数估计问题。

（2）这里要对命题"$\mu=1.40$"给出回答："是"或"否"。

（3）若把此命题看做一个假设，并记为"$H_0: \mu=1.40$"，对命题的判断转化为对假设 H_0 的检验，此类问题称为（统计）假设检验问题。

（4）假设检验问题在生产实际和科学研究中常会遇到，如新药是否有效？新工艺是否可减少不合格品率？不同质料鞋底的耐磨性是否有显著差异？这类问题都可归结为某个假设的检验问题。

假设是在分析之前，对总体参数的数值或分布特征所做的一种陈述。总体参数包括总体均值、方差等，总体分布特征包括分布类型、变量的独立性、相关性等。事实上，参数估计和假设检验构成统计推断的两个组成部分，都是由样本信息推断总体，只是提法与解决途径不同。

假设检验的基本思想是：根据所获样本，运用统计分析方法对总体 X 的某种假设H_0做出判断。先在总体上做出某种假设（包括参数或分布形式），利用所获样本信息以及数理统计的理论方法，判断所提出的假设是否成立。若成立则接受假设，否则拒绝假设。

如：已知总体服从正态分布 $X \sim N(\mu,\sigma^2)$，但均值以及方差未知，现在需要判断 $\mu=\mu_0$ 是否成立，这种假设检验问题成为参数检验问题；如果总体的分布类型未知，需要判断总体分布属于那种类型，这种假设检验问题就是非参数检验问题。一般而言，对总体检验问题分为参数检验和非参数检验。

5.1.2　假设检验的一般步骤

1. 建立假设——原假设与备择假设

在进行检验之前，需要提出两种假设：原假设以及备择假设。

原假设（Null Hypothesis），又称“零假设”，通常是研究者想收集证据予以反对的假设，用H_0表示；备择假设（Alternative Hypothesis），又称“研究假设”，通常是研究者想收集证据予以支持的假设，用H_1表示。

一般的检验问题需要建立两个假设，原假设与备择假设，如：

原假设：$H_0: \mu=\mu_0$

备择假设：$H_1: \mu\neq\mu_0$

原假设H_0是我们要检验的假设，在这里H_0的含义是“与设计值一致”或“当日生产正常”。要使当日生产化纤的平均长度与 1.40 丝毫不差是办不到的，因为随机误差到处都有。若差异仅是由随机误差引起的，则可以认为$H_0: \mu=1.40$ 为真。若差异是由其他异常原因（如原料变化、设备退化、操作不当等系统误差）引起的，则可认为H_0为假，从而拒绝H_0。如何区分和比较系统误差与随机误差将在下面给出。

备择假设H_1是在原假设被拒绝时而应接受的假设。在上述例题中，化纤的平均长度过长或过短都是不合适的，因此用作为备择假设“$H_1: \mu\neq 1.4$”是适当的。也有可能平均长度允许过长，不允许过短，或者反过来。总的来说，备择假设的设置有多种选择，需要根据事情情况来确定。

在参数假设检验中，假设都是参数空间 Θ 内的一个非空子集，根据子集中元素是单元素还是多元素分为简单假设与复杂假设。

在例 5.1.1 中平均长度 μ 的参数空间为 $\Theta=\{\mu: -\infty<\mu<\infty\}$，其原假设$H_0:\mu\in\Theta_0$，其中$\Theta_0=\{\mu:\mu=1.40\}$是单元素集，又称为简单假设。备择假设$H_1:\mu\in\Theta_1$，其中$\Theta_1=\{\mu:\mu\neq 1.40\}$是多元素集，又称为复杂假设。一般来说，参数空间 Θ 中任意两个不相交的非空子集都可组成一个参数假设检验问题。

例 5.1.2　下列哪些可作为统计假设？

（1）$H:\sigma>100$　　（2）$H:\bar{x}=45$

（3）$H:\bar{X}-\bar{Y}>3$　　（4）$H:\mu_1-\mu_2\leqslant 5$

显然，（1）、（4）是关于未知参数的判断，可以作为统计假设，而（2）、（3）是关于样本信息的描述，不可以作为统计假设。

哪些可作为统计假设检验问题?

（1）$H_0: \mu = 100 \quad vs \quad H_1: \mu > 100$

（2）$H_0: \mu = 100 \quad vs \quad H_1: \mu \leqslant 100$

（3）$H_0: s_1^2 = s_2^2 \quad vs \quad H_1: s_1^2 = s_2^2$

显然，（1）可以作为假设检验问题；（2）原假设与备择假设有交集，因此不能作为假设检验问题；（3）是关于样本信息的描述，不是假设检验问题。

对于一个实际问题而言，选择哪个为原假设，哪个为备择假设是非常重要的，由于原假设是作为检验的前提而提出来的，备择假设是当原假设被拒绝后才能被接受，两个假设并不处于对等的地位。因此，在确定原假设时，通常采取保护原假设的原则，即选择一个检验，使得当原假设H_0为真时，拒绝H_0的犯错误的概率要小于 α，这就体现了保护原假设的思想。

根据实际问题，有时需要判断生产是否正常，有时需要判断药效是否提高，有时需要判断效率是否提高等等，因此在选择假设时也有不同的形式，如：

$H_0: \mu = \mu_0; H_1: \mu \neq \mu_0$,　　$H_0: \mu = \mu_0; H_1: \mu > \mu_0$,

$H_0: \mu = \mu_0; H_1: \mu < \mu_0$,　　$H_0: \mu \geqslant \mu_0; H_1: \mu < \mu_0$,

$H_0: \mu \leqslant \mu_0; H_1: \mu > \mu_0$等

综上分析，对于原假设和备择假设的提出，需要注意以下几点：

（1）原假设和备择假设是一个完备事件组，而且是相互独立的，即一项假设检验中，原假设和备择假设有且只有一个成立；

（2）等号一般放在原假设上；

（3）研究目的不同，对同一问题提出的假设也不尽相同，结论也可能不同；

（4）假设检验是围绕对原假设是否成立展开的反证法，否定的依据更充分。

如果备择假设位于原假设的右侧或左侧，则称该检验为单侧检验问题；如果备择假设位于原假设的两侧，则称该检验为双侧检验问题。即如果备择假设没有特定的方向性，并含有不等号的假设检验，称为双侧检验或双尾检验（two - tailed test）；如果备择假设具有特定的方向性，并含有“ > ”或“ < ”的假设检验，称为单侧检验或单尾检验（One - tailed test），具体又分为左侧检验与右侧检验。不同的检验问题的假设主要影响后面所述的拒绝域的位置。表 5 - 1 给出了假设检验的几种基本形式。

表 5 - 1　　假设检验的基本形式

假设	双侧检验	单侧检验	
		左侧检验	右侧检验
原假设	$H_0: \mu = \mu_0$	$H_0: \mu \geqslant \mu_0$	$H_0: \mu \leqslant \mu_0$
备择假设	$H_1: \mu \neq \mu_0$	$H_1: \mu < \mu_0$	$H_1: \mu > \mu_0$

对于参数假设检验而言，设总体 X 中包含未知参数 θ,$(\theta \in \Theta)$，其中 Θ 为参数空间，$(\Theta_0 \cup \Theta_1) \subset \Theta$，且$\Theta_0$与$\Theta_1$的交集为空集，原假设与备择假设更为一般的提法为

$$H_0: \theta \in \Theta_0, \quad H_1: \theta \in \Theta_1 \tag{5.1.1}$$

因此不管对于简单假设还是复杂假设，双侧检验或单侧检验，参数的假设检验问题都可以通过式（5.1.1）来表示。

给出了原假设与备择假设，如何利用样本信息进行判断呢？在进行判断分析之前，我们需要了解假设检验的基本原理。

2. 构造检验统计量，确定拒绝域的形式

假设检验的基本原理是小概率事件原理，即："在一次试验中，一个小概率事件几乎是不可能发生的"，如果在一次试验中，小概率事件一旦发生，我们就有理由拒绝原假设。小概率原理是人们通过大量的实践，对小概率事件总结出来的一条广泛使用的原理，又称实际推断原理。

因此，假设检验的做法就是假定原假设成立，然后根据样本的信息，利用统计推断方法，检验某种不合理现象，比如根据小概率事件是否发生，进而做出判断。

实际上，对于一个具体的检验问题，在H_0与H_1之间做出选择，需要一个行动规则，对于一组样本观测值，我们接受H_0还是接受H_1，这样的规则称为检验规则。因此确定适当的检验统计量是关键。

第 1 章我们给出了统计量的定义，即不包含任何未知参数的样本的函数称为统计量，常用的统计量有：

样本均值：$\overline{X} = \frac{1}{n}\sum_{i=1}^{n} X_i$；

样本方差：$s^2 = \frac{1}{n-1}\sum_{i=1}^{n}(X_i - \overline{X})^2$；

样本标准差：$s = \sqrt{s^2}$。

如前面例题 5.1.1，在H_0对H_1的检验问题中涉及正态均值μ，样本均值$\overline{X}$是μ的最好估计，且$\overline{X} \sim N(\mu, \sigma^2/n)$。由于$\overline{X}$的方差$\sigma^2/n$比总体$X$的方差$\sigma^2$缩小$n$倍，使用$\overline{X}$的分布更容易把$\overline{X}$与$\mu_0 = 1.40$区分开来。

在σ已知为σ_0和原假设$H_0: \mu = \mu_0$为真的情况下，经标准化变换可得

$$u = \frac{\overline{X} - \mu_0}{\sigma_0/\sqrt{n}} \sim N(0,1) \tag{5.1.2}$$

这里的u就是今后使用的检验统计量，而且该统计量分子的绝对值$|\overline{X} - \mu_0|$是样本均值$\overline{X}$与总体均值μ_0的差值，表征系统误差的大小，分母$\sigma_0/\sqrt{n}$是随机误差的大小，在随机误差给定的条件下，系统误差$|u|$越大，样本均值$\overline{X}$远离总体均值μ_0，这时倾向于拒绝原假设H_0；相反，如果$|u|$越小，样本均值$\overline{X}$越接近总体均值μ_0，这时倾向于不拒绝原假设H_0。

这表明$|u|$的大小可以用来区分是否拒绝H_0，即

$|u|$越大，应倾向于拒绝H_0

$|u|$越小，应倾向于不拒绝H_0

为便于区分拒绝H_0与不拒绝H_0，需要在u轴上找一个临界值c，使

当$|u| \geqslant c$时，拒绝H_0

当$|u| < c$时，不拒绝H_0

并称u轴上的区域$\{u: |u| \geqslant c\} = \{|u| \geqslant c\}$为该双侧检验问题的拒绝域（下面会给出具体描述），记为W。

要用样本判断原假设H_0是否成立，首先需要构造一个适合检验假设H_0的统计量，称该统计量为检验统计量。检验统计量一般都是从待估参数的点估计或无偏估计出发推导出来的。

检验统计量的值根据样本观测结果来计算，并用来对原假设和备择假设做出决策或判断，一般将其标准化后，度量它与原假设的参数值之间的差异程度。原假设为真时，标准化的过程为

$$\text{标准化检验统计量}=\frac{\text{点估计量}-\text{假设值}}{\text{点估计量的标准差}}$$

拒绝域是拒绝原假设对应的检验统计量的取值范围，记为 W，对于上述问题，拒绝域的形式为：$\{|u|\geqslant c\}$，其中 c 为一个临界值，从而得到该双侧检验问题的拒绝域：

$$W=\{u:|u|\geqslant c\}$$

相应地称$\overline{W}=\{u:|u|<c\}$为接受域。

在实际生活中，我们经常会碰到这样一个问题，就是对于一个命题而言，要判断这个命题正确与否，我们只要能找到一个反例，就说明这个命题是错误的，但是要证明这个命题成立，我们不能只通过一个例题来说明。

对于假设检验问题，我们为什么把注意力放在拒绝域上呢？如今我们手上只有一个样本，相当于一个例子，用一个例子去证明一个命题（假设）成立的理由是不会充分的，但用一个例子（样本）去推翻一个命题是可能的，理由也是充足的，因为一个正确的命题不允许有任何一个例外。基于此种逻辑推理，我们应把注意力放在拒绝域方面，建立拒绝域。事实上，在拒绝域与接受域之间还有一个模糊域，如今把它并入接受域，仍称为接受域。

接受域中有两类样本点：

（1）一类样本点使原假设H_0为真，是应该接受的；

（2）另一类样本点所提供的信息不足以拒绝原假设H_0，不宜列入 W，只能保留在$\overline{W}$内，待有新的样本信息后再议。

因此，$\overline{W}$的准确称呼应是“不拒绝域”，可人们不习惯此种说法。本书中约定：“不拒绝域”与“接受域”两种说法是等同的，指的就是$\overline{W}$，它含有“接受”与“保留”两类样本点，要进一步再区分“接受”与“保留”已无法由一个样本来确定。

这一判断过程很像法庭法官判案过程，法官办案的逻辑是这样的，他首先建立假设H_0：“被告无罪”，谁说被告有罪谁要拿出证据来。原告拿出一次贪污，或一次盗窃，或一次贩毒的证据（相当于一个样本）后，若证据确凿，经双方陈述和辩论，若法官认定罪行成立，就拒绝假设H_0，并立即判刑入狱。若法官认为证据不足，则不会定罪。如此判案在法律界称为“无罪推定论”或“疑罪从无”。这样一来，监狱里的人几乎都是有罪的，但也要看到，监狱外的人不全是好人。国内外多年实践表明，这样判案是合理的，合乎逻辑的，对监狱外的人再区分“好”与“不好”比区别“有罪”与“无罪”不知要难上几百倍。这就是我们在假设检验中把注意力放在确定“拒绝域”的理由。

3. 给定显著性水平 α，确定临界值

假设检验的原理是通过一次采集的样本对原假设进行判断，我们否定原假设的理由是小概率事件在一次试验中出现了，但实际上，小概率事件并不是一定不会出现，只是出现的可

能性很小，即出现的概率不超过一个很小的正数 α，因此在进行假设检验时可能会把原来正确的假设否定了，也可能把原来错误的结论接受了，因此在进行假设检验要允许犯错误，我们的目标是努力控制犯错误的概率，使其在尽量小的范围内波动。

可见，在假设检验的判断过程中，可能犯的错误有如下两类：

第Ⅰ类错误（弃真错误）：原假设H_0为真时，由于抽样的随机性，样本落在拒绝域内W，从而拒绝原假设，其发生的概率记为 α，又称为显著性水平。它是假设检验中的一个重要数值，它的大小反映了通过样本值拒绝原假设H_0的说服力的强弱程度。

第Ⅱ类错误（取伪错误）：原假设H_0不真，但由于抽样的随机性，样本落在了接受域内$\overline{W}$，从而接受原假设，其发生概率为 β。

在统计判断过程中所犯两类错误的情况如表 5－2 所示。

表 5－2　　统计检验的过程

H_0检验		
决策	实际情况	
	H_0为真	H_0为假
接受H_0	正确决策	第Ⅱ类错误/取伪错误 β
拒绝H_0	第Ⅰ类错误/弃真错误 α	正确决策

例 5.1.3　正态总体 $X \sim N(\mu, 0.04^2)$，现有样本观测值$(x_1, x_2, \cdots, x_n)$，针对如下的假设检验问题：$H_0: \mu = \mu_0 \quad vs \quad H_1: \mu \neq \mu_0$，计算犯第Ⅰ类错误的概率和犯第Ⅱ类错误的概率。

解： 在$H_0: \mu = \mu_0$成立的条件下，有统计量

$$u = \frac{\overline{X} - \mu_0}{\sigma_0 / \sqrt{n}} \sim N(0,1)$$

并有拒绝域为：

$$W = \{ |u| \geqslant c \}$$

从而，犯第Ⅰ类错误的概率为

$$\alpha = P_{\mu_0}(|u| \geqslant c) = 2P_{\mu_0}(u \geqslant c) = 2[1 - P_{\mu_0}(u < c)] = 2[1 - \Phi(c)]$$

可见，犯第Ⅰ类错误的概率 α 是临界值 c 的一个单调减函数。

犯第Ⅱ类错误的概率为

$$\beta = P_{\mu}(|u| < c) = P_{\mu}\left(-c < \frac{\overline{X} - \mu_0}{\sigma_0/\sqrt{n}} < c\right) = P_{\mu}\left(-c < \frac{\overline{X} - \mu}{\sigma_0/\sqrt{n}} + \frac{\mu - \mu_0}{\sigma_0/\sqrt{n}} < c\right)$$

$$= P_{\mu}\left(-c - \frac{\mu - \mu_0}{\sigma_0/\sqrt{n}} < \frac{\overline{X} - \mu}{\sigma_0/\sqrt{n}} < c - \frac{\mu - \mu_0}{\sigma_0/\sqrt{n}}\right)$$

$$= \Phi\left(c - \frac{\mu - \mu_0}{\sigma_0/\sqrt{n}}\right) - \Phi\left(-c - \frac{\mu - \mu_0}{\sigma_0/\sqrt{n}}\right)$$

上述计算表明，β 是 μ 和 c 的函数，当 μ 固定时，β 随 c 的增加而增加，即 β 是 c 的一个单调增函数。

一般理论研究表明：

（1）在固定样本量 n 下，要减小 α 必导致增大 β。

（2）在固定样本量 n 下，要减小 β 必导致增大 α。

（3）要使 α 与 β 皆小，只有不断增大样本量 n 才能实现，这在实际中常不可行。

可见，在固定样本容量时，要减小 α 必导致增大 β，要减小 β 比导致增大 α，要使 α 和 β 同时减小，只有不断增加样本容量。如何处理 α 与 β 之间不易调和的矛盾呢？很多统计学家根据实际使用情况提出如下建议：

在样本量 n 已固定的场合，主要控制犯第Ⅰ类错误的概率，并构造出"水平为 α 的检验"，它的具体定义如下。

定义 5.1.1　在一个假设检验问题中，先选定一个数 $\alpha(0<\alpha<1)$，若一个检验犯第Ⅰ类错误的概率不超过 α，即

$$P(\text{犯第Ⅰ类错误})\leqslant\alpha$$

则称该检验是水平为 α 的检验，其中 α 称为显著性水平。若在检验问题中拒绝了原假设，我们说这个检验是显著的。

显著性水平是原假设 H_0 为真时，拒绝原假设的概率值。在构造水平为 α 的检验中显著性水平 α 不宜取得过小，α 过小就会导致 β 过大，这是不可取的。因此，为了控制犯第Ⅰ类错误的概率和制约犯第Ⅱ类错误的概率，我们需要根据所研究问题的需求确定显著性水平的大小。

在实际问题中，常用的取值为 $\alpha=0.05$，有时也用 $\alpha=0.01$ 或 $\alpha=0.1$。此外，α 的选择与判断发生错误时要付出的代价大小有关，如是否需要投资购置新设备，即"实际没有差异而判断有明显差异"导致要付很大代价，此时可将 α 取值由 0.05 降到 0.03 或 0.01；如验证药品毒性、飞机的强度等，此时"实际存在明显差异而没有被发现"的代价很大，需要把 α 适当增大，如 0.08 或 0.1 等。

因此在给定显著性水平 α 之后，确定临界值，根据显著性水平 α 可知

$$c=u_{1-\alpha/2}$$

可见，临界值是根据给定的显著性水平确定的拒绝域的边界值。

说明：（统计显著性与实际显著性）一个被拒绝的原假设意味着有统计显著性，但未必有实际显著性。特别是在大样本场合或精确测量场合，即使与原假设之间的微小差别都将被认为有统计显著性，但未必有实际显著性。如：Kaplar 的行星运行第一定律表明，行星的轨道是椭圆，当时这个模型与实测数据吻合很好，但是 100 年后的测量数据却拒绝了原假设，这是由于科学技术发展了，测量仪器更精确了，行星之间的交互作用引起的行星沿着椭圆轨道左右摄动也被测量出来了，显然，椭圆轨道模型基本上是正确的，由摄动引起的误差是次要的。如果不顾现实中的差异而强调统计显著性，一个正确的模型可能会被拒绝。

上述分析表明，对于一个假设检验问题，我们根据样本观测值是否落入拒绝域来判断拒绝原假设 H_0 还是接受原假设 H_0，为了更便于检验，我们将观测值是否落入拒绝域通过示性函数来表示，即

$$\delta(x)=\begin{cases}1 & x\in W\\0 & x\notin W\end{cases}\tag{5.1.3}$$

其中，W 为拒绝域，我们称上述函数为检验函数。

因此检验函数可以看作是 0-1 分布的随机变量，从而有：$E(\delta(x))=P_\theta(x\in W)$，结合参数检验的一般提法（式 5.1.1），可知，当原假设 H_0 成立时，检验函数的数学期望就是犯

第Ⅰ类错误的概率；当原假设H_0不成立时，检验函数的数学期望就是1减去犯第Ⅱ类错误的概率，即检验函数的数学期望实质上是未知参数的函数，称其为势函数。

定义 5.1.2 设检验问题

$$H_0:\theta\in\Theta_0,\qquad H_1:\theta\in\Theta_1$$

的拒绝域为 W，则样本观察值 $x=(x_1,x_2,\cdots,x_n)$ 落在拒绝域 W 的概率称为该检验的势函数，记为

$$g(\theta)=P_\theta(x\in W),\theta\in(\Theta_0\cup\Theta_1)\subset\Theta \tag{5.1.4}$$

结合犯两类错误概率的计算，有

$$g(\theta)=P_\theta(x\in W)=\begin{cases}\alpha(\theta) & \theta\in\Theta_0\\ 1-\beta(\theta) & \theta\in\Theta_1\end{cases} \tag{5.1.5}$$

4. 判断

上述检验问题的判断法则如下：

若根据样本计算的检验统计量的值落入拒绝域 W 内，则拒绝H_0，即接受H_1。

若根据样本计算的检验统计量的值未落入拒绝域 W 内，则接受H_0。

总之，对于一个假设检验问题，我们要根据实际情况首先确定原假设与备择假设，然后构造统计量，确定拒绝域的形式，再根据给定的显著性水平 α，确定临界值，最后根据具体的样本信息计算统计量的值，对检验问题做出判断。根据上述分析，将假设检验的步骤总结如下：

（1）建立假设，提出原假设与备择假设；

（2）在原假设成立的前提下，选择合适的检验统计量，确定拒绝域的形式；

（3）给出显著性水平 α，由样本值计算检验统计量的数值，确定临界值 c；

（4）根据计算结果做出判断，接受原假设或拒绝原假设。

提出和使用上述四步程序是强调正确进行假设检验的方法。当熟悉了这个方法后，有些步骤并不总是需要。但是在起步学习假设检验时，上述四步程序是一个很有帮助的框架。

例 5.1.4 一支香烟中尼古丁的含量 $X\sim N(\mu,1)$，合格标准规定 μ 不能超过 1.5mg，现随机抽取了一盒（20 支）香烟，测得平均每支香烟的尼古丁含量为$\overline{X}=1.97$mg，问这批香烟的尼古丁含量是否合格？（显著性水平 $\alpha=0.05$）

解： 建立如下假设

$$H_0:\mu\leqslant 1.5\quad vs\quad H_1:\mu>1.5$$

由于总体方差已知，构造统计量

$$u=\frac{\overline{X}-1.5}{1/\sqrt{n}}$$

从而拒绝域为 $W=\{u\geqslant u_{1-\alpha}\}$，根据样本值，可计算检验统计量的值为$u_0=(1.97-1.5)\sqrt{20}=2.10$。

对于显著性水平 $\alpha=0.05$，有拒绝域为$\{u\geqslant 1.645\}$，拒绝H_0。

5.1.3 利用 p 值进行决策

在一个假设检验问题中，不同的显著性水平 α，会得到不同的检验结果，而显著性水平

α的选择又带有人为因素，因此对判断的结果不宜解释得过死。为使这种解释有一个宽松的余地，统计学家提出“p值”的概念，并用它来代替拒绝域作判断。这一想法随着计算机的普及日益受到人们的关注。对于很多的统计软件，统计分析结果中，直接给出了p值，此方法用的也比较多。下面用例5.1.4来说明这一过程。

在例5.1.4中，对于显著性水平$\alpha=0.05$，$\alpha=0.025$，$\alpha=0.01$，$\alpha=0.005$等几种不同的显著性水平进行假设检验时，按照上述四个步骤，我们需要对不同的显著性水平α，查附表得到临界值，进而进行判断。

对于上述计算检验统计量的值$u_0=(1.97-1.5)\sqrt{20}=2.10$，查表可得：

对于显著性水平$\alpha=0.05$，有拒绝域为$\{u\geqslant 1.645\}$，拒绝H_0。

对于显著性水平$\alpha=0.025$，有拒绝域为$\{u\geqslant 1.96\}$，拒绝H_0。

对于显著性水平$\alpha=0.01$，有拒绝域为$\{u\geqslant 2.33\}$，接受H_0。

对于显著性水平$\alpha=0.005$，有拒绝域为$\{u\geqslant 2.58\}$，接受H_0。

从上述分析可以看出，随着α的减少，临界值u_α在增加，致使判断结论由拒绝H_0转到接受H_0。可见，不同的α会得到不同的结论。在这个过程中不变的是检验统计量的观察值$u_0=2.10$，它与临界值u_α的位置谁左谁右（即谁大谁小）决定了对原假设H_0是拒绝还是接受。u_α与u_0的比较等价于如下两个尾部概率的比较：

（1）$\alpha=P(u\geqslant u_\alpha)$，即显著性水平$\alpha$是检验统计量$u$的分布$N(0,1)$的尾部概率。在这个例题中，尾部概率在右尾部。

（2）$p=P(u\geqslant u_0)$，这也是一个尾部概率，也可用$N(0,1)$算出。在$\mu_0=2.10$时，$p=P(u\geqslant 2.10)=1-\Phi(2.10)=0.0179$

这两个尾部概率在分布的同一端，是可比的。

当$\alpha>p=0.0179$时，$u_0=2.10$在拒绝域内，从而拒绝H_0。

当$\alpha<p=0.0179$时，$u_0=2.10$在拒绝域外，从而保留H_0。

当$\alpha=p=0.0179$时，$u_0=2.10$在拒绝域边界上，也拒绝H_0，可见p是拒绝原假设H_0的最小显著性水平。这个$p=0.0179$就是将要介绍的该检验的p值。

这个例子中讨论的尾部概率具有一般性，借此可给出一般场合下p值的定义，以及另一个判断法则。

定义 5.1.3　在一个假设检验问题中，拒绝原假设H_0的最小显著性水平称为P值。

利用P值和给定的显著性水平α，可建立如下的判断准则：

若$\alpha\geqslant p$，则拒绝原假设H_0；

如果$\alpha<p$，则接受原假设H_0。

采用p值检验法进行判断，关键问题就是p值的计算，即拒绝原假设的最小显著性水平，这与我们拒绝域的形式有关，下面以u检验为例，说明不同的假设检验所对应的p值计算方法。

针对方差已知时的正态均值μ的检验，常采用u统计量，那么

（1）$H_0:\mu\leqslant\mu_0$　vs　$H_1:\mu>\mu_0$，P值计算为：$P=P(u\geqslant u_0)=1-\Phi(u_0)$；

（2）$H_0:\mu\geqslant\mu_0$　vs　$H_1:\mu<\mu_0$，P值计算为：$P=P(u\leqslant u_0)=\Phi(u_0)$；

（3）$H_0:\mu=\mu_0$　vs　$H_1:\mu\neq\mu_0$，P值计算为：$P=P(|u|\geqslant|u|)=2[1-\Phi(|u_0|)]$。

当方差未知时，计算方法类似，只是将u统计量换成t统计量，将正态分布换为t分布。

关于这个新的判断法则（指用 p 值作判断）有以下几点评论：

（1）p 值检验法与原来的检验法是等价的；

（2）p 值检验法跳过了拒绝域（回避了构造拒绝域的过程），简化了判断过程，但是要计算检验的 p 值；

（3）任一检验问题的 p 值可用相应检验统计量的分布计算，如标准正态分布、t 分布、χ^2分布等。很多统计软件都有此功能，在一个检验问题的输出中给出相应的 p 值。此时把 p 值与自己主观确定的显著性水平 α 进行比较，即可做出判断。譬如，在正常情况下，当 p 值很小时，可立即作出拒绝原假设H_0的判断，当 p 值较大时，可立即做出接受原假设H_0的判断；在其它场合，需要与显著性水平 α 进行比较后再做判断。很多统计学家认为，p 值度量了支持原假设H_0证据的程度，p 值越大，支持H_0成立的证据越强，故应接受H_0。

例 5.1.5　某厂制造的产品长期以来不合格品率不超过 0.01，某天开工后随机抽检了 100 件产品，发现其中有 2 件不合格品，试在 0.10 水平上判断该天生产是否正常？

解：设 θ 为该厂产品的不合格品率，它是二点分布 $b(1,\theta)$ 中的参数，建立原假设与备择假设

$$H_0: \theta \leqslant 0.01 \quad vs \quad H_1: \theta > 0.01$$

这是一个离散总体的右侧检验问题。

设$(X_1, X_2, \cdots, X_n)$是从二点分布 $b(1,\theta)$ 中抽取的样本，样本之和 $T = X_1 + X_2 + \cdots + X_{100}$ 服从二项分布 $b(100,\theta)$，这里可以采用 T 作为检验统计量，则在原假设H_0成立下，$T \sim b(100, 0.01)$，如今 T 的观察值为$t_0 = 2$，由备择假设H_1知，此检验的 p 值为

$$\begin{aligned} p = P(T \geqslant 2) &= 1 - P(T=1) - P(T=1) \\ &= 1 - (0.99)^{100} - 100 \times 0.01 \times (0.99)^{99} = 1 - 0.366 - 0.370 \\ &= 0.264 \end{aligned}$$

由于 $p > \alpha = 0.1$，故应做“保留原假设”的判断，即当日生产正常。

5.2　单正态总体参数的假设检验

正态分布 $N(\mu, \sigma^2)$ 是最常用的一个连续型分布，有关正态均值 μ 的检验也是最常见的检验问题之一，本节我们先讨论正态总体参数的假设检验问题。

5.2.1　单个正态总体均值的假设检验

根据正态总体均值的区间估计，我们可以知道，在区间估计时，根据不同的估计对象、不同的条件，选择了不同的函数进行估计。根据假设检验的步骤，我们需要对不同条件下不同内容的估计采用不同的检验统计量，因此在正态总体均值的检验中，常用的统计量有 u 统计量和 t 统计量。

设$(X_1, X_2, \cdots X_n)$是来自正态总体 $N(\mu, \sigma^2)$ 的一个样本，关于整体均值 μ 的检验问题常有以下几种形式

（1）$H_0: \mu = \mu_0 \quad vs \quad H_1: \mu \neq \mu_0$

（2）$H_0: \mu \geqslant \mu_0 \quad vs \quad H_1: \mu < \mu_0$

(3) $H_0: \mu \leqslant \mu_0 \quad vs \quad H_1: \mu > \mu_0$

其中μ_0是已知常数，由于方差σ^2已知与否对选择μ的检验有影响，故下面分方差已知和方差未知两种情况进行讨论。

1. σ 已知时，正态均值μ 的 u 检验

设总体 $X \sim N(\mu, \sigma^2)$，$(X_1, X_2, \cdots, X_n)$是来自正态总体 $N(\mu, \sigma^2)$的一个样本，$\overline{X}$为样本均值，σ 已知。

(1) 考虑显著性水平为 α 时的双侧检验问题

$$H_0: \mu = \mu_0 \quad vs \quad H_1: \mu \neq \mu_0$$

按照假设检验的步骤有：

①提出假设：$H_0: \mu = \mu_0 \quad vs \quad H_1: \mu \neq \mu_0$。

②构造统计量：σ 已知为σ_0时，有$\overline{X} \sim N(\mu_0, \sigma_0^2/n)$，选取统计量

$$u = \frac{\overline{X} - \mu_0}{\sigma_0/\sqrt{n}}$$

在H_0成立的条件下，$u = \dfrac{\overline{X} - \mu_0}{\sigma_0/\sqrt{n}} \sim N(0,1)$。

③给定显著性水平 α，确定拒绝域：

在原假设成立时，X 应接近μ_0，从而有拒绝域 $W = \{|u| > c\}$，利用标准正态分布分位数可确定临界值为 $c = u_{\alpha/2}$，从而拒绝域为 $W = \{|u| > u_{\alpha/2}\}$。

④判断，计算统计量的值，判断是否落入拒绝域内，从而确定是否拒绝原假设。

例 5.2.1 某机床厂加工一种零件，根据经验知道，该厂加工零件的椭圆度近似服从正态分布，其总体均值为$\mu_0 = 0.081$mm，总体标准差为 $\sigma = 0.025$。今换另一种新机床进行加工，抽取 $n = 200$ 个零件进行检验，得到的椭圆度为 0.076mm，试问新机床加工零件的椭圆度的均值与以前有无明显差异（$\alpha = 0.05$）?

解：提出假设$H_0: \mu = 0.081 \quad vs \quad H_1: \mu \neq 0.081$

由于总体标准差为 $\sigma = 0.025$，构造检验统计量 $u = \dfrac{\overline{X} - 0.081}{\sigma_0/\sqrt{n}}$，其中 $n = 200$，$\sigma = 0.025$；

对于显著性水平 $\alpha = 0.05$，查表得$u_{\alpha/2} = u_{0.025} = 1.96$，从而有拒绝域为 $W = \{|u| > 1.96\}$；

计算检验统计量的值，有 $u = \dfrac{\overline{X} - 0.081}{\sigma_0/\sqrt{n}} = \dfrac{0.076 - 0.081}{0.025/\sqrt{200}} = -2.83$，落入拒绝域内，从而拒绝原假设，认为新机床加工零件的椭圆度的均值与以前相比有明显差异。

(2) 对于左侧检验问题

$$H_0: \mu \geqslant \mu_0 \quad vs \quad H_1: \mu < \mu_0$$

当总体方差 σ 已知时，选择检验统计量为 $u = \dfrac{\overline{X} - \mu_0}{\sigma_0/\sqrt{n}}$，此时，与双侧检验不同的是，如果原假设$H_0$成立，检验统计量不一定服从 $N(0,1)$，只有在 $\mu = \mu_0$时，检验统计量 $u = \dfrac{\overline{X} - \mu_0}{\sigma_0/\sqrt{n}} \sim$

$N(0,1)$；对 $\mu>\mu_0$时进行如下处理

令 $\mu=\mu_1\geqslant\mu_0$，则$u'=\dfrac{\overline{X}-\mu_1}{\sigma_0/\sqrt{n}}\sim N(0,1)$，当原假设$H_0$成立时，有$u'\leqslant u$，从而

$$P(u\leqslant -u_\alpha)\leqslant P(u'\leqslant -u_\alpha)=\alpha$$

根据假设检验的步骤可知，对于上述左侧检验问题，有拒绝域 W 为

$$W=\{u\leqslant -u_\alpha\}$$

（3）对于右侧检验问题

$$H_0:\mu\leqslant\mu_0 \quad vs \quad H_1:\mu>\mu_0$$

与左侧检验类似讨论。当总体方差 σ 已知时，选择检验统计量为 $u=\dfrac{\overline{X}-\mu_0}{\sigma_0/\sqrt{n}}$，令 $\mu=\mu_1\leqslant\mu_0$，则$u'=\dfrac{\overline{X}-\mu_1}{\sigma_0/\sqrt{n}}\sim N(0,1)$，当原假设$H_0$成立时，有$u'\geqslant u$，从而

$$P(u\geqslant u_\alpha)\leqslant P(u'\geqslant u_\alpha)=\alpha$$

从而有拒绝域 W 为

$$W=\{u\geqslant u_\alpha\}$$

例 5.2.2　微波炉在炉门关闭时的辐射量是一个重要的质量指标。某厂该指标服从正态分布 $N(\mu,\sigma^2)$，长期以来，$\sigma=0.1$，且均值都符合要求，不超过 0.12。为检查近期产品的质量，抽查例 25 台，得其炉门关闭时的辐射量的均值$\overline{X}=0.1203$。试问在 $\alpha=0.05$ 的显著性水平下，该厂微波炉炉门关闭时辐射量是否升高了？

解： 首先建立假设。由于长期以来该厂 $\mu\leqslant0.12$，故将其作为原假设，有

$$H_0:\mu\leqslant0.12 \quad H_1:\mu>0.12$$

总体方差已知，构造检验统计量 $u=\dfrac{\overline{X}-\mu_0}{\sigma_0/\sqrt{n}}$，

在 $\alpha=0.05$，临界值$u_{0.05}=1.645$，拒绝域应为：$W=\{u\geqslant1.645\}$。现由观测值求得

$$u_0=\frac{\overline{X}-\mu_0}{\sigma_0/\sqrt{n}}=\frac{0.1203-0.12}{0.1/\sqrt{25}}=0.015<1.645$$

因而在 $\alpha=0.05$ 的显著性水平下，不能拒绝原假设H_0，即认为当前生产的微波炉关门时的辐射量没有明显升高。

2. σ 未知时，正态均值 μ 的 t 检验

这里将在 σ 未知时，考察前面提出的三类检验问题：

（1）$H_0: \mu=\mu_0 \quad vs \quad H_1: \mu\neq\mu_0$

（2）$H_0: \mu\geqslant\mu_0 \quad vs \quad H_1: \mu<\mu_0$

（3）$H_0: \mu\leqslant\mu_0 \quad vs \quad H_1: \mu>\mu_0$

当总体的方差 σ 未知时，前面构造的 u 检验统计量中因有未知参数 σ，不能再作为检验统计量使用。一个自然的想法就是能否通过 σ 的一个估计 $\hat{\sigma}$ 代替 σ，通常我们通过样本标准差 s 代替 u 检验中的 σ，从而形成 t 统计量，其分布是自由度为 $n-1$ 的 t 分布，即

$$t=\frac{\overline{X}-\mu_0}{s/\sqrt{n}}=\frac{\sqrt{n}(\overline{X}-\mu_0)}{s}\sim t(n-1)$$

上述构造的统计量服从 t 分布，故称为 t 统计量。t 统计量与 u 统计量很类似，都是对称性分布，故类似于方差已知时的讨论，可得到总体方差未知时，不同类型检验问题的拒绝域：

对于双侧检验 $H_0: \mu=\mu_0 H_1: \mu\neq\mu_0$，拒绝域为

$$W=\{|t|\geq t_{\frac{\alpha}{2}}(n-1)\}$$

对于右侧检验 $H_0: \mu\leq\mu_0 H_1: \mu>\mu_0$，拒绝域为

$$W=\{t\geq t_\alpha(n-1)\}$$

对于左侧检验 $H_0: \mu\geq\mu_0 H_1: \mu<\mu_0$，拒绝域为

$$W=\{t\leq -t_\alpha(n-1)\}$$

例 5.2.3　某一小麦品种的平均产量为 5200kg/hm²，一家研究机构对小麦品种进行改良以期提高产量，为检验改良后的新品种产量是否有显著提高，随机抽取了 36 个地块进行实验，得到样本平均产量为 5275kg/hm²，标准差为 120/hm²，试检验改良后的新品种产量是否有显著提高（$\alpha=0.05$）？

解：提出假设 $H_0: \mu\leq\mu_0=5200 \quad vs \quad H_1: \mu>\mu_0=5200$；

构造检验统计量：$t=\frac{\overline{X}-\mu_0}{s/\sqrt{n}}\sim t(n-1)$；

对于显著性水平 $\alpha=0.05$，确定拒绝域 $W=\{t\geq t_\alpha(n-1)\}=t>1.6896$；

将 $\overline{X}=5275, \mu_0=5200, n=36, s=120$ 代入检验统计量，计算有

$$t=\frac{\overline{X}-\mu_0}{s/\sqrt{n}}=\frac{5275-5200}{120/\sqrt{36}}=3.75$$

判断可知，检验统计量的值落入了拒绝域，从而拒绝原假设，认为改良后的新品种产量有显著提高。

例 5.2.4　一手机生产厂家在其宣传广告中声称他们生产的某种品牌的手机平均待机时间至少为 71.5 小时，质检部门检查了该厂生产的这种品牌的手机 6 部，得到的待机时间为

69　68　72　70　66　75

设手机的待机时间 X 服从正态分布 $N(\mu,\sigma^2)$，由这些数据能否说明其广告有欺骗消费者的嫌疑？（显著性水平 $\alpha=0.05$）

解：问题可归结为如下的检验问题：

$$H_0: \mu\geq 71.5 \; H_1: \mu<71.5$$

由于总体方差 σ^2 未知，选用 t 检验，检验统计量为

$$t=\frac{\overline{X}-\mu_0}{s/\sqrt{n}}\sim t(n-1)$$

拒绝域为

$$W=\{t<-t_\alpha(5)\}。$$

计算检验统计量的观测值，有

$$\overline{X}=70,\ s^2=10,\ t=\frac{\overline{X}-\mu_0}{s/\sqrt{n}}=-1.162$$

根据$t_{0.05}(5)=2.015$，可知

$$t=-1.162>-2.015$$

未落入拒绝域，从而接受原假设H_0，即不能认为该厂广告有欺骗消费者之嫌疑。

例 5.2.5　根据某地环境保护法规定，倾入河流的废水中某种有毒化学物质的平均含量不得超过 3 ppm（1 ppm = 10^{-6} = 百万分之一）。该地区环保组织对沿河某厂进行检查，测定每日倾入河流的废水中该物质的含量（单位：ppm）为

3.1　3.2　3.3　2.9　3.5　3.4　2.5　4.3　3.0　3.4

2.9　3.6　3.2　3.0　2.7　3.5　2.9　3.3　3.3　3.1

试在显著性水平 $\alpha=0.05$ 上判断该厂是否符合环保规定［假定废水中有毒物质含量 $X\sim N(\mu,\sigma^2)$］。

解：为判断是否符合环保规定，可建立如下假设：

$$H_0:\mu\leqslant 3\quad H_1:\mu>3$$

由于总体方差σ^2未知，故采用 t 检验。现在 $n=20$，在 $\alpha=0.05$ 时，$t_{0.05}(19)=1.729$，故拒绝域为 $W=\{t\geqslant 1.729\}$。

根据样本求得

$$\overline{X}=3.2,\ s=0.3811,\ t=\frac{3.2-3}{0.3811/\sqrt{20}}=2.3470>1.729$$

样本落入拒绝域，因此在 $\alpha=0.05$ 水平上，认为该厂废水中有毒物质含量超标，不符合环保规定，应采取措施来降低废水中有毒物质的含量。

综上所述，将关于正态总体均值检验的有关结果列在表 5－3 中以便查找。

表 5－3　　正态总体均值的假设检验（显著性水平为 α）

检验法	条件	假设问题	检验统计量（服从的分布）	拒绝域
u 检验	σ 已知	$H_0:\mu=\mu_0$ $H_1:\mu\neq\mu_0$	$u=\frac{\overline{X}-\mu_0}{\sigma/\sqrt{n}}\sim N(0,1)$	$W=\{\lvert u\rvert\geqslant u_{\alpha/2}\}$
		$H_0:\mu\geqslant\mu_0$ $H_1:\mu<\mu_0$		$W=\{u\leqslant -u_\alpha\}$
		$H_0:\mu\leqslant\mu_0$ $H_1:\mu>\mu_0$		$W=\{u\geqslant u_\alpha\}$
t 检验	σ 未知	$H_0:\mu=\mu_0$ $H_1:\mu\neq\mu_0$	$t=\frac{\overline{X}-\mu_0}{s/\sqrt{n}}\sim t(n-1)$	$W=\{\lvert t\rvert\geqslant t_{\alpha/2}(n-1)\}$
		$H_0:\mu\geqslant\mu_0$ $H_1:\mu<\mu_0$		$W=\{t\leqslant -t_\alpha(n-1)\}$
		$H_0:\mu\leqslant\mu_0$ $H_1:\mu>\mu_0$		$W=\{t\geqslant t_\alpha(n-1)\}$

说明：本书进行分位数表示时采用的是上分位数的描述，有时也采用下分位数的描述形

式，两者的实质是相同的，只是在分位数表示上会有所差别，进而拒绝域的表示会有所不同。如对于 σ 已知时单正态总体 μ 的双侧检验问题 $H_0:\mu=\mu_0, H_1:\mu\neq\mu_0$，采用下分位数进行描述时，拒绝域的形式写成 $W=\{|u|\geqslant u_{1-\alpha/2}\}$，后续的表述方式类似，不再一一强调。

此外，由于标准正态分布 $N(0,1)$ 与 t 分布都是对称性分布，分位数具有如下的关系：$u_{1-\alpha}=-u_\alpha$，$t_{1-\alpha}(n-1)=-t_\alpha(n-1)$。

3. 大样本下 u 的检验

在 σ 已知时正态均值 μ 的 u 检验，还可以在大样本场合扩大其使用范围。为此要解除它的一些约束。

"正态性"约束：中心极限定理告诉我们，无论总体是正态还是非正态，只要均值 μ 与方差 σ^2 存在，样本均值 $\overline{X}$ 在大样本场合近似于正态分布，

$$\overline{X}\sim N\left(\mu,\frac{\sigma^2}{n}\right)\text{或 } u=\frac{\overline{X}-\mu}{\sigma/\sqrt{n}}\sim N(0,1)$$

在总体方差 σ^2 已知时，可用 u 统计量对原假设 $H_0:\mu=\mu_0$ 做出检验，所以 u 检验在大样本场合可对任意总体均值 μ 做出检验。

"对已知 σ" 的限制：在大样本场合，样本方差 s^2 是总体方差 σ^2 的相合估计，在 σ 未知时，用 s 代替 σ 对渐近分布影响不大，实际上，在大样本场合（$n>30$），$t(n-1)$ 分布与标准正态分布已经很接近，因此对于大样本情况，在 σ 未知时，u 检验仍可使用。

从上述两点可知：u 检验还是一个大样本检验，无论 σ 已知或未知都可以使用。

4. 假设检验与置信区间的对偶关系

上一章我们学习了利用枢轴量求置信区间的问题，现在我们回想一下以前所用的枢轴量和假设检验问题中所构造的统计量有什么样的关系，其实检验统计量与枢轴量实际上是同一个量，检验的显著性水平 α 与置信区间的置信水平 $1-\alpha$ 是相互对立的两个事件的概率，如果水平为 α 的拒绝域为 W，则对立事件 $\overline{W}$ 就是相应参数的 $1-\alpha$ 的置信区间。这些都说明了假设检验与置信区间之间存在一定的对应关系，我们将这种对应关系称为对偶关系。

比较参数的双侧检验与置信区间就会发现它们之间有密切联系。譬如所用的检验统计量与枢轴量，实际上是同一个量；检验的显著性水平 α 与置信区间的置信水平 $1-\alpha$ 是相互对立的两事件的概率，若水平为 α 的检验的拒绝域为 W，则其对立事件 $\overline{W}$（接受域）就是相应参数的 $1-\alpha$ 置信区间。反之，用置信区间也可作假设检验，若原假设 $H_0:\theta=\theta_0$ 在某 $1-\alpha$ 置信区间内，则应接受 H_0；否则拒绝 H_0。从而也可建立双侧检验的拒绝域。这种对应关系称为对偶关系，由其一对偶关系立即可得其二。这种对偶关系在单侧检验和置信限也存在。下面以正态均值 μ 为例说明这种对偶关系。

正态总体 $N(\mu,\sigma^2)$ 的均值 μ 的双侧检验问题

$$H_0:\mu=\mu_0 \quad vs \quad H_1:\mu\neq\mu_0 \tag{5.2.1}$$

当 σ 已知时，水平为 α 的检验的拒绝域为 $W=\{|u|\geqslant u_{\alpha/2}\}$，由于 μ_0 的任意性，其接受域 $\overline{W}$ 可写成 μ 的 $1-\alpha$ 置信区间：

$$\left\{\left|\frac{\overline{X}-\mu}{\sigma/\sqrt{n}}\right|\leqslant u_{\alpha/2}\right\}=\left\{\overline{X}-u_{\alpha/2}\frac{\sigma}{\sqrt{n}}\leqslant\mu\leqslant\overline{X}+u_{\alpha/2}\frac{\sigma}{\sqrt{n}}\right\} \tag{5.2.2}$$

反之，若区间（5.2.2）含有（5.2.1）的原假设，则接受原假设H_0，否则拒绝原假设H_0。

正态总体$N(\mu,\sigma^2)$的均值μ的右侧检验问题

$$H_0:\mu\leqslant\mu_0 \quad vs \quad H_1:\mu>\mu_0 \tag{5.2.3}$$

σ已知时，水平为α的检验的拒绝域为$W=\{u\geqslant u_\alpha\}$，$\mu$的$1-\alpha$单侧置信下限为$\mu_L=\overline{X}-u_\alpha\frac{\sigma}{\sqrt{n}}$，因为

$$\{u\leqslant u_\alpha\}=\left\{\frac{\overline{X}-\mu}{\sigma/\sqrt{n}}\leqslant u_\alpha\right\}=\left\{\mu\geqslant\overline{X}-u_\alpha\frac{\sigma}{\sqrt{n}}\right\} \tag{5.2.4}$$

从而μ的置信水平为$1-\alpha$的置信区间为：$[\overline{X}-u_\alpha\frac{\sigma}{\sqrt{n}},+\infty)$

反之，若置信下限（5.2.4）中含有（5.2.3）的原假设，则接受原假设H_0，否则拒绝原假设H_0。

正态总体$N(\mu,\sigma^2)$的均值μ的左侧检验问题

$$H_0:\mu\geqslant\mu_0 \quad vs \quad H_1:\mu<\mu_0 \tag{5.2.5}$$

σ已知时，水平为α的检验的拒绝域为$W=\{u\leqslant -u_\alpha\}$，$\mu$的$1-\alpha$单侧置信上限为$\mu_U=\overline{X}+u_\alpha\frac{\sigma}{\sqrt{n}}$，置信区间为：$\left(-\infty,\overline{X}+u_\alpha\frac{\sigma}{\sqrt{n}}\right]$。

上述分析说明假设检验与置信区间之间的联系不是单向的，而是双向的。假如μ的$1-\alpha$置信区间为$[\hat{\mu}_L,\hat{\mu}_U]$，则该区间为某双侧检验问题的接受域，而由一切不属于区间$[\hat{\mu}_L,\hat{\mu}_U]$的样本点组成的集合就是该双侧检验的拒绝域。单侧检验场合也有类似结果，这就是假设检验与置信区间之间的对偶关系。

在σ未知时，只需用样本均方差s代替σ，用t分布代替标准正态分布，上述讨论仍然有效，对偶关系仍然成立。

若把参数μ换成σ^2，只要能找到正态方差σ^2的检验问题的检验统计量，可用其接受域获得σ^2的置信区间或单侧置信限。一般来说，若在总体分布$F(x,\theta)$中对未知参数θ建立水平为α的检验，很快就能获得的θ相应的$1-\alpha$置信区间或单侧置信限。反之，由θ的$1-\alpha$置信区间（或单侧置信限）也可以构造θ的某个水平α的检验法则。这样一来，很多置信区间（或单侧置信限）可以从相应的假设检验中获得，假设检验也可以从置信区间获得。

参数的假设检验与参数的置信区间（或置信限）之间的对偶关系是由其理论结构决定的。假设检验中使用的检验统计量与置信区间中所使用的枢轴量是相同的，但其注意力的放置不同。假设检验的注意力放在拒绝域上，而置信区间的注意力放在接受域上。

用p值作检验时，不考虑拒绝域，不可能建立上述对偶关系。

例 5.2.6　白炽灯泡的寿命（单位：小时）服从正态分布。按标准工艺生产此种灯泡，其平均寿命为$\theta_0=1400$。某厂为提高白炽灯泡的平均寿命，改进了当前的生产工艺，并试制了一批新的灯泡。为了考察新工艺能否提高平均寿命，需要进行假设检验。为此设置如下一对假设

$$H_0:\theta=\theta_0=1400 \quad vs \quad H_1:\theta>\theta_0$$

我们如此设置原假设H_0是希望能获得拒绝H_0的结论。

为了检验这对假设，特从新总体（新工艺生产的白炽灯泡）中抽取 n 只做寿命试验，该样本的平均寿命$\overline{X}=1550$。这显示新工艺比老工艺可能会好一些，具体如何还要看样本标准差 s 是大是小。经计算，这个样本均值$\overline{X}$的标准差的估值为$\frac{s}{\sqrt{n}}=118$。

下面我们用置信下限来作检验。在正态总体假设下，平均寿命 θ 的 0.95 置信下限为

$$\hat{\theta}_L=\overline{X}-u_{0.05}\times\frac{s}{\sqrt{n}}=1550-1.645\times118=1356$$

由于$\hat{\theta}_L<\theta_0$，说明θ_0在置信区间$[\hat{\theta}_L,+\infty)$内，故不应该拒绝原假设H_0，即均值$\overline{X}$为 1550 的样本很可能从均值为 1400 的正态总体产生。

工厂分析试验数据，觉得过程的标准差过大，还应该继续改进工艺。经努力，把$\frac{s}{\sqrt{n}}$缩小到 50，若样本均值仍为$\overline{X}=1550$，此时有

$$\hat{\theta}_L=\overline{X}-\frac{u_{0.05}s}{\sqrt{n}}=1550-1.645\times50=1468$$

由于$\hat{\theta}_L>\theta_0$，这说明θ_0没有落在置信下限内，故可拒绝原假设H_0，可以说生产白炽灯的新工艺比老工艺可明显体提高平均寿命。

这个例子显示用置信区间或置信限也可以作假设检验，两者是等价的。

5. 控制犯两类错误的概率确定样本量

前面我们学习了在固定样本容量时，要减小犯第Ⅰ类错误的概率 α 必导致犯第Ⅱ类错误的概率 β 的增大，要减小 β 势比导致增大 α，要使 α 和 β 同时减小，只有不断增加样本容量。可见，犯两类错误的概率都依赖于样本容量，下面我们在正态总体标准差 σ 已知的场合，对正态均值 μ 的单侧和双侧检验讨论通过控制犯两类错误的概率来确定样本容量的问题。

单侧检验：$H_0:\mu\leqslant\mu_0 \quad vs \quad H_1:\mu>\mu_0$

在原假设成立时，检验统计量

$$u=\frac{\bar{x}-\mu_0}{\sigma_0/\sqrt{n}}\sim N(0,1)$$

对于给定的显著性水平 α，其拒绝域为 $W=\{u\geqslant u_\alpha\}$，此时犯Ⅰ类错误的概率不超过 α。

在原假设为假时，有接受域为$\overline{W}=\{u<u_\alpha\}$，设$\mu_1$为$H_1$中的某个点，不妨设$\mu_1=\mu_0+\delta(\delta>0)$，则有犯第Ⅱ类错误的概率为

$$\beta=P_{\mu_1}(u<u_\alpha)=P_{\mu_1}\left(\frac{\overline{X}-\mu_0}{\sigma/\sqrt{n}}<u\right)=P_{\mu_1}\left(\frac{\overline{X}-\mu_1}{\sigma/\sqrt{n}}+\frac{\mu_1-\mu_0}{\sigma/\sqrt{n}}<u_\alpha\right)$$

$$=P_{\mu_1}\left(\frac{\overline{X}-\mu_1}{\sigma/\sqrt{n}}<u_\alpha-\frac{\mu_1-\mu_0}{\sigma/\sqrt{n}}\right)=\Phi\left(u_\alpha-\frac{\delta}{\sigma/\sqrt{n}}\right)$$

利用标准正态分布 β 的分位数μ_β，有

$$u_\alpha - \frac{\delta}{\frac{\sigma}{\sqrt{n}}} = u_{1-\beta} = -u_\beta$$

由此解得：

$$n = \frac{(u_\alpha + u_\beta)^2\sigma^2}{\delta^2}$$

其中，$\delta = \mu_1 - \mu_0$，这就是在 $\mu = \mu_1$处控制 β 所需要的样本量。

同理，对于$H_0: \mu \geqslant \mu_0 \quad vs \quad H_1: \mu < \mu_0$检验问题，有

$$n = \frac{(u_\alpha + u_\beta)^2\sigma^2}{\delta^2}$$

此时 $\delta = |\mu_1 - \mu_0|$。

对于$H_0: \mu = \mu_0 \quad vs \quad H_1: \mu \neq \mu_0$，有水平为 α 的检验的拒绝域为 $W = \{|u| > u_{\alpha/2}$，下面计算犯第Ⅱ类错误的概率，设$\mu_1 = \mu_0 + \delta$，δ 可正可负，有

$$\beta = P_{\mu_1}(-u_{\alpha/2} < u < u_{\alpha/2}) = P_{\mu_1}\left(-u_{\alpha/2} < \frac{\overline{X} - \mu_0}{\sigma/\sqrt{n}} < u_{\alpha/2}\right)$$

$$= P_{\mu_1}\left(-u_{\alpha/2} < \frac{\overline{X} - \mu_1}{\sigma/\sqrt{n}} + \frac{\mu_1 - \mu_0}{\sigma/\sqrt{n}} < u_{\alpha/2}\right)$$

$$= P_{\mu_1}\left(-u_{\alpha/2} - \frac{\mu_1 - \mu_0}{\sigma/\sqrt{n}} < \frac{\overline{X} - \mu_1}{\sigma/\sqrt{n}} < u_{\alpha/2} - \frac{\mu_1 - \mu_0}{\sigma/\sqrt{n}}\right)$$

$$= \Phi\left(u_{\alpha/2} - \frac{\delta}{\frac{\sigma}{\sqrt{n}}}\right) - \Phi\left(-u_{\alpha/2} - \frac{\delta}{\frac{\sigma}{\sqrt{n}}}\right)$$

从而

$$\beta \approx \begin{cases} \Phi\left(u_{\alpha/2} - \frac{\delta\sqrt{n}}{\sigma}\right) & \delta > 0 \\ 1 - \Phi\left(-u_{\alpha/2} - \frac{\delta}{\frac{\sigma}{\sqrt{n}}}\right) & \delta > 0 \end{cases} = \Phi\left(u_{\alpha/2} - \frac{|\delta|\sqrt{n}}{\sigma}\right)$$

利用标准正态分布的 β 分位数 μ_β，有

$$u_{\alpha/2} - \frac{|\delta|\sqrt{n}}{\sigma} = u_{1-\beta} = -u_\beta$$

由此解得：

$$n = \frac{(u_{\alpha/2} + u_\beta)^2\sigma^2}{\delta^2}$$

可见，在正态均值检验中，双侧检验所需要的样本量比单侧检验所需要的样本量要大一些。

5.2.2　单个正态总体方差的假设检验——χ^2检验

前面我们分析了在总体方差已知或未知时，单正态总体均值μ的假设检验问题，下面讨论正态总体方差σ^2的检验。

设$(X_1, X_2, \cdots X_n)$是来自正态总体$N(\mu, \sigma^2)$的一个样本，关于正态方差σ^2的检验问题有如下三种形式：

（1）$H_0: \sigma^2 = \sigma_0^2 \quad vs \quad H_1: \sigma^2 \neq \sigma_0^2$；（其中$\sigma_0^2$是一个已知常数）

（2）$H_0: \sigma^2 \geqslant \sigma_0^2 \quad vs \quad H_1: \sigma^2 < \sigma_0^2$

（3）$H_0: \sigma^2 \leqslant \sigma_0^2 \quad vs \quad H_1: \sigma^2 > \sigma_0^2$

西先考察第一种类型的检验，$H_0: \sigma^2 = \sigma_0^2 \quad vs \quad H_1: \sigma^2 \neq \sigma_0^2$。

由于s^2是σ^2的无偏估计，当H_0成立时，观察值s^2与σ_0^2的比值应该差别不大，根据由第1章的抽样分布定理可知，$\chi^2 = \dfrac{(n-1)s^2}{\sigma^2} \sim \chi^2(n-1)$，设$\sigma_0^2$表示总体方差的某一假定值，则可构造总体方差的检验统计量$\chi^2 = \dfrac{(n-1)s^2}{\sigma_0^2}$。

当原假设$H_0: \sigma^2 = \sigma_0^2$为真时，有统计量

$$\chi^2 = \frac{(n-1)s^2}{\sigma_0^2} \sim \chi^2(n-1)$$

因此对于给定的显著性水平α，参照以前学习的正态总体方差的区间估计方法，取得两个分位点$\chi_{\alpha/2}^2(n-1)$以及$\chi_{1-\alpha/2}^2(n-1)$，满足

$$P[\chi^2 \geqslant \chi_{\alpha/2}^2(n-1)] = \alpha/2 \text{ 且 } P[\chi^2 \leqslant \chi_{1-\alpha/2}^2(n-1)] = \alpha/2$$

从而可得到双侧检验的拒绝域为$\chi^2 \geqslant \chi_{\alpha/2}^2(n-1)$或$\chi^2 \leqslant \chi_{1-\alpha/2}^2(n-1)$。

如果正态总体均值μ已知时，有$\dfrac{X_i - \mu}{\sigma} \sim N(0,1)$，从而有

$$\chi^2 = \sum_{i=1}^{n}\left(\frac{X_i - \mu}{\sigma}\right)^2 = \frac{\sum_{i=1}^{n}(X_i - \mu)^2}{\sigma^2} \sim \chi^2(n)$$

因此在总体均值μ已知时，也可构造如下的检验统计量

$$\chi^2 = \frac{\sum_{i=1}^{n}(X_i - \mu)^2}{\sigma_0^2}$$

注意的是该统计量的使用具有前提条件，一般情况总体均值都是未知的，我们选用$\chi^2 = \dfrac{(n-1)s^2}{\sigma_0^2} \sim \chi^2(n-1)$统计量。

完全类似地讨论，对于正态方差的左侧检验与右侧检验问题，构造的检验统计量仍为卡方统计量，其拒绝域分别为

对于$H_0: \sigma^2 \geqslant \sigma_0^2 \quad vs \quad H_1: \sigma^2 < \sigma_0^2$，拒绝域为$W = \{\chi^2 \leqslant \chi_{1-\alpha}^2(n-1)\}$；

对于$H_0: \sigma^2 \leqslant \sigma_0^2 \quad vs \quad H_1: \sigma^2 > \sigma_0^2$，拒绝域为$W = \{\chi^2 \geqslant \chi_{\alpha}^2(n-1)\}$。

例 5.2.7　啤酒生产企业采用自动生产线灌装啤酒，每瓶的装填量为640ml，但由于受

某些不可控因素的影响，每瓶的装填量会出现太多或太少的情况，影响产品销售，假定生产标准规定每瓶装填量的标准差不应超过且不应低于 4ml，企业质监部门抽取 10 瓶啤酒进行检验，得到的样本标准差为 $s=3.8$ml，试以 0.10 的显著性水平检验装填量的标准差是否符合要求？

解：建立检验 $H_0: \sigma^2=4^2 \quad vs \quad H_1: \sigma^2 \neq 4^2$，

构造检验统计量

$$\chi^2=\frac{(n-1)s^2}{\sigma_0^2}$$

对于显著性水平 0.10，有拒绝域为

$\chi^2 \geqslant \chi^2_{\alpha/2}(n-1)$ 或 $\chi^2 \leqslant \chi^2_{1-\alpha/2}(n-1)$

由 $n=10, \chi^2_{0.05}(9)=16.919, \chi^2_{0.95}(9)=3.325$，$\chi^2=\dfrac{(n-1)S^2}{\sigma_0^2}=8.1225$，可知检验统计量未落入拒绝域，从而接受原假设 H_0，即装填量的标准差符合要求。

例 5.2.8　某种导线的电阻服从 $N(\mu,\sigma^2)$，μ 未知，其中一个质量指标是电阻的标准差不得超过 0.005Ω，现从中收取了 9 根导线进行检测，测的样本标准差为 $s=0.0066$，试问在 $\alpha=0.05$ 水平上能否认为这批导线的电阻波动合格？

解：建立检验 $H_0: \sigma^2 \leqslant 0.005 \quad vs \quad H_1: \sigma^2>0.005$，这是一个单侧检验，

构造检验统计量

$$\chi^2=\frac{(n-1)s^2}{\sigma_0^2}$$

在 $n=9$，$\alpha=0.05$ 时，查表得到 $\chi^2_{0.95}(8)=15.507$，从而拒绝域为

$$W=\{\chi^2 \geqslant 15.507\}$$

根据题设计算有

$$\chi^2=\frac{(n-1)s^2}{\sigma_0^2}=\frac{8\times 0.0066^2}{0.005^2}=13.94<15.507$$

未落入拒绝域，故不能拒绝原假设 H_0，即在 $\alpha=0.05$ 水平上认为这批导线的电阻波动合格。

根据前面学习的 p 值检验法可知，当显著性水平 $\alpha \geqslant p$ 时，拒绝原假设 H_0，当 $\alpha<p$ 时，接受原假设 H_0。

在正态方差检验中，p 值是通过卡方分布计算得到的，记 χ_0^2 为根据样本计算得到的检验统计量的值，其自由度为 $n-1$，从而对于假设检验问题 $H_0: \sigma^2 \leqslant \sigma_0^2 \quad vs \quad H_1: \sigma^2>\sigma_0^2$，有 p 值计算公式为 $P(\chi^2(n-1) \geqslant \chi_0^2)$。其他情形的检验问题，可类似考虑。

综合上述讨论，有正态总体方差的假设检验如表 5－4 所示。

表 5－4　　正态总体方差的假设检验问题（显著性水平为 α）

假设问题	检验统计量	拒绝域
$H_0: \sigma^2=\sigma_0^2 \quad vs \quad H_1: \sigma^2 \neq \sigma_0^2$	$\chi^2=\dfrac{(n-1)s^2}{\sigma_0^2}$	$\chi^2 \geqslant \chi^2_{\alpha/2}(n-1)$ 或 $\chi^2 \leqslant \chi^2_{1-\alpha/2}(n-1)$
$H_0: \sigma^2 \geqslant \sigma_0^2 \quad vs \quad H_1: \sigma^2<\sigma_0^2$		$\chi^2 \leqslant \chi^2_{1-\alpha}(n-1)$
$H_0: \sigma^2 \leqslant \sigma_0^2 \quad vs \quad H_1: \sigma^2>\sigma_0^2$	$\chi^2(n-1)$	$\chi^2 \geqslant \chi^2_{\alpha}(n-1)$

关于χ^2检验还应指出下面几个注释。

（1）上述所列的五个检验不仅用于正态方差检验，还可用于正态标准差检验，因为假设H_0：$\sigma^2 \leqslant \sigma_0^2$与假设$H_0:\sigma \leqslant \sigma_0$是等价的，故其检验法则也是相同的。

（2）上述诸检验的p值亦可由卡方分布算得。

（3）利用对偶关系，由各种检验问题的接受域改写成正态方差σ^2和正态标准差的置信限与置信区间。

5.3　两正态总体参数的假设检验

前面给出了单正态总体参数的假设检验问题，然而在实际应用中，人们常常需要比较两个正态总体的参数有无明显差异，从而引入了两个总体参数的检验问题。比如对某两所学校的教学师资水平进行比较，或比较某两个班级的平均英语成绩，两个城市从业人员的平均收入等。下面我们学习两正态总体均值差与方差比的假设检验问题。

5.3.1　两正态均值差的假设检验

设$(X_1,X_2,\cdots,X_{n_1})$是来自总体$X \sim N(\mu_1,\sigma_1^2)$的一个样本，样本均值和样本方差分别记为$\overline{X},s_1^2$，$(Y_1,Y_2,\cdots,Y_{n_2})$是来自总体$Y \sim N(\mu_2,\sigma_2^2)$的一个样本，样本均值和样本方差分别记为$\overline{Y},s_2^2$，并且这两个总体相互独立，现在检验如下三种情况下的假设

（1）对于双侧检验H_0：$\mu_1=\mu_2$　vs　H_1：$\mu_1 \neq \mu_2$；

（2）对于左侧检验H_0：$\mu_1 \geqslant \mu_2$　vs　H_1：$\mu_1 < \mu_2$；

（3）对于右侧检验H_0：$\mu_1 \leqslant \mu_2$　vs　H_1：$\mu_1 > \mu_2$。

上述三个检验问题分别等价于如下的三个检验问题：

（1）对于双侧检验H_0：$\mu_1-\mu_2=0$　vs　H_1：$\mu_1-\mu_2 \neq 0$；

（2）对于左侧检验H_0：$\mu_1-\mu_2 \geqslant 0$　vs　H_1：$\mu_1-\mu_2<0$；

（3）对于右侧检验H_0：$\mu_1-\mu_2 \leqslant 0$　vs　H_1：$\mu_1-\mu_2>0$。

由于两个正态均值μ_1与μ_2常用各自的样本均值$\overline{X}$与$\overline{Y}$进行估计，其差的分布容易获得

$$\overline{X}-\overline{Y} \sim N\left(\mu_1-\mu_2,\frac{\sigma_1^2}{n_1}+\frac{\sigma_2^2}{n_2}\right)$$

但是该分布中含有两个多余的参数σ_1^2与σ_2^2，给寻找水平为α的检验带来困难。这是因为标准差是度量总体分散程度的统计单位，单位相同的量比较大小较为容易实现，而单位不同的量比较大小就相对麻烦。目前在几种特殊场合寻找到水平为α的检验，在一般场合，至今只寻找到水平近似为α的检验，水平精确为α的检验尚未找到，这在统计发展史上就是有名的Behrens－Fisher问题。

对两正态总体均值的推断分成以下两种情况进行讨论：（1）总体方差σ_1^2与σ_2^2已知；（2）方差σ_1^2与σ_2^2未知。

1. 方差σ_1^2与σ_2^2已知时两正态总体均值差的u检验法

先考虑双侧检验

$$H_0: \mu_1 - \mu_2 = 0 \quad vs \quad H_1: \mu_1 - \mu_2 \neq 0$$

在σ_1^2与σ_2^2已知场合，上述两样本均值差的分布为：

$$\overline{X} - \overline{Y} \sim N\left(\mu_1 - \mu_2, \frac{\sigma_1^2}{n_1} + \frac{\sigma_2^2}{n_2}\right)$$

或

$$\frac{(\overline{X} - \overline{Y}) - (\mu_1 - \mu_2)}{\sqrt{\frac{\sigma_1^2}{n_1} + \frac{\sigma_2^2}{n_2}}} \sim N(0,1)$$

在原假设成立H_0时，可构造检验统计量

$$u = \frac{\overline{X} - \overline{Y}}{\sqrt{\frac{\sigma_1^2}{n_1} + \frac{\sigma_2^2}{n_2}}}$$

由于$\overline{X}$与$\overline{Y}$是总体均值均值μ_1与μ_2的估计，从而当原假设H_0为真时，$\overline{X}$与$\overline{Y}$应该比较接近，差别不是很大，根据单正态总体参数的假设检验可知，此检验问题的拒绝域为 $W = \{|u| \geqslant u_{\alpha/2}\}$。

类似讨论可知，在σ_1^2与σ_2^2已知场合，左侧检验与右侧检验的检验统计量与双侧检验的检验统计量相同，只是拒绝域有所不同，具体表示如下：

检验问题$H_0: \mu_1 - \mu_2 \geqslant 0 \quad vs \quad H_1: \mu_1 - \mu_2 < 0$ 的拒绝域为

$$W = \{u \leqslant -u_\alpha\}$$

检验问题$H_0: \mu_1 - \mu_2 \leqslant 0 \quad vs \quad H_1: \mu_1 - \mu_2 > 0$ 的拒绝域为

$$W = \{u \geqslant u_\alpha\}$$

2. 方差σ_1^2与σ_2^2未知时两正态总体均值差的 t 检验法

两个正态总体方差σ_1^2与σ_2^2都未知的场合，两正态总体均值差$\mu_1 - \mu_2$的假设检验分以下几种情况讨论：

①两正态方差未知但相等，即$\sigma_1^2 = \sigma_2^2 = \sigma^2$；

②两正态方差未知且不等，即$\sigma_1^2 \neq \sigma_2^2$；

③大样本场合，即样本容量n_1与n_2都较大。

（1）$\sigma_1^2 = \sigma_2^2 = \sigma^2$

若记两相互独立样本的样本均值分别为$\overline{X}$与$\overline{Y}$，则其差

$$\overline{X} - \overline{Y} \sim N\left[\mu_1 - \mu_2, \sigma^2\left(\frac{1}{n_1} + \frac{1}{n_2}\right)\right]$$

标准化后，有

$$\frac{(\overline{X} - \overline{Y}) - (\mu_1 - \mu_2)}{\sigma\sqrt{\frac{1}{n_1} + \frac{1}{n_2}}} \sim N(0,1)$$

其中共同方差可用两个样本的和样本做出估计，具体如下：

记两相互独立总体的样本方差分别为s_1^2与s_2^2，和样本的方差s_w^2为

$$s_w^2=\frac{(n_1-1)s_1^2+(n_2-1)s_2^2}{n_1+n_2-2}$$

根据正态总体的抽样分布定理可知，s_1^2与$\overline{X}$相互独立，s_2^2与$\overline{Y}$相互独立，结合两总体的独立性，有s_w^2与$\overline{X}-\overline{Y}$相互独立，可构造 t 分布

$$t=\frac{(\overline{X}-\overline{Y})-(\mu_1-\mu_2)}{s_w\sqrt{\frac{1}{n_1}+\frac{1}{n_2}}}\sim t(n_1+n_2-2)$$

利用这个结论，与单正态总体情况类似，可选用如下的检验统计量

$$t=\frac{\overline{X}-\overline{Y}}{s_w\sqrt{\frac{1}{n_1}+\frac{1}{n_2}}}$$

因此，对于上述三个不同的假设检验问题，在显著性水平为 α 时，构造检验统计量为 $t=\dfrac{\overline{X}-\overline{Y}}{s_w\sqrt{\frac{1}{n_1}+\frac{1}{n_2}}}$，其拒绝域为

假设检验问题$H_0:\mu_1-\mu_2=0\quad vs\quad H_1:\mu_1-\mu_2\neq0$ 的拒绝域为

$$W=\{|t|\geqslant t_{\frac{\alpha}{2}}(n_1+n_2-2)\}$$

假设检验问题$H_0:\mu_1-\mu_2\geqslant0\quad vs\quad H_1:\mu_1-\mu_2<0$ 的拒绝域为

$$W=\{t\leqslant -t_\alpha(n_1+n_2-2)\}$$

假设检验问题$H_0:\mu_1-\mu_2\leqslant0\quad vs\quad H_1:\mu_1-\mu_2>0$ 的拒绝域为

$$W=\{t\geqslant t_\alpha(n_1+n_2-2)\}$$

这些检验都称为双样本的 t 检验。使用这些 t 检验有两个前提：一是两个总体都是正态分布或近似正态分布；二是总体方差相等。有一项研究成果值得参考，当来自两正态总体的两样本量相等（$n_1=n_2$）时，上述 t 检验对方差相等的假设是很稳健的，或者说不很敏感，即两个方差略有相差，t 检验结果仍然是可信的。因此在比较两正态均值时尽量选择样本量相等去做。

（2）$\sigma_1^2\neq\sigma_2^2$

当两正态总体方差不相等时，对于小样本情况，目前尚无精确方法，下面给出一种较好的近似检验方法。

设$(X_1,X_2,\cdots,X_{n_1})$是来自总体 $X\sim N(\mu_1,\sigma_1^2)$的一个样本，样本均值和样本方差分别记为$\overline{X},s_1^2$，$(Y_1,Y_2,\cdots,Y_{n_2})$是来自总体 $Y\sim N(\mu_2,\sigma_2^2)$的一个样本，样本均值和样本方差分别记为$\overline{Y},s_2^2$，并且这两个总体相互独立。

显然有$\overline{X}\sim N\left(\mu_1,\dfrac{\sigma_1^2}{n_1}\right)$，$\overline{Y}\sim N\left(\mu_2,\dfrac{\sigma_2^2}{n_2}\right)$，且两者独立，$\overline{X}-\overline{Y}\sim N\left(\mu_1-\mu_2,\dfrac{\sigma_1^2}{n_1}+\dfrac{\sigma_2^2}{n_2}\right)$，对其进行标准化，有

$$u=\frac{(\overline{X}-\overline{Y})-(\mu_1-\mu_2)}{\sqrt{\frac{\sigma_1^2}{n_1}+\frac{\sigma_2^2}{n_2}}}\sim N(0,1)$$

由于两正态总体的方差未知且不相等，因此不能采用前面的 u 统计量与 t 统计量进行检验，需要构造新的统计量。一个自然的想法就是未知参数σ_1^2与σ_2^2通过各自的无偏估计，即样本方差进行估计后，得到如下的表达式

$$\frac{(\overline{X}-\overline{Y})-(\mu_1-\mu_2)}{\sqrt{\frac{s_1^2}{n_1}+\frac{s_2^2}{n_2}}} \tag{5.3.1}$$

不过上述表示不再服从标准正态分布，且与 t 分布也存在一定的差异。

对于正态总体均值差的假设检验问题，上式（5.3.1）中的参数$\mu_1-\mu_2$通过原假设进行替换后，得到检验统计量

$$t^*=\frac{\overline{X}-\overline{Y}}{\sqrt{\frac{s_1^2}{n_1}+\frac{s_2^2}{n_2}}} \tag{5.3.2}$$

称（5.3.2）式中的统计量t^*为 t 化统计量，近似服从自由度为 l 的 t 分布，其中自由度为 l 为

$$l=\frac{\left(\frac{s_1^2}{n_1}+\frac{s_2^2}{n_2}\right)^2}{\frac{s_1^4}{n_1^2(n_1-1)}+\frac{s_2^4}{n_2^2(n_2-1)}} \tag{5.3.3}$$

当 l 为非整数时，取最接近的整数作为 t 分布的自由度即可。

因此，在构造出检验统计量，并确定其分布后，完全类似前面的讨论，即可得到不同检验问题所对应的拒绝域，具体如下：

假设检验问题$H_0: \mu_1-\mu_2=0 \quad vs \quad H_1: \mu_1-\mu_2\neq 0$ 的拒绝域为

$$W=\{|t^*|\geqslant t_{\frac{\alpha}{2}}(l)\}$$

假设检验问题$H_0: \mu_1-\mu_2\geqslant 0 \quad vs \quad H_1: \mu_1-\mu_2<0$ 的拒绝域为

$$W=\{t^*\leqslant -t_\alpha(l)\}$$

假设检验问题$H_0: \mu_1-\mu_2\leqslant 0 \quad vs \quad H_1: \mu_1-\mu_2>0$ 的拒绝域为

$$W=\{t^*\geqslant t_\alpha(l)\}$$

上述检验有时也称近似双样本的 t 检验。

（3）大样本场合

设$(X_1,X_2,\cdots,X_{n_1})$是来自总体 $X\sim N(\mu_1,\sigma_1^2)$的一个样本，样本均值和样本方差分别记为$\overline{X},s_1^2$，$(Y_1,Y_2,\cdots,Y_{n_2})$是来自总体 $Y\sim N(\mu_2,\sigma_2^2)$的一个样本，样本均值和样本方差分别记为$\overline{Y},s_2^2$，并且这两个总体相互独立。

当样本容量n_1和n_2都较大时，两正态总体方差未知且不等的检验中 t 化统计量的自由 l 也随之增大，譬如在$n_1=n_2=31$ 时，可算得 $l\geqslant 30$。大家知道，当 $l\geqslant 30$ 时自由度为 l 的 t 分布就很接近标准正态分布 $N(0,1)$，因此在样本容量n_1和n_2都较大时，可将（5.3.2）式中的t^*改记为 u，且 u 近似服从标准正态分布 $N(0,1)$。从而可利用双样本的 u 检验得到上述三类检验问题的拒绝域。

假设检验问题$H_0: \mu_1-\mu_2=0 \quad vs \quad H_1: \mu_1-\mu_2\neq 0$ 的拒绝域为

$$W = \{ |u| \geqslant u_{\alpha/2} \}$$

假设检验问题$H_0: \mu_1 - \mu_2 \geqslant 0 \quad vs \quad H_1: \mu_1 - \mu_2 < 0$ 的拒绝域为

$$W = \{ u \leqslant -u_\alpha \}$$

假设检验问题$H_0: \mu_1 - \mu_2 \leqslant 0 \quad vs \quad H_1: \mu_1 - \mu_2 > 0$ 的拒绝域为

$$W = \{ u \geqslant u_\alpha \}$$

例 5.3.1 某开发商对减少底漆的烘干时间非常感兴趣。将选择两种配方的底漆：配方 1 是原标准配方；配方 2 是在原配方中增加干燥材料，以减少烘干时间。

开发商选 20 个相同样品，其中 10 个涂上配方 1 的漆，另 10 个涂上配方 2 的漆，这 20 个样品涂漆顺序是随机的，经试验，两个样本的平均烘干时间分别为$\overline{X} = 121$ 分钟和$\overline{Y} = 112$ 分钟，根据经验，烘干时间的标准差都是 8 分钟，不会受到新材料的影响。现要在显著性水平 $\alpha = 0.05$ 下对新配方能否减少烘干时间做出检验。

解：这里假设两种烘干时间都服从正态分布，并且标准差相等，即

$$X \sim N(\mu_1, \sigma^2), Y \sim N(\mu_2, \sigma^2)$$

其中 $\sigma = 8$。要检验的假设是

$$H_0: \mu_1 = \mu_2 \quad vs \quad H_1: \mu_1 > \mu_2$$

由于总体方差已知，构造检验统计量为 u 统计量：$u = \dfrac{\overline{X} - \overline{Y}}{\sigma \sqrt{\dfrac{1}{n_1} + \dfrac{1}{n_2}}}$。

如果新配方能减少平均烘干时间，那就应拒绝原假设H_0。

由于$\overline{X} = 121$，$\overline{Y} = 112$，$\sigma = 8$，故检验统计量的值为

$$u_0 = \frac{\overline{X} - \overline{Y}}{\sigma \sqrt{\dfrac{1}{n_1} + \dfrac{1}{n_2}}} = \frac{121 - 112}{8 \sqrt{\dfrac{1}{10} + \dfrac{1}{10}}} = 2.52$$

对于显著性水平 $\alpha = 0.05$，拒绝域为

$$W = \{ u \geqslant u_\alpha \} = \{ u \geqslant 1.645 \}$$

由于$u_0 > 1.645$，u_0落入拒绝域，故应拒绝原假设H_0，即新配方的平均烘干时间显著减少。

例 5.3.2 比较两种安眠药 A 与 B 的疗效，对两种药分别抽取 10 个失眠者为实验对象，以 X 表示使用 A 后延长的睡眠时间，Y 表示是使用 B 后延长的睡眠时间，（单位：小时），试验结果如下：

$$X = 1.9, 0.8, 1.1, 0.1, -0.1, 4.4, 5.5, 1.6, 4.6, 3.4$$

$$Y = 0.7, -1.6, -0.2, -1.2, -0.1, 3.4, 3.7, 0.8, 0, 2.0$$

假定 X，Y 分别服从正态分布 $X \sim N(\mu_1, \sigma^2)$，$Y \sim N(\mu_2, \sigma^2)$，且认为这两个总体相互独立，试问两种药的疗效有无显著差异？（显著性水平 $\alpha = 0.01$）

解：根据题意可知，检验问题如下：

$$H_0: \mu_1 = \mu_2 \quad vs \quad H_1: \mu_1 \neq \mu_2$$

总体方差未知但相等，构造检验统计量为

$$t = \frac{\overline{X} - \overline{Y}}{s_w \sqrt{\dfrac{1}{n_1} + \dfrac{1}{n_2}}}$$

其中，$s_w^2=\dfrac{(n_1-1)s_1^2+(n_2-1)s_2^2}{n_1+n_2-2}$

对于显著性水平 $\alpha=0.01$，拒绝域为：$W=\{|t|\geqslant t_{\frac{\alpha}{2}}(n_1+n_2-2)\}=\{|t|\geqslant 2.8784\}$。

根据题意计算，有 $n_1=n_2=10$，$\overline{X}=2.33$，$\overline{Y}=0.75$，$s_1^2=4.132$，$s_2^2=3.201$，检验统计量的值为

$$t_0=\frac{\overline{X}-\overline{Y}}{s_w\sqrt{\dfrac{1}{n_1}+\dfrac{1}{n_2}}}=\frac{2.33-0.75}{\sqrt{\dfrac{9\times 4.132+9\times 3.201}{18}}\sqrt{\dfrac{1}{10}+\dfrac{1}{10}}}=2.2613$$

显然，检验统计量的值未落入拒绝域，从而接受原假设 H_0，即认为两种安眠药的疗效无显著差异。

例 5.3.3　甲乙两种矿石中含铁量分别服从 $N(\mu_1,\sigma_1^2)$ 与 $N(\mu_2,\sigma_2^2)$，现从两种矿石中各取若干样品测其含铁量，其样本量、样本均值以及样本方差分别为

$$甲：n=10,\overline{X}=16.01,s_x^2=10.80$$

$$乙：m=5,\overline{Y}=18.98,s_y^2=0.27$$

试在 $\alpha=0.01$ 的显著性水平下检验“甲矿石含铁量不低于乙矿石的含铁量”这种说法是否成立？

解：检验问题为

$$H_0:\mu_1\geqslant\mu_2\quad vs\quad H_1:\mu_1<\mu_2$$

由于两正态总体的方差未知，且样本方差 s_x^2 与 s_y^2 相差较大，样本容量 n,m 都不大，因此采用 t^* 进行检验，构造检验统计量

$$t^*=\frac{\overline{X}-\overline{Y}}{\sqrt{\dfrac{s_x^2}{n}+\dfrac{s_y^2}{m}}}$$

在原假设 H_0 成立时，上述统计量 t^* 近似服从自由度为 l 的 t 分布，且自由度 l 为

$$l=\left(\frac{s_x^2}{n}+\frac{s_y^2}{m}\right)^2\Bigg/\frac{s_x^4}{n^2(n-1)}+\frac{s_y^4}{m^2(m-1)}=9.87$$

取与其最接近的整数代替，有 $l=10$，在显著性水平 $\alpha=0.01$ 时，$t_{0.01}(10)=-2.7638$，拒绝域为 $W=\{t^*\leqslant -2.7638\}$。

计算检验统计量的值，有

$$t_0{}^*=\frac{\overline{X}-\overline{Y}}{\sqrt{\dfrac{s_x^2}{n}+\dfrac{s_y^2}{m}}}=\frac{16.01-18.98}{\sqrt{\dfrac{10.8}{10}+\dfrac{0.27}{5}}}=-2.78901$$

可见样本落入拒绝域，从而在显著性水平 $\alpha=0.01$ 时，拒绝原假设 H_0，即传统看法认为“甲矿石含铁量不低于乙矿石的含铁量”是不成立的。

在不同条件下，对上述两正态总体均值差的不同类型的假设检验进行总结，可得表 5－5。

表 5－5　独立样本下两个正态总体均值差的检验方法

<table>
<tr><th>检验法</th><th>条件</th><th>假设问题</th><th>检验统计量</th><th>拒绝域</th></tr>
<tr><td rowspan="3">双样本
u 检验</td><td rowspan="3">σ_1^2与σ_2^2
已知</td><td>$H_0: \mu_1 = \mu_2$
$H_1: \mu_1 \neq \mu_2$</td><td rowspan="3">$u = \dfrac{\overline{X} - \overline{Y}}{\sqrt{\dfrac{\sigma_1^2}{n_1} + \dfrac{\sigma_2^2}{n_2}}} \sim N(0,1)$</td><td>$\{\lvert u \rvert \geq u_{\alpha/2}\}$</td></tr>
<tr><td>$H_0: \mu_1 \geq \mu_2$
$H_1: \mu_1 < \mu_2$</td><td>$\{u \leq -u_\alpha\}$</td></tr>
<tr><td>$H_0: \mu_1 \leq \mu_2$
$H_1: \mu_1 > \mu_2$</td><td>$\{u \geq u_\alpha\}$</td></tr>
<tr><td rowspan="3">双样本
t 检验</td><td rowspan="3">σ_1^2与σ_2^2
未知但
相等</td><td>$H_0: \mu_1 = \mu_2$
$H_1: \mu_1 \neq \mu_2$</td><td rowspan="3">$t = \dfrac{\overline{X} - \overline{Y}}{S_\omega \sqrt{\dfrac{1}{n_1} + \dfrac{1}{n_2}}} \sim t(n_1 + n_2 - 2)$
其中$s_w^2 = \dfrac{(n_1 - 1)s_1^2 + (n_2 - 1)s_2^2}{n_1 + n_2 - 2}$</td><td>$\{\lvert t \rvert \geq t_{\frac{\alpha}{2}}(n_1 + n_2 - 2)\}$</td></tr>
<tr><td>$H_0: \mu_1 \geq \mu_2$
$H_1: \mu_1 < \mu_2$</td><td>$\{t \leq -t_\alpha(n_1 + n_2 - 2)\}$</td></tr>
<tr><td>$H_0: \mu_1 \leq \mu_2$
$H_1: \mu_1 > \mu_2$</td><td>$\{t \geq t_\alpha(n_1 + n_2 - 2)\}$</td></tr>
<tr><td rowspan="3">近似双样本
t 检验</td><td rowspan="3">σ_1^2与σ_2^2
未知且
不等</td><td>$H_0: \mu_1 = \mu_2$
$H_1: \mu_1 \neq \mu_2$</td><td rowspan="3">$t^* = \dfrac{\overline{X} - \overline{Y}}{\sqrt{\dfrac{s_1^2}{n_1} + \dfrac{s_2^2}{n_2}}} \sim t(l)$
其中 $l = \dfrac{\left(\dfrac{s_1^2}{n_1} + \dfrac{s_2^2}{n_2}\right)^2}{\dfrac{s_1^4}{n_1^2(n_1 - 1)} + \dfrac{s_2^4}{n_2^2(n_2 - 1)}}$</td><td>$\{\lvert t^* \rvert \geq t_{\frac{\alpha}{2}}(l)\}$</td></tr>
<tr><td>$H_0: \mu_1 \geq \mu_2$
$H_1: \mu_1 < \mu_2$</td><td>$\{t^* \leq -t_\alpha(l)\}$</td></tr>
<tr><td>$H_0: \mu_1 \leq \mu_2$
$H_1: \mu_1 > \mu_2$</td><td>$\{t^* \geq t_\alpha(l)\}$</td></tr>
<tr><td rowspan="3">近似双样本
u 检验</td><td rowspan="3">大样本
情况</td><td>$H_0: \mu_1 = \mu_2$
$H_1: \mu_1 \neq \mu_2$</td><td rowspan="3">$u = \dfrac{\overline{X} - \overline{Y}}{\sqrt{\dfrac{s_1^2}{n_1} + \dfrac{s_2^2}{n_2}}} \sim N(0,1)$</td><td>$\{\lvert u \rvert \geq u_{\alpha/2}\}$</td></tr>
<tr><td>$H_0: \mu_1 \geq \mu_2$
$H_1: \mu_1 < \mu_2$</td><td>$\{u \leq -u_\alpha\}$</td></tr>
<tr><td>$H_0: \mu_1 \leq \mu_2$
$H_1: \mu_1 > \mu_2$</td><td>$\{u \geq u_\alpha\}$</td></tr>
</table>

下面我们针对不同条件下，讨论显著性水平 α 下，两正态总体均值差$\mu_1 - \mu_2$的三种不同的假设检验（双侧检验、左侧检验与右侧检验）的拒绝域与置信水平为 $1 - \alpha$ 置信区间之间的关系。

利用对偶关系，在两正态总体方差已知、未知但相等的情况下，结合上述三种不同假设检验问题的拒绝域，可以给出参数$\mu_1 - \mu_2$的 $1 - \alpha$ 的双侧置信区间以及单侧置信上限或置信下限。

方差σ_1^2与σ_2^2已知时，$\mu_1 - \mu_2$的 $1 - \alpha$ 双侧置信区间为

$$\left[\overline{X} - \overline{Y} - u_{\frac{\alpha}{2}}\sqrt{\frac{\sigma_1^2}{n_1} + \frac{\sigma_2^2}{n_2}}, \overline{X} - \overline{Y} + u_{\frac{\alpha}{2}}\sqrt{\frac{\sigma_1^2}{n_1} + \frac{\sigma_2^2}{n_2}}\right]$$

$\mu_1 - \mu_2$的 $1 - \alpha$ 的单侧置信上限为：$(\mu_1 - \mu_2)_U = \overline{X} - \overline{Y} + u_\alpha\sqrt{\dfrac{\sigma_1^2}{n_1} + \dfrac{\sigma_2^2}{n_2}}$，从而单侧置信区

间为：$\left(-\infty,\overline{X}-\overline{Y}+u_{\alpha}\sqrt{\frac{\sigma_1^2}{n_1}+\frac{\sigma_2^2}{n_2}}\right]$。

$\mu_1-\mu_2$的 $1-\alpha$ 的单侧置信下限为：$(\mu_1-\mu_2)_L=\overline{X}-\overline{Y}-u_{\alpha}\sqrt{\frac{\sigma_1^2}{n_1}+\frac{\sigma_2^2}{n_2}}$；从而单侧置信区间为：$\left[\overline{X}-\overline{Y}-u_{\alpha}\sqrt{\frac{\sigma_1^2}{n_1}+\frac{\sigma_2^2}{n_2}},+\infty\right)$。

方差σ_1^2与σ_2^2未知但相等时，$\mu_1-\mu_2$的 $1-\alpha$ 双侧置信区间为

$$\left[\overline{X}-\overline{Y}-t_{\frac{\alpha}{2}}(n_1+n_2-2)s_w\sqrt{\frac{1}{n_1}+\frac{1}{n_2}},\overline{X}-\overline{Y}+t_{\frac{\alpha}{2}}(n_1+n_2-2)s_w\sqrt{\frac{1}{n_1}+\frac{1}{n_2}}\right]$$

$\mu_1-\mu_2$的 $1-\alpha$ 的单侧置信上限为：$(\mu_1-\mu_2)_U=\overline{X}-\overline{Y}+t_{\alpha}(n_1+n_2-2)s_w\sqrt{\frac{1}{n_1}+\frac{1}{n_2}}$，从而单侧置信区间为

$$\left(-\infty,\overline{X}-\overline{Y}+t_{\alpha}(n_1+n_2-2)s_w\sqrt{\frac{1}{n_1}+\frac{1}{n_2}}\right]$$

$\mu_1-\mu_2$的 $1-\alpha$ 的单侧置信下限为：$(\mu_1-\mu_2)_L=\overline{X}-\overline{Y}-t_{\alpha}(n_1+n_2-2)s_w\sqrt{\frac{1}{n_1}+\frac{1}{n_2}}$；从而单侧置信区间为

$$\left[\overline{X}-\overline{Y}-t_{\alpha}(n_1+n_2-2)s_w\sqrt{\frac{1}{n_1}+\frac{1}{n_2}},+\infty\right)$$

方差σ_1^2与σ_2^2未知且不等时，小样本情况下，$\mu_1-\mu_2$的 $1-\alpha$ 双侧置信区间为

$$\left[\overline{X}-\overline{Y}-t_{\frac{\alpha}{2}}(l)\sqrt{\frac{s_1^2}{n_1}+\frac{s_2^2}{n_2}},\overline{X}-\overline{Y}+t_{\frac{\alpha}{2}}(l)\sqrt{\frac{s_1^2}{n_1}+\frac{s_2^2}{n_2}}\right]$$

$\mu_1-\mu_2$的 $1-\alpha$ 的单侧置信上限为：$(\mu_1-\mu_2)_U=\overline{X}-\overline{Y}+t_{\alpha}(l)\sqrt{\frac{s_1^2}{n_1}+\frac{s_2^2}{n_2}}$，从而单侧置信区间为

$$\left(-\infty,\overline{X}-\overline{Y}+t_{\alpha}(l)\sqrt{\frac{s_1^2}{n_1}+\frac{s_2^2}{n_2}}\right]$$

$\mu_1-\mu_2$的 $1-\alpha$ 的单侧置信下限为：$(\mu_1-\mu_2)_L=\overline{X}-\overline{Y}-t_{\alpha}(l)\sqrt{\frac{s_1^2}{n_1}+\frac{s_2^2}{n_2}}$；从而单侧置信区间为

$$\left[\overline{X}-\overline{Y}-t_{\alpha}(l)\sqrt{\frac{s_1^2}{n_1}+\frac{s_2^2}{n_2}},+\infty\right)$$

大样本情况下，$\mu_1-\mu_2$的 $1-\alpha$ 双侧置信区间为

$$\left[\overline{X}-\overline{Y}-u_{\alpha/2}\sqrt{\frac{s_1^2}{n_1}+\frac{s_2^2}{n_2}},\overline{X}-\overline{Y}+u_{\alpha/2}\sqrt{\frac{s_1^2}{n_1}+\frac{s_2^2}{n_2}}\right]$$

$\mu_1-\mu_2$的 $1-\alpha$ 的单侧置信上限为：$(\mu_1-\mu_2)_U=\overline{X}-\overline{Y}+u_{\alpha}\sqrt{\frac{s_1^2}{n_1}+\frac{s_2^2}{n_2}}$，从而单侧置信区间为

$$\left(-\infty, \overline{X}-\overline{Y}+u_{\alpha}\sqrt{\frac{s_1^2}{n_1}+\frac{s_2^2}{n_2}}\right]$$

$\mu_1-\mu_2$的 $1-\alpha$ 的单侧置信下限为：$(\mu_1-\mu_2)_L=\overline{X}-\overline{Y}-u_{\alpha}\sqrt{\frac{s_1^2}{n_1}+\frac{s_2^2}{n_2}}$；从而单侧置信区间为

$$\left[\overline{X}-\overline{Y}-u_{\alpha}\sqrt{\frac{s_1^2}{n_1}+\frac{s_2^2}{n_2}}, +\infty\right)$$

因此可以类似单正态总体假设检验与置信区间之间的对偶关系，考虑两正态总体假设检验与置信区间之间的对偶关系，即可用置信区间作为两正态均值差的检验，只要查看区间 $[(\mu_1-\mu_2)_L,(\mu_1-\mu_2)_U]$，或 $[(\mu_1-\mu_2)_L,+\infty)$，或$(-\infty,(\mu_1-\mu_2)_U]$中是否含有 0 点，如果含有 0 点，则接受原假设，否则拒绝原假设。

5.3.2 两个正态总体方差比的假设检验——*F* 检验

设$(X_1,X_2,\cdots,X_{n_1})$是来自正态总体 $N(\mu_1,\sigma_1^2)$的一个样本，$\overline{X},S_1^2$分别为样本均值与样本方差，$(Y_1,Y_2,\cdots,Y_{n_2})$是来自正态总体 $N(\mu_2,\sigma_2^2)$的一个样本，样本均值与样本方差分别记为$\overline{Y},S_2^2$，且两样本相互独立，关于两正态方差的比较有如下三个检验：

(1) $H_0: \sigma_1^2=\sigma_2^2 \quad vs \quad H_1: \sigma_1^2\neq\sigma_2^2$

(2) $H_0: \sigma_1^2\geqslant\sigma_2^2 \quad vs \quad H_1: \sigma_1^2<\sigma_2^2$

(3) $H_0: \sigma_1^2\leqslant\sigma_2^2 \quad vs \quad H_1: \sigma_1^2>\sigma_2^2$

这三个检验问题分别等价于如下的三个检验：

(1) $H_0: \frac{\sigma_1^2}{\sigma_2^2}=1 \quad vs \quad H_1: \frac{\sigma_1^2}{\sigma_2^2}\neq 1$

(2) $H_0: \frac{\sigma_1^2}{\sigma_2^2}\geqslant 1 \quad vs \quad H_1: \frac{\sigma_1^2}{\sigma_2^2}<1$

(3) $H_0: \frac{\sigma_1^2}{\sigma_2^2}\leqslant 1 \quad vs \quad H_1: \frac{\sigma_1^2}{\sigma_2^2}>1$

在讲述单正态总体方差的假设检验时，从总体方差σ^2的无偏估计 $s^2=\frac{\sum_{i=1}^{n}(X_i-\overline{X})^2}{n-1}$ 入手来构造检验统计量。对于两正态方差σ_1^2,σ_2^2而言，进行上述假设检验时，能否从样本方差入手构造检验统计量呢?

对于两正态总体的样本方差s_1^2,s_2^2：

$$s_1^2=\frac{\sum_{i=1}^{n_1}(X_i-\overline{X})^2}{n_1-1} \qquad s_2^2=\frac{\sum_{i=1}^{n_2}(Y_i-\overline{Y})^2}{n_2-1}$$

根据单正态总体的抽样分布定理，对于上述两个正态总体，显然有$s_1^2\sim\chi^2(n_1-1)$，$s_2^2\sim\chi^2(n_2-1)$，结合两正态总体的独立性以及 *F* 分布的定义可知

$$F=\frac{s_1^2/\sigma_1^2}{s_2^2/\sigma_2^2}\sim F(n_1-1,n_2-1)$$

从而在原假设H_0：$\sigma_1^2=\sigma_2^2$成立的条件下，有

$$F=\frac{s_1^2}{s_2^2}\sim F(n_1-1,n_2-1) \tag{5.3.4}$$

可见上述表达式（5.3.4）是样本的函数，不包含有任何的未知参数，并且在原假设H_0成立时，分布已知，因此可将其看做两正态总体方差比的检验统计量。

类似前面的讨论，可以得到不同检验问题所对应的拒绝域。

对于假设检验问题 H_0：$\frac{\sigma_1^2}{\sigma_2^2}=1$ vs H_1：$\frac{\sigma_1^2}{\sigma_2^2}\neq 1$，其拒绝域为

$$W=\{F\leqslant F_{1-\frac{\alpha}{2}}(n_1-1,n_2-1)\}\text{或}\{F\geqslant F_{\frac{\alpha}{2}}(n_1-1,n_2-1)\}$$

对于假设检验问题H_0：$\frac{\sigma_1^2}{\sigma_2^2}\geqslant 1$ vs H_1：$\frac{\sigma_1^2}{\sigma_2^2}<1$，其拒绝域为

$$W=\{F<F_{1-\alpha}(n_1-1,n_2-1)\}$$

对于假设检验问题H_0：$\frac{\sigma_1^2}{\sigma_2^2}\leqslant 1$ vs H_1：$\frac{\sigma_1^2}{\sigma_2^2}>1$，其拒绝域为

$$W=\{F>F_{\alpha}(n_1-1,n_2-1)\}$$

这类检验称为 F 检验。由于 F 分布和标准正态分布以及 t 分布不同，F 分布不是对称性分布，同时 F 分布与其倒数之间服从同一类分布，即

$$F\sim F(m,n)\Rightarrow\frac{1}{F}\sim F(m,n)$$

因此在进行 F 检验时，注意 F 分布的分位数之间的关系：

$$F_{\alpha}(n,m)=\frac{1}{F_{1-\alpha}(m,n)}$$

对两正态总体方差的检验进行总结，可得表 5－6。

表 5－6　　两个正态总体方差比的 F 检验（显著性水平为 α）

假设问题	检验统计量	拒绝域
$H_0:\sigma_1^2=\sigma_2^2$ vs $H_1:\sigma_1^2\neq\sigma_2^2$	$F=\frac{s_1^2}{s_2^2}$ $F(n_1-1,n_2-1)$	$F\leqslant F_{1-\alpha/2}(n_1-1,n_2-1)$ 或 $F\geqslant F_{\alpha/2}(n_1-1,n_2-1)$
$H_0:\sigma_1^2\geqslant\sigma_2^2$ vs $H_1:\sigma_1^2<\sigma_2^2$		$F\leqslant F_{1-\alpha}(n_1-1,n_2-1)$
$H_0:\sigma_1^2\leqslant\sigma_2^2$ vs $H_1:\sigma_1^2>\sigma_2^2$		$F\geqslant F_{\alpha}(n_1-1,n_2-1)$

有关假设检验的说明：

（1）假设检验的主要作用是否定，因此拒绝原假设通常有充分的理由，即借助样本数据构造出否定原假设的小概率事件，相反，接受原假设是无充分证据反对原假设的一种被动的选择。

（2）单侧检验的构建，面临着选择不同方向的难题，没有固定的统一标准，主要取决于我们对检验问题的价值判断，在价值判断缺乏有说服力的标准的前提下，不能武断地说哪种假设更为合理。

例 5.3.4 两台车床加工同种零件，分别从两台车床加工的零件中抽取 6 个和 9 个测量其直径，并计算得到$s_1^2=0.345$，$s_2^2=0.375$。假定两车床加工的零件直径服从正态分布，试比较这两台车床加工零件的精度有无显著差异？（$\alpha=0.01$）

解：设两总体 X 和 Y 分别服从正态分布 $N(\mu_1,\sigma_1^2)$与 $N(\mu_2,\sigma_2^2)$，样本方差分别记为s_1^2与s_2^2根据题意，要检验的问题为

$$H_0: \sigma_1^2=\sigma_2^2 \quad vs \quad H_1: \sigma_1^2\neq\sigma_2^2$$

选择检验统计量

$$F=\frac{s_1^2}{s_2^2}$$

对于显著性水平 $\alpha=0.01$，$n_1=6, n_2=9$，有拒绝域为

$$\begin{aligned} W &= \{F\leqslant F_{1-\alpha/2}(n_1-1,n_2-1)\}\cup\{F\geqslant F_{\alpha/2}(n_1-1,n_2-1)\} \\ &= \{F<0.207\}\cup\{F>3.69\} \end{aligned}$$

根据样本信息$s_1^2=0.345$，$s_2^2=0.375$，有

$$F_0=\frac{s_1^2}{s_2^2}=0.92$$

说明检验统计量的值未落入拒绝域，从而接受原假设H_0，即认为两车床加工零件的精度无显著差异。

5.4 成对数据的比较

在对两正态均值μ_1与μ_2进行比较时有一种特殊情况值得注意。当对两个感兴趣总体的观察值是成对收集的时候，每一对观察值(X_i,Y_i)是在近似相同条件下而用不同方式获得的，为了比较两种方式对观察值的影响差异是否显著而进行多次重复试验。具体请看下面的例子。

例 5.4.1 为比较两种谷物种子 A 与 B 的平均产量的高低，特选取 10 块土地，每块按面积均分为两小块，分别种植 A 与 B 两种种子。生长期间的施肥等田间管理在 20 小块土地上都一样，表 5 - 7 列出各小块土地上的单位产量。试问：两种种子 A 与 B 的单位产量在显著性水平 $\alpha=0.05$ 下有无显著差别？

表 5 - 7　　种子 A 与 B 的单位产量

土地号	A 单位产量X_i	B 单位产量Y_i	差$d_i=X_i-Y_i$
1	23	30	-7
2	35	39	-4
3	29	35	-6
4	42	40	2
5	39	38	1
6	29	34	-5
7	37	36	1

续表

土地号	A 单位产量X_i	B 单位产量Y_i	差$d_i = X_i - Y_i$
8	34	33	1
9	35	41	-6
10	28	43	-3
样本均值	$\overline{X} = 33.1$	$\overline{Y} = 35.7$	$\overline{D} = -2.6$
样本方差	$s_A^2 = 33.2110$	$s_B^2 = 14.2333$	$s_D^2 = 12.2668$

解：初看起来，这个问题可归结为两正态分布均值是否相等的检验问题，选择假设检验

$$H_0: \mu_1 = \mu_2 \quad vs \quad H_1: \mu_1 \neq \mu_2$$

使用双样本的检验做出判断。由于两正态总体方差未知且不知是否相等，故可采用前面所讲述的 t 化统计量进行检验。构造检验统计量

$$t^* = \frac{\overline{X} - \overline{Y}}{\sqrt{\frac{s_A^2}{n_1} + \frac{s_B^2}{n_2}}} \sim t(l)$$

$$\text{自由度 } l = \frac{\left(\frac{s_A^2}{n_1} + \frac{s_B^2}{n_2}\right)^2}{\frac{s_A^4}{n_1^2(n_1 - 1)} + \frac{s_B^4}{n_2^2(n_2 - 1)}} = \frac{\left(\frac{33.211}{10} + \frac{14.2333}{10}\right)^2}{\frac{33.211^2}{100 \times 9} + \frac{14.2333^2}{100 \times 9}} = 15.517$$

故取 $l = 16$，在显著性水平 $\alpha = 0.05$ 下，拒绝域为

$$W = \{ |t^*| \geqslant t_{\frac{\alpha}{2}}(l) \} = \{ |t^*| \geqslant 2.120 \}$$

根据上述数据计算，可得

$$t^* = \frac{\overline{X} - \overline{Y}}{\sqrt{\frac{s_A^2}{n_1} + \frac{s_B^2}{n_2}}} = \frac{33.1 - 35.7}{\sqrt{\frac{33.211}{10} + \frac{14.2333}{10}}} = -1.1936$$

可见，统计量的值未落入拒绝域，从而接受原假设H_0，即两种种子的单位产量的均值间无显著差异。

但是从数据来看，我们觉得 B 的平均产量要比 A 的平均产量高。对这个问题进行进一步分析可知，t 化统计量t^*的分母中有两个样本方差s_A^2和s_B^2，其中s_A^2是种子 A 在 10 小块土地上单位产量的样本方差，它既含有种子 A 单位产量的波动，还含有 10 块土地的土质差异，致使s_A^2和s_B^2较大，从而导致不拒绝原假设H_0的判断。

这同时说明，尽管从表面上来看，种子 A 和 B 的单位产量之间是相互独立的，但由于收集数据时外界环境的高度相似，使得种子 A 和 B 的单位产量之间存在高度的相关性，因此不能直接利用两独立的正态总体的检验方法进行判断。

为了使人信服，必须设法从数据分析中排除土质差异等相同环境的影响。一个简单有效的方法就是用减法把第 i 块土地上两个单位产量中所含有土质等影响部分消除，剩下的差

$$d_i = X_i - Y_i, \quad i = 1, 2, \cdots, n$$

仅为两种子对产量的影响差异。可见，用$d_i(i = 1, 2, \cdots, n)$对两种子的优劣做出评价更为合理。这就用上了成对数据带来的信息。

综上所述，我们已经把双总体与双样本在成对数据场合转化为单总体与单样本问题。该总体分布为

$$d = X - Y \sim N(\mu_d, \sigma_d{}^2)$$

其中，$\mu_d = \mu_A - \mu_B$，$\sigma_d{}^2 = \sigma_A{}^2 + \sigma_B{}^2 - 2Cov(X,Y)$。它们都可以用样本直接估计，如

$$\hat{\mu}_d = \bar{d} = \frac{1}{n}\sum_{i=1}^{n} d_i$$

$$\hat{\sigma}_d{}^2 = s_d{}^2 = \frac{1}{n-1}\sum_{i=1}^{n}(d_i - \bar{d})^2$$

而我们要检验的问题修改如下

$$H_0: \mu_d = 0 \quad vs \quad H_1: \mu_d \neq 0$$

对此双侧检验问题，用单样本 t 检验即可。

构造检验统计量

$$t = \frac{\bar{d}}{s_d/\sqrt{n}}$$

在原假设成立时，上述统计量服从自由度为 $n-1$ 的 t 分布，在显著性水平 $\alpha = 0.05$ 下，拒绝域为

$$W = \{|t| \geqslant t_{\frac{\alpha}{2}}(n-1)\} = \{|t| \geqslant 2.262\}$$

计算有

$$t = \frac{\bar{d}}{s_d/\sqrt{n}} = \frac{-2.6}{3.5024/\sqrt{10}} = -2.3476$$

结果表明，检验统计量的值落入拒绝域，从而拒绝原假设H_0，即认为两种种子的单位产量的均值间有显著差异。

为了有效地排除样本个体之间的这些额外差异带来的误差，通常采用匹配样本进行检验，有时也称成对检验。在对两个感兴趣总体的观测值进行收集的时候，每一对观测值是在近似相同的条件下用不同方式获取，称这种收集方式为成对收集。

可见，在对两正态均值进行比较时，数据收集有两种方式：成对收集与不成对收集。

1. 不成对收集

两总体常处于独立状态，并不成对，此时可采用双样本 t 检验。

当方差未知但相等时，选择检验统计量为

$$t = \frac{\bar{X} - \bar{Y}}{S_\omega\sqrt{\frac{1}{n_1} + \frac{1}{n_2}}} \sim t(n_1 + n_2 - 2)$$

其中

$$S_\omega^2 = \frac{(n_1 - 1)s_1^2 + (n_2 - 1)s_2^2}{n_1 + n_2 - 2}$$

当方差未知并且不相等时，选择检验统计量为

$$t^* = \frac{\bar{X} - \bar{Y}}{\sqrt{\frac{s_1^2}{n_1} + \frac{s_2^2}{n_2}}} \sim t(l)$$

其中

$$l=\frac{\left(\frac{s_1^2}{n_1}+\frac{s_2^2}{n_2}\right)^2}{\frac{s_1^4}{n_1^2(n_1-1)}+\frac{s_2^4}{n_2^2(n_2-1)}}$$

2. 成对收集

两总体常呈现较强的正相关状态，采用单样本的 t 检验，统计量为

$$t=\frac{\overline{d}}{s_d/\sqrt{n}}\sim t(n-1)$$

下面对两种不同收集方式进行比较，不妨设两样本量相等，即$n_1=n_2=n$。

$$\overline{d}=\frac{1}{n}\sum_{i=1}^{n}d_i=\frac{1}{n}\sum_{i=1}^{n}(X_i-Y_i)=\overline{X}-\overline{Y}$$

$$var(\overline{d})=var(\overline{X}-\overline{Y})=var(\overline{X})+var(\overline{Y})-2cov(\overline{X},\overline{Y})=\frac{\sigma_1^2}{n}+\frac{\sigma_2^2}{n}-2\frac{\rho\sigma_1\sigma_1}{n}\leqslant\frac{\sigma_1^2}{n}+\frac{\sigma_2^2}{n}$$

这表明：$\overline{X}-\overline{Y}$的方差在正相关场合比在独立场合的方差要小一些，若用$s_d/\sqrt{n}$估计$\overline{d}$的方差，当两总体间存在正相关时，成对数据的 t 检验的分母不会超过双样本 t 检验的分母，如果在成对数据的 t 检验中的分母误用了双样本 t 检验的分母，那将使成对数据检验的显著性大打折扣。

在实际中对成对数据以及不成对数据的两种收集方式该如何选择的问题，没有一般的答案，需要根据实际情况来决定，在个体差异较大的情况下常采用成对数据的收集方法，即在一个个体上先后做两种不同处理，收集成对数据；当个体差异较小时，且施行两种处理结果的相关性也较小时，可用独立样本采集方法，即不成对数据收集方式，这样可提高数据的使用效率。

因此在实际中，我们对两种数据收集方法（成对于不成对）是如何选择呢？在这个问题上没有一般答案，要根据实际情况而确定。譬如，在个体差异较大时，常使用成对数据收集法，即在一个个体上先后做两种不同处理，收集成对数据。在个体差异较小，并且施行两种处理结果相关性也较小时，可采用独立样本采集方法，即不成对数据收集方法，这样的方法可提高数据的使用效率。

5.5　比率的推断

比率是指特定的一组个体（人或物等）在总体中所占的比例，如不合格品率、命中率、电视节目收视率、男婴出生率、色盲率、某年龄段的死亡率、某项政策的支持率等。比率 p 是在实际中常遇到的一种参数。

比率 p 可看做某二点分布 $b(1,p)$ 中的一个参数，若 $X\sim b(1,p)$，则 X 仅可能取 0 或 1 两个值，且 $E(X)=p, Var(X)=p(1-p)$。

这一节将讨论有关 p 的假设检验以及两个比率差的大样本检验问题。

5.5.1 比率 p 的假设检验

设$(X_1, X_2, \cdots, X_n)$是来自二点分布 $b(1,p)$的一个样本，其中参数 p 的检验常有如下三个类型

(1) $H_0: p \leqslant p_0 \quad vs \quad H_1: p > p_0$

(2) $H_0: p \geqslant p_0 \quad vs \quad H_1: p < p_0$

(3) $H_0: p = p_0 \quad vs \quad H_1: p \neq p_0$

其中p_0给定。在样本量 n 给定时，样本之和（即累计频数）服从二项分布，即

$$T = \sum_{i=1}^{n} X_i \sim b(n,p)$$

样本之和 T 是 p 的充分统计量，它概括了样本中的主要信息，它等于样本中“1”的个数，$\overline{X} = T/n$ 就是“1”出现的频率，它是比率 p 的很好估计。由于$\overline{X}$的分布较难操作，而与样本均值$\overline{X}$只差一个因子的样本之和 T 较容易操作，故常用 T 作为检验统计量。

我们先讨论假设检验问题Ⅰ的拒绝域，由于 T 与比率 p 的估计$\overline{X}$成正比例，T 较大比率 p 也会较大，故在检验问题Ⅰ中，T 较大倾向于拒绝原假设$H_0: p \leqslant p_0$，故其拒绝域常有形式 $W_{\text{I}} = \{T \geqslant c\}$，其中 c 是待定的临界值。

类似地，在检验问题Ⅱ中，较小的 T 倾向于拒绝原假设$H_0: p \geqslant p_0$，故其拒绝域为$W_{\text{II}} = \{T \geqslant c'\}$。

在检验问题Ⅲ中，T 较大或较小都会倾向于拒绝原假设$H_0: p = p_0$，故其拒绝域为$W_{\text{III}} = \{T \leqslant c_1$或 $T \geqslant c_2\}$，其中，$c_1 < c_2$。

综上所述，要获得显著性水平下上述三种不同情况下的假设检验问题，就需要确定各自拒绝域中临界值，下面分小样本与大样本两种情况给出确定临界值的方法。

1. 小样本方法

在检验问题Ⅰ中，犯第Ⅰ类错误（拒真错误）的概率可用二项分布计算：

$$\alpha(p) = P(T \geqslant c) = \sum_{i=c}^{n} \binom{n}{i} p^i (1-p)^{n-i}, p \leqslant p_0 \tag{5.5.1}$$

可以看出，$\alpha(p)$是 p 的增函数，故要使上式成立只要控制 $p = p_0$处达到 α 即可，即

$$\sup_{p \leqslant p_0} \alpha(p) = \alpha(p_0) = \sum_{i=c}^{n} \binom{n}{i} p_0{}^i (1-p_0)^{n-i} \leqslant \alpha \tag{5.5.2}$$

上式最后使用不等号是由于 T 是离散分布，等式成立是罕见的。

类似的讨论可知，检验问题Ⅱ的拒绝域 W_{II} 的临界值 c'是满足如下不等式的最大正整数：

$$P(T \leqslant c') = \sum_{i=0}^{c'} \binom{n}{i} p_0{}^i (1-p_0)^{n-i} \leqslant \alpha \tag{5.5.3}$$

而检验问题Ⅲ的拒绝域W_{III}的第一个临界值c_1是满足如下不等式的最大正整数：

$$P(T \leqslant c_1) = \sum_{i=0}^{c_1} \binom{n}{i} p_0{}^i (1-p_0)^{n-i} \leqslant \frac{\alpha}{2} \tag{5.5.4}$$

而第二个临界值c_2是满足如下不等式的最小正整数：

$$P(T \geqslant c_2) = \sum_{i=0}^{c_2} \binom{n}{i} p_0^{\ i}(1-p_0)^{n-i} \leqslant \frac{\alpha}{2} \tag{5.5.5}$$

在样本量不太大时，按上述各式确定各临界值的方法还是可以算的其值的。

2. 大样本方法

在大样本场合，二项概率计算困难，这时可用二项分布的正态近似，即当 $T \sim b(n,p)$，$E(T)=np, Var(T)=np(1-p)$，按中心极限定理，当样本量 n 较大时，当 $p=p_0$时有

$$u = \frac{T - n\,p_0}{\sqrt{n\,p_0(1-p_0)}} = \frac{\overline{X} - p_0}{\sqrt{p_0(1-p_0)/n}} \dot{\sim} N(0,1) \tag{5.5.6}$$

这样就把检验统计量 T 转化为检验统计量 u。由于 u 与 T 是同增同减的量，当用 u 代替 T 时，三个检验问题的拒绝域形式不变。当给定显著性水平 α 后，下述三个检验问题的水平为 α 检验的拒绝域分别为（其中 u 如式（5.5.6）所示）：

$$W_{\mathrm{I}} = \{u \geqslant u_\alpha\}$$

$$W_{\mathrm{II}} = \{u \leqslant -\mu_\alpha\}$$

$$W_{\mathrm{III}} = \{|u| \geqslant \mu_{\alpha/2}\}$$

在使用比率 p 的检验中所涉及数据都为成败型数据（成功与失败、合格与不合格等）。在很多场合都可大量收集，花费也不大，故比率 p 的大样本 u 检验常被选用。使用中还需注意：不仅要样本量 n 较大，还要求 p 不要很靠近 0 或 1，且使 $np \geqslant 5$ 和 $n(1-p) \geqslant 5$ 都要满足。

5.5.2　两个比率差的大样本检验

设$(X_1, X_2, \cdots, X_n)$是来自二点分布 $b(1,p_1)$的一个样本，$(Y_1, Y_2, \cdots, Y_m)$是来自另一个二点分布 $b(1, p_2)$的一个样本，且两个样本相互独立。这里将在大样本场合讨论两比率差 $p_1 - p_2$的假设检验问题。

两个比率差的检验问题常有如下三种形式：

（1）$H_0: p_1 - p_2 \leqslant 0$，$H_1: p_1 - p_2 > 0$

（2）$H_0: p_1 - p_2 \geqslant 0$，$H_1: p_1 - p_2 < 0$

（3）$H_0: p_1 - p_2 = 0$，$H_1: p_1 - p_2 \neq 0$

其中p_1与p_2分别用各自样本均值

$$\hat{p}_1 = \frac{1}{n}\sum_{i=1}^{n} X_i, \quad \hat{p}_2 = \frac{1}{m}\sum_{i=1}^{m} Y_i$$

给出估计。在 n 与 m 都很大的场合，$\hat{p}_1$，$\hat{p}_2$都近似服从正态分布。考虑到两样本的独立性，两者之差$\hat{p}_1 - \hat{p}_2$也近似服从正态分布，即

$$\hat{p}_1 - \hat{p}_2 \dot{\sim} N\left[p_1 - p_2, \frac{p_1(1-p_1)}{n} + \frac{p_2(1-p_2)}{m}\right]$$

或者

$$u = \frac{(\hat{p}_1 - \hat{p}_2) - (p_1 - p_2)}{\sqrt{\dfrac{p_1(1-p_1)}{n} + \dfrac{p_2(1-p_2)}{m}}} \dot{\sim} N(0,1)$$

可以证明，上述三种检验问题都在$p_1=p_2$时犯第1类错误的概率最大，故只要在$p_1=p_2=p$处，使犯第1类的错误概率为α，就可获得水平为α的检验，而在$p_1=p_2=p$时，可以用和样本的频率来估计p，即用

$$\hat{p}=\frac{\sum_{i=1}^{n}X_i+\sum_{i=1}^{m}Y_i}{n+m}=\frac{n\hat{p}_1+m\hat{p}_2}{n+m}$$

估计共同的，它仍是的组合估计，这时可用如下检验统计量

$$u=\frac{\hat{p}_1-\hat{p}_2}{\sqrt{\hat{p}(1-\hat{p})\left(\frac{1}{n}+\frac{1}{m}\right)}}\dot{\sim}N(0,1)$$

对给定的显著性水平α，前述三个检验问题的拒绝域分别为

$$W_{\mathrm{I}}=\{u\geqslant u_\alpha\}$$

$$W_{\mathrm{II}}=\{u\leqslant -u_\alpha\}$$

$$W_{\mathrm{III}}=\{|u|\geqslant u_{\alpha/2}\}$$

根据假设检验与置信区间的对偶关系，可根据上述检验的拒绝域得到接受域，从而得到两个比率差p_1-p_2的$1-\alpha$置信区间。

在大样本场合，p_1-p_2的近似$1-\alpha$置信区间为：

$$\hat{p}_1-\hat{p}_2\pm u_{\alpha/2}\sqrt{\frac{\hat{p}_1(1-\hat{p}_1)}{n}+\frac{\hat{p}_2(1-\hat{p}_2)}{m}}$$

而p_1-p_2的近似$1-\alpha$单侧置信上限为

$$\hat{p}_1-\hat{p}_2+\mu_\alpha\sqrt{\frac{\hat{p}_1(1-\hat{p}_1)}{n}+\frac{\hat{p}_2(1-\hat{p}_2)}{m}}$$

p_1-p_2的近似$1-\alpha$单侧置信下限为

$$\hat{p}_1-\hat{p}_2-\mu_\alpha\sqrt{\frac{\hat{p}_1(1-\hat{p}_1)}{n}+\frac{\hat{p}_2(1-\hat{p}_2)}{m}}$$

5.6　广义似然比检验

这一节我们将介绍用广义似然比去构造检验的另一种方法，它既可以用于参数的假设检验，也可以用于分布的假设检验。

设$X=(X_1,X_2,\cdots,X_n)$是来自密度函数$f(x;\theta)$的一个样本，而参数θ的似然函数记为$L(\theta,x)=\prod_{i=1}^{n}f(x_i;\theta)$，其中参数空间为$\Theta=\{\theta\}$。又设$\Theta_0$与$\Theta_1$为$\Theta$的两个非空不相交的子集（即$\Theta_0\cap\Theta_1=\varphi$），且$\Theta_0\cup\Theta_1=\Theta$。

考察如下的假设检验问题

$$H_0:\theta\in\Theta_0\quad vs\quad H_1:\theta\in\Theta_1 \tag{5.6.1}$$

设$\hat{\theta}$是似然函数$L(\theta,x)$在参数空间Θ上的最大似然估计，即$\hat{\theta}$满足

$$L(\hat{\theta};x)=\max_{\theta\in\Theta}L(\theta,x)$$

又设$\hat{\theta}_0$是似然函数 $L(\theta,x)$ 在原假设Θ_0上的最大似然估计，即

$$L(\hat{\theta}_0;x)=\max_{\theta\in\Theta_0}L(\theta,x)$$

由于两个似然函数值 $L(\hat{\theta};x)$ 与 $L(\hat{\theta}_0;x)$ 都与 θ 无关，且都是样本 x 的函数，故其比值

$$\lambda(x)=\frac{\max\limits_{\theta\in\Theta_0}L(\theta,x)}{\max\limits_{\theta\in\Theta}L(\theta,x)}=\frac{L(\hat{\theta}_0;x)}{L(\hat{\theta};x)} \tag{5.6.2}$$

也与 θ 无关，也是样本 x 的函数，故是统计量，这个统计量称为广义似然比统计量。

因为$\Theta_0\subset\Theta$，显然有 $0\leqslant\lambda(x)\leqslant1$。

还可看出：$\lambda(x)$是检验统计量，因为 $\lambda(x)$的大小能区分检验问题（5.6.1）中的原假设H_0与备择假设H_1，在样本 x 给定下，似然函数是 θ 出现可能性大小的一种度量。如今在广义似然比统计量 $\lambda(x)$中分母相对固定，$\lambda(x)$大小主要决定于其分子，若 $\lambda(x)$的分子偏小，说明参数 θ 的真实值不在原假设H_0中，故倾向于拒绝H_0；反之，若拒绝H_0，θ 的真实值应在备择假设H_1中，从而 $L(\hat{\theta};x)$远大于 $L(\hat{\theta}_0;x)$。故 $\lambda(x)$偏小，由此可见拒绝H_0当且仅当 $\lambda(x)\leqslant c$，即拒绝域为 $W=\{\lambda(x)\leqslant c\}$，其中临界值 c 是介于 0 ~ 1 之间的一个常数，它由给定的显著性水平 $\alpha(0<\alpha<1)$确定，即 c 由下式确定。

$$P(\lambda(x)\leqslant c)=\alpha \tag{5.6.3}$$

这就确定了一个检验，这个检验称为广义似然比检验。

一般说来，广义似然比检验是一个很好的检验，很多地方要用到它。它在假设检验中的地位好比最大似然估计在参数估计中的地位。构造似然比检验的最大困难在于寻找广义似然比统计量 $\lambda(x)$的概率分布。缺失 $\lambda(x)$的分布就很难从式（5.6.3）中定出临界值 c，从而不能形成一个检验。

经过多年研究，统计学家已提出多种方法来确定临界值，譬如：

（1）$\lambda(x)$是另一个统计量 $T(x)$的严格单调函：$\lambda(x)=f(T(x))$。而 $T(x)$的分布较容易被确定，若 f 是严增函数，则 “$\lambda(x)\leqslant c$”与“$T(x)\leqslant c'$” 等价；若 f 是严减函数，则 “$\lambda(x)\leqslant c$” 与“$T(x)\geqslant c'$” 等价，其中 c'可由 $T(x)$的分布确定。具体见下面的例子。

（2）在许可的条件下，用随机模拟法获得 $\lambda(x)$的近似分布，从而获得近似临界值 c。

（3）在大样本场合，在一定条件下，$2ln\lambda(x)$随 n 增大而依分布收敛于卡方分布 $\chi^2(k)$，其中 k 为未知参数 $\theta=(\theta_1,\theta_2,\cdots,\theta_k)$的维数。

广义似然比检验是寻找检验统计量及其拒绝域的另一条思路，这种思路很直观，从广义似然比统计量 $\lambda(x)$的大小来区分原假设的真伪，很多参数的假设检验都可从广义似然比检验获得，此外，区分两个分布也常用广义似然比检验。

设有一个样本 $X=(X_1,X_2,\cdots,X_n)$，它可能来自两个不同的密度函数$f_0(x;\theta)$与$f_1(x;\tau)$中的某一个，对此如何作出统计判断？这是区分两个指定分布的假设检验问题。它的两个假设是

原假设H_0：样本 X 来自$f_0(x;\theta)$，　$\theta\in\Theta_0$

备择假设H_1：样本 X 来自$f_1(x;\tau)$，　$\tau\in\Theta_1$

其中 θ 与 τ 都可以是参数向量，它们所在的参数空间Θ_0与Θ_1之间可能无任何包含关系。Θ_0与Θ_1在这里仅表示各自参数的活动范围，并不示意两个假设，区分两个假设是各自的总体分布，广义似然比检验很适合作这类检验，只要把前述的广义似然比检验稍作改变就可用来作区分两个分布的检验统计量。

在H_0下，参数 θ 的似然函数为 $L_0(\theta,x)=\prod_{i=1}^{n}f_0(x_i;\theta)$，设 $\hat{\theta}$ 为 θ 在Θ_0上的 MLE；在H_1下，参数 τ 的似然函数为 $L_1(\tau,x)=\prod_{i=1}^{n}f_1(x_i;\theta)$，又设$\hat{\tau}$为 τ 在Θ_1上的 MLE。定义如下的广义似然比统计量

$$\lambda(x)=\frac{\max\limits_{\tau\in\Theta_1}L_1(\theta,x)}{\max\limits_{\theta\in\Theta_0}L_0(\theta,x)}=\frac{L_1(\hat{\tau},x)}{L(\hat{\theta};x)}$$

当 $\lambda(x)$相对较大时，说明样本 X 来自p_1比来自p_0的可能性大，应倾向于拒绝原假设H_0，故其拒绝域形式应为

$$W=\{\lambda(x)\geqslant c\} \tag{5.6.4}$$

其中，临界值 c 可由 $\lambda(x)$的分布和给定的显著性水平 $\alpha(0<\alpha<1)$确定。这就是区分两个分布的广义似然比检验。

5.7 习　　题

1. 某种电子元件的寿命服从正态分布 $N(\mu,\sigma^2)$，μ,σ^2 均未知，现测得 16 只元件的寿命如下：

159　280　101　212　224　379　179　264
222　362　168　250　149　260　485　170

问是否有理由认为元件的平均寿命大于 225h？

2. 某种导线的电阻服从 $N(\mu,\sigma^2)$，μ 未知，其中一个质量指标是电阻标准差不得大于 0.005Ω。现从中抽取了 9 根导线测其电阻，测得样本标准差 $s=0.0066$，试问在 $\alpha=0.05$ 水平上能否认为这批导线的电阻波动合格？

3. 某种钢板每块重量 X（单位：kg）服从正态分布，它有一项质量指标是钢板重量的方差 $Var(X)$不得超过 0.018。现从某天生产的钢板中随机抽取 25 块，测其重量，算得样本方差$s^2=0.025$。

（1）该钢板重量的方差是否满足要求。

（2）求该种钢板重量标准差 σ 的 0.95 置信区间。

4. 某医院用一种中药治疗高血压，记录了 50 例治疗前后病人舒张压数据之差，得到其均值为 16.28，样本标准差为 10.58。假定舒张压之差服从正态分布，问：在水平 $\alpha=0.05$ 下该中药对治疗高血压是否有效？

5. 在假设检验中，若检验结果是接受原假设，则检验可能犯哪一类错误？若检验结果是拒绝原假设，则又可能犯哪一类错误？

6. 在一个检验问题中采用 u 检验，其拒绝域为 $\{|u|\geqslant 1.96\}$，根据样本求得 $u_0=-1.25$，求检验的 p 值。

7. 在一个检验问题中采用 u 检验，其拒绝域为 $\{|u|\geqslant 1.645\}$，根据样本求得 $u_0=2.94$，求检验的 p 值。

8. 某厂的产品不合格品率不超过 3%，在一次例行检查中随机抽检 200 只，发现有 8 个不合格品，试问在 $\alpha=0.05$ 下能否认为不合格品率不超过 3%？

9. 每克水泥混合物释放的热量 X（单位：卡路里）服从正态分布 $N(\mu,2^2)$，现用 $n=9$ 的样本来检验原假设 $H_0:\mu=100$，对备择假 $H_1:\mu\neq 100$。

（1）若取显著性水平 $\alpha=0.05$，请写出拒绝域；

（2）若样本均值 $\overline{X}=101.2$，请作出判断；

（3）在 $\mu=103$ 处计算犯第二类错误的概率。

10. 某自动装罐机灌装净重 500 克的洗洁精，根据以往经验知其净重服从 $N(\mu,5^2)$。为了保证净重的均值为 500 克，需要每天对生产过程进行例行检查，以判断灌装线工作是否正常。某日从灌装线上随机抽取 25 瓶称其净重，得到 25 个数据，其均值为 $\overline{X}=496$ 克。若取显著性水平 $\alpha=0.05$，问：当日的灌装线工作是否正常？

11. 某生产线是按两种操作平均装配时间之差为 5 分钟而设计的。两种装配操作的独立样本情况分别为 $n=100,m=50$，$\overline{X}=14.8$ 分钟，$\overline{Y}=10.4$ 分钟，$s_x=0.8$ 分钟，$s_Y=0.6$ 分钟。试就这些数据说明：两种操作平均装配时间差为 5 分钟的实际要求达到与否？（$\alpha=0.05$）

12. 某公司对男女职员的平均小时工资进行了调查，独立抽取了具有同类工作经验的男女职员的两个随机样本，并记录下两个样本的均值、方差等资料信息，假定男女职员的小时工资均服从正态分布，在显著性水平 $\alpha=0.05$ 的条件下，能否认为男女职员的平均小时工资存在显著差异？

已知男性的样本量 $n_1=11$，样本均值为 $\overline{X}_1=75$，样本方差为 $s_1^2=16$；

已知女性的样本量 $n_2=8$，样本均值为 $\overline{X}_2=70$，样本方差为 $s_2^2=10$。

13. 一个随机样本由甲居民区的 100 个家庭组成，另一个随机样本由乙居民区的 150 个家庭组成，调查得到这两个住户样本在当地居民年限的数据分别为：$\overline{X}=133$（月），$\overline{Y}=180$（月），$s_1=60$（月），$s_2=80$（月），试问这些数据是否足以说明甲区家庭在当地居住的平均时间比乙区家庭短（$\alpha=0.01$）？

14. 某光谱仪可测材料中各金属含量（百分含量），为估计该台光谱仪的测量误差，特选出大小相同、金属含量不同的 5 个试块，设每一试块的测量值都服从方差相同的正态分布，其均值可不同。如今对每一试块各重复独立地测量 5 次，分别计算各试块的样本标准差，它们是$s_1=0.09$，$s_2=0.11$，$s_3=0.14$，$s_4=0.10$，$s_5=0.11$。
试求光谱仪测量值标准差 σ 的 0.95 置信区间。

15. 甲、乙两厂生产同一种产品，为比较两厂的产品质量是否一致，现随机从甲厂的产品中抽取 300 件，发现有 14 件不合格品，在乙厂的产品中抽取 400 件，发现有 25 件不合格品。在 $\alpha=0.05$ 水平下检验两厂的不合格品率有无显著差异。

16. 甲、乙两台机床分别加工某种机械轴，轴的直径分别服从正态分布 $N(\mu_1,\sigma_1^2)$ 与 $N(\mu_2,\sigma_2^2)$。为比较两台机床的加工精度与平均直径有无显著差异，从各自加工的轴中分别抽取若干根轴测其直径（单位：mm），结果如表 5－8 所示。

表 5－8

总体	样本容量	直径							
X（机床甲）	8	20.5	19.8	19.7	20.4	20.1	20.0	19.0	19.9
Y（机床乙）	7	20.7	19.8	19.5	20.8	20.4	19.6	20.2	

在显著性水平 $\alpha=0.05$ 下对其进行检验。

17. 在一个由 85 个（汽车发动机用的）机轴组成的样本中有 10 个表面加工较为粗糙而成为次品。对表面抛光进行改进，随之又得 75 个机轴组成的第二个样本，其中 5 件为次品。现要求两个次品率差的95%置信区间。

18. 设 $X=(X_1,X_2,\cdots,X_n)$是来自指数分布 $exp(\lambda)$的一个样本，其密度函数为：

$$p(x;\lambda)=\lambda e^{-\lambda x},\quad x\geqslant 0,\quad \lambda\in\Theta=(0,\infty)$$

现要考察如下单侧检验问题：

$$H_0:\lambda\leqslant\lambda_0 \quad vs \quad H_0:\lambda>\lambda_0$$

下面用广义似然比方法寻求该检验问题的拒绝域。

19. 设 $X=(X_1,X_2,\cdots,X_n)$是来自正态分布 $N(\mu,\sigma^2)$的一个样本，其似然函数为：

$$L(\mu,\sigma^2;x)=(2\pi\sigma^2)^{-\frac{n}{2}}\exp\left\{-\frac{1}{2\sigma^2}\sum_{i=1}^{n}(x_i-\mu)^2\right\}$$

其参数空间为：$\Theta=\{(\mu,\sigma^2);-\infty<\mu+\infty,\sigma^2>0\}$
现要考察如下的双侧检验问题：

$$H_0:\mu=\mu_0 \quad vs \quad H_1:\mu\neq\mu_0$$

其中μ_0为已知常数。现用广义似然比检验来获得其检验统计量及其拒绝域。

20. 测量 20 个某种产品的强度，得如下数据：

35.15　44.62　40.85　45.32　36.08　38.97　32.48　34.36　38.05　26.84

32.68　42.90　35.57　36.64　33.82　42.26　37.88　38.57　32.05　41.50

试问这批数据是来自正态分布，还是双参数指数分布？

21. 区分正态分布 $N(\mu,\sigma^2)$ 与双参数指数分布 $\exp(a,b)$ 的检验两个分布的检验问题中，原假设H_0为正态分布，这样设置可保护正态分布不轻易被拒绝。这样对备择假设H_1（样本来自双参数指数分布）公平吗？

第 6 章　分布的检验

前面学习了各种统计假设的检验方法，几乎都假定了总体服从正态分布，然后由样本对分布参数进行检验，但是在实际问题中，有时不能预知总体服从什么分布，这就需要利用样本来检验关于总体分布的各种假设，即分布的假设检验问题。在数理统计学中，把不依赖于分布的统计方法称为非参数统计方法。

设$(X_1,X_2,\cdots,X_n)$是来自正态总体 X 的一个样本，对总体的分布提出如下假设：

$$H_0: X \text{ 的分布为 } F(x)=F_0(x)$$

其中，$F_0(x)$可以是一个完全已知的分布，也可以是含有若干未知参数的已知分布，这类检验问题统称为分布的检验问题。这类问题很重要，是统计推断的基础性工作。明确了总体分布或其类型就可进一步做深入的统计推断。

分布的检验问题一般只给出原假设H_0，因为它所涉及的备择假设很多，不可能全部列出，也说不清楚。如$F_0(x)$为正态分布，那么一切非正态分布都可以作为备择假设。若想构造水平为 α 检验，有了H_0也就够了。若想考察犯第Ⅱ类错误的概率 β 是多少，那就要明确备择假设中的分布是什么，否则无法确定 β。

这一章将先研究正态分布的检验问题，然后研究一般分布的检验问题。

6.1　正态性检验

一个样本是否来自正态分布的检验称为正态性检验。在这种检验中“样本来自正态分布”是作为原假设H_0而设立的，在H_0为真下，人们根据正态分布特性构造一个统计量或一种特定方法，观察其是否偏离正态性。若偏离到一定程度就拒绝原假设H_0，否则就接受原假设H_0，所以“正态性检验”是指“偏离正态性检验”。譬如，正态概率图就是根据正态分布性质构造一张图，如果其上样本明显不在一条直线上，就认为该样本偏离正态性，从而拒绝正态性假设。这是一种简单、快速检验正态性的方法，值得首先使用，当在正态概率图上发生疑惑时，才转入以下的定量方法。

由于正态分布的重要性，吸引很多统计学家参与正态性检验的研究，先后提出几十种正态性检验的定量方法，经过国内外多人多次用随机模拟方法对它们进行比较，筛选出如下两种正态性检验：

夏洛皮·威尔克（Shapiro - Wilk）检验（$8\leqslant n\leqslant 50$）

爱泼斯·普利（Epps - Pully）检验（$n\geqslant 8$）

这两个检验方法对检验各种非正态分布偏离正态性较为有效，已被国际标准化组织（ISO）认可，形成国际标准 ISO 5479 - 1997，我国也采用这两种方法，形成国家标准 GB/T 4882 - 2001，推广使用。这里首先叙述夏皮洛——威尔克检验，然后再讲爱普斯——普利检验，它们在 $n \leq 8$ 场合无效。

6.1.1 夏皮洛·威尔克（Shapiro – Wilk）检验

夏洛克威尔克检验又简称 W 检验，于 1965 年提出，分以下几步来叙述 W 检验产生的思想和使用方法。

（1）设$(X_1, X_2, \cdots, X_n)$是来自正态总体 $N(\mu, \sigma^2)$的一个样本，$(X_{(1)}, X_{(2)}, \cdots, X_{(n)})$为其次序统计量。令$u_{(i)} = \dfrac{X_{(i)} - \mu}{\sigma}$，则$(u_{(1)}, u_{(2)}, \cdots, u_{(n)})$为来自标准正态分布 $N(0,1)$的次序统计量，且有如下关系

$$X_{(i)} = \mu + \sigma u_{(i)}, \quad (i = 1, 2, \cdots, n) \tag{6.1.1}$$

若把上式中$u_{(i)}$用期望 $E(u_{(i)}) = m_i$代替，会产生误差，记此误差为ε_i，这样上式可改写为

$$X_{(i)} = \mu + \sigma m_i + \varepsilon_i, \quad (i = 1, 2, \cdots, n) \tag{6.1.2}$$

这是一元线性回归模型。由于次序统计量的关系，其中诸ε_i是相关的。若记$\varepsilon = (\varepsilon_1, \varepsilon_2, \cdots, \varepsilon_n)$，则 ε 是均值为零向量，协方差矩阵为 $\mathbf{V} = (v_{ij})$的 n 维随机向量。

若暂时不考虑诸ε_i间的相关性，只考察$X_{(i)}$与m_i间的线性相关性，则 n 个点$(x_{(1)}, m_1)$，$(x_{(2)}, m_2), \cdots, (x_{(n)}, m_n)$应大致呈一条直线，其间误差是由$\varepsilon_i$引起的。$x = (x_{(1)}, x_{(2)}, \cdots, x_{(n)})$与$m = (m_1, m_2, \cdots, m_n)$间的线性相关程度可用其样本相关系数 r 的平方来度量。

$$r^2 = \frac{\left[\sum_{i=1}^{n}(x_{(i)} - \bar{x})(m_i - \bar{m})\right]^2}{\sum_{i=1}^{n}(x_{(i)} - \bar{x})^2 \cdot \sum_{i=1}^{n}(m_i - \bar{m})^2} \tag{6.1.3}$$

r^2越接近 1，x 与 m 间的线性关系越密切。

（2）从另一个角度来看这个相关系数的平方。由于关于原点对称的分布的次序统计量的期望也是对称的，即$m_i = -m_{n+1-i}, (i = 1, 2, \cdots, n)$，且 $\bar{m} = \dfrac{1}{n}\sum_{i=1}^{n} m_i = 0$，由此可以把式子（6.1.3）化简为

$$r^2 = \frac{\left[\sum_{i=1}^{n}(x_{(i)} - \bar{x})(m_i - \bar{m})\right]^2}{\sum_{i=1}^{n}(x_{(i)} - \bar{x})^2 \cdot \sum_{i=1}^{n}(m_i - \bar{m})^2} = \frac{\left[\sum_{i=1}^{n} m_i x_{(i)}\right]^2}{\sum_{i=1}^{n}(x_{(i)} - \bar{x})^2 \cdot \sum_{i=1}^{n} m_i^2}$$

$$= \frac{\left(\sum_{i=1}^{n} m_i^2\right)\hat{\sigma}_1^2}{Q} = k_n \cdot \frac{\hat{\sigma}_1^2}{s^2} \tag{6.1.4}$$

其中，$k_n = \sum_{i=1}^{n} m_i^2 / (n-1)$ 是不依赖于样本的函数，而

$$\hat{\sigma}_1 = \sum_{i=1}^{n} \frac{m_i}{\sum_{i=1}^{n} m_i^2} x_{(i)}, \quad Q = \sum_{i=1}^{n}(x_{(i)} - \bar{x})^2, \quad s^2 = \frac{Q}{n-1}$$

可以看出：$\hat{\sigma}_1$是 σ 的线性无偏估计，这只要注意到 $E(X_{(i)}) = \mu + \sigma m_i$和 $\sum_{i=1}^{n} m_i = 0$

即可。

还可以看出，式（6.1.4）中除去一个与样本无关的因子，其主体是总体平方σ^2的两个估计之比，

分母，s^2对任何总体方差σ^2都是很好的估计，不依赖于正态性假设是否为真。

分子，由于$\hat{\sigma}_1$依赖于诸x_i，所以仅在正态性假设为真时，$\hat{\sigma}_1{}^2$才能成为正态总体σ^2的估计。

可见，在正态性假设为真时，σ^2的这两个估计之间应该相差不大。而当正态性假设不成立时，它们之间的差别就会增大。这种增大的趋势有利于我们识别正态性假设是否成立。这就是我们从σ^2的估计量的角度来看r^2所得到的启示。

（3）为了进一步扩大这个差异，夏皮诺和威尔克把$\hat{\sigma}_1$换成方差更小的线性估计

$$\hat{\sigma}_2 = \sum_{i=1}^{n} a_i x_{(i)}$$

其中系数$a = (a_1, a_2, \cdots, a_n)$有如下性质：

$$a_i = -a_{n+1-i}$$

$$\sum_{i=1}^{n} a_i = 0$$

$$a'a = I$$

这样就把统计量定义为

$$W = \frac{\left[\sum_{i=1}^{n} a_i x_{(i)}\right]^2}{\sum_{i=1}^{n}(x_{(i)} - \bar{x})^2} = \frac{\left[\sum_{i=1}^{n}(x_{(i)} - \bar{x})(a_i - \bar{a})\right]^2}{\sum_{i=1}^{n}(x_{(i)} - \bar{x})^2 \cdot \sum_{i=1}^{n}(a_i - \bar{a})^2}$$

并简称为W检验，它实际上是对n个数对$(x_{(1)}, a_1), (x_{(2)}, a_2), \cdots, (x_{(n)}, a_n)$之间的相关系数的平方。

（4）W检验的拒绝域。由于W是n个数对$(x_{(1)}, a_1), (x_{(2)}, a_2), \cdots, (x_{(n)}, a_n)$之间的相关系数的平方，所以$W$仅在$[0,1]$上取值。

在正态性假设为真下，$x = (x_{(1)}, x_{(2)}, \cdots, x_{(n)})$与$m = (m_1, m_2, \cdots, m_n)$呈现正相关，研究表明，$m = (m_1, m_2, \cdots, m_n)$与$a = (a_1, a_2, \cdots, a_n)$亦呈现正相关，所以$x = (x_{(1)}, x_{(2)}, \cdots, x_{(n)})$与$a = (a_1, a_2, \cdots, a_n)$成正相关，并且$W$值越小越倾向于拒绝正态性假设，在给定显著性水平$\alpha(0 < \alpha < 1)$下，$W$检验的拒绝域为$\{W \leqslant W_\alpha\}$，并且

$$P(\{W \leqslant W_\alpha\}) = \alpha$$

其中，W_α为W分布的α分位数，见附表8。

6.1.2 爱泼斯·普利（Epps－Pully）检验

爱泼斯普利检验简称EP检验。这个检验对$n \geqslant 8$都可以使用，它是利用样本的特征函数与正态分布特征函数之差的模的平方产生的一个加权积分形成的，这里只给出EP检验统计量及其拒绝域。

EP检验的原假设是

$$H_0：总体是正态分布$$

设$(X_1,X_2,\cdots,X_n)$为一个样本，其观察值为$(x_1,x_2,\cdots,x_n)$，样本均值为$\bar{x}$，记

$$m_2 = \frac{1}{n}\sum_{i=1}^{n}(x_i-\bar{x})^2$$

则检验统计量为

$$T_{EP} = 1 + \frac{n}{\sqrt{3}} + \frac{2}{n}\sum_{k=2}^{n}\sum_{j=1}^{k-1}\exp\left\{-\frac{(x_j-x_k)^2}{2m_2}\right\} - \sqrt{2}\sum_{j=1}^{n}\exp\left\{-\frac{(x_j-\bar{x})^2}{4m_2}\right\}$$

对给定的显著性水平 α，拒绝域为 $W=\{T_{EP}\geqslant T_{EP,1-\alpha}(n)\}$，临界值可以在附表 9 中查到。由于 $n=200$ 时，统计量T_{EP}的分位数已非常接近 $n=\infty$的分位数。故 $n>200$ 时，T_{EP}的分位数可以用 $n=200$ 时的分位数代替。

此统计量的计算较为复杂，在大样本时可以通过编写程序来完成。下面的步骤可以帮助我们完成编程计算

（1）存储样本量 n 与样本观察值$(x_1,x_2,\cdots,x_n)$；

（2）计算并存储样本均值 $\bar{x}$ 与样本二阶中心距 $m_2=\frac{1}{n}\sum_{i=1}^{n}(x_i-\bar{x})^2$；

（3）计算并存储 $A=\sum_{j=1}^{n}\exp\left\{-\frac{(x_j-\bar{x})^2}{4m_2}\right\}$；

（4）计算并存储 $B=\sum_{k=2}^{n}\sum_{j=1}^{k-1}\exp\left\{-\frac{(x_j-x_k)^2}{2m_2}\right\}$；

（5）计算并输出$T_{EP}=1+\frac{n}{\sqrt{3}}+\frac{2}{n}B-\sqrt{2}A$。

最后将输出的结果T_{EP}与查表所得结果$T_{EP,1-\alpha}(n)$进行比较，并给出结论。

6.2　科莫戈诺夫检验

现在转入讨论连续分布的检验问题。

设$(X_1,X_2,\cdots,X_n)$是来自某连续分布函数 $F(x)$的一个样本，要检验的原假设是

$$H_0:F(x)=F_0(x) \tag{6.2.1}$$

其中，$F_0(x)$是一个已知特定的连续分布函数，并且不含任何未知参数。

前面曾给出样本经验分布函数$F_n(x)$的概念，即

$$F_n(x)=\frac{1}{n}\sum_{i=1}^{n}I_i(x)$$

其中，$I_i(x)$为如下示性函数：

$$I_i(x)=\begin{cases}1, & x_i\leqslant x\\ 0, & x_i>x\end{cases}\quad i=1,2,\cdots,n$$

并指出，$I_i(x)$相互独立同分布于 $b(1,F(x))$的随机变量。由此可知，不论 $F(x)$是什么形式，对固定的 x，$F_n(x)$总是 $F(x)$的无偏估计和相合估计。再由中心极限定理可知，对固定的 x，在 n 较大时$F_n(x)$有渐近正态分布。

$$F_n(x)\sim N\{F(x),F(x)[1-F(x)]/n\}$$

或

$$\sqrt{n}[F_n(x)-F(x)]\sim N\{0,F(x)[1-F(x)]\}$$

这里的分布收敛性是对每一个 $x\in(-\infty,+\infty)$ 而言的，也就是点点收敛，不是一致收敛，这对构造检验统计量（用于检验原假设H_0）是十分不利的。幸好格里汶克用$F_n(x)$与$F(x)$在$(-\infty,+\infty)$上的最大距离

$$D_n=\sup_{-\infty<x<+\infty}|F_n(x)-F(x)| \tag{6.2.2}$$

定义一个统计量，并证明 $P(\lim\limits_{n\to\infty}D_n)=1$。

这虽然说明，D_n几乎处处以概率 1 趋向于 0，但还没有获得D_n的精确分布或其渐近分布，以至于还不能用D_n做检验统计量，完成原假设H_0的工作。这个问题在 1933 年被苏联数学家柯尔莫哥洛夫解决。下面我们将不做证明地叙述这些重要结果。

首先指出最大距离D_n的一种算法，由于$F_0(x)$与$F_n(x)$都是单调分解函数，故距离$|F_n(x)-F_0(x)|$的上确界可在几个有序样本点$x_{(1)}\leqslant x_{(2)}\leqslant\cdots\leqslant x_{(n)}$上找到，这也就是说

$$D_n=\max\left\{\left|F_0(x_i)-\frac{i-1}{n}\right|,\left|F_0(x_i)-\frac{i}{n}\right|,i=1,2,\cdots,n\right\} \tag{6.2.3}$$

下面用两个定理来叙述柯莫哥洛夫获得的两个重要结果。

定理 6.2.1 设理论分布$F_0(x)$是连续分布函数，则在原假设H_0为真时：

$$P\left(D_n\leqslant\lambda+\frac{1}{2n}\right)=\begin{cases}0, & \lambda\leqslant 0\\ \int_{\frac{1}{2n}-\lambda}^{\frac{1}{2n}+\lambda}\int_{\frac{3}{2n}-\lambda}^{\frac{3}{2n}+\lambda}\cdots\int_{\frac{2n-1}{2n}-\lambda}^{\frac{2n+1}{2n}+\lambda}f(y_1,\cdots y_n)\,dy_1\cdots dy_n, & 0<\lambda\leqslant\dfrac{2n-1}{2n}\\ 1, & \lambda>\dfrac{2n-1}{2n}\end{cases} \tag{6.2.4}$$

其中，

$$f(y_1,\cdots y_n)=f(x)=\begin{cases}n!, & 0<y_1<\cdots<y_n<1\\ 0, & \text{其他}\end{cases}$$

这个定理并不要求已知$F_0(x)$的具体表示，只要求是$F_0(x)$连续分布函数，因此该定理给出的精确分布函数与$F_0(x)$形式无关，只与样本量 n 有关。由于最大距离D_n越大，越倾向于拒绝原假设H_0，故检验H_0的拒绝域应有形式$W=\{D_n\geqslant c\}$。

对于给定的显著性水平 $\alpha(0<\alpha<1)$，可由式子（6.2.4）给出的精确分布确定D_n分布的上侧分位数$D_{n,\alpha}$，使

$$P(D_n\geqslant D_{n,\alpha})=\alpha$$

对于 $n\leqslant 100$，上侧分位数$D_{n,\alpha}$已编制成表，见附表 10。

当 $n>100$ 时，根据定理 6.2.1 计算D_n的分位数已经非常繁琐，这时可用柯莫哥洛夫给出的D_n的渐渐分布算得拒绝域，具体如下：

定理 6.2.2 设理论分布$F_0(x)$是连续分布函数，且不含任何未知参数，则在原假设H_0为真且 n 趋于无穷时

$$P(\sqrt{n}\cdot D_n\leqslant\lambda)\to K(\lambda)=f(x)=\begin{cases}\sum\limits_{j=-\infty}^{+\infty}(-1)^j\cdot\exp\{-2j^2\lambda^2\}, & \lambda<0\\ 0, & \lambda<0\end{cases} \tag{6.2.5}$$

这个定理给出最大距离D_n的渐近分布函数 $K(\lambda)$。附表 11 对 $\lambda=0.2\sim2.49$ 列出算得的$K(\lambda)$的值。由于对原假设H_0做检验时，拒绝域仍为$W=\{D_n\geqslant c\}$，故对给定的显著性水平 α（$0<\alpha<1$），可用式子（6.2.5）确定D_n的上侧分位数$D_{n,\alpha}'$，使得

$$P(D_n\geqslant D_{n,\alpha}')=\alpha \quad 或 \quad P(D_n<D_{n,\alpha})=1-\alpha$$

其中，$D_{n,\alpha}'=\lambda/\sqrt{n}$；$n$ 为样本量，λ 可由 $1-\alpha$ 在附表 11 中查得。

6.3 卡方拟合优度检验

对于分布检验问题，一般只给出原假设，由于它涉及的备择假设很多，不能全部列出，因此一般不用写出。有关总体分布函数的检验主要有正态性检验、柯莫哥诺夫检验以及χ^2拟合优度检验等。

χ^2拟合优度检验是英国统计学家老皮尔逊于 1900 年提出的，主要用于多项分布的检验。χ^2拟合优度检验是用χ^2分布确定拒绝域，简称χ^2检验，但是与正态分布中所学习的正态方差的χ^2检验是不同的，正态方差的χ^2检验主要用样本方差构成了检验统计量，而χ^2拟合优度检验是利用观察频数与期望频数差的平方构成检验统计量。

6.3.1 总体可分为有限类，分布中不含未知参数

先看一个遗传学的例子。

例 6.3.1 19 世纪生物学家孟德尔，按颜色与形状把豌豆分成 4 类

$$A_1=黄而圆的 \qquad A_2=青而圆的$$

$$A_3=黄而有角的 \qquad A_4=青而有角的$$

孟德尔根据遗传学的理论指出，这 4 类豌豆的个数之比为 9:3:3:1，就相当于说，任取一粒豌豆，它属于这 4 类的概率分别为

$$p_1=\frac{9}{16},\quad p_2=\frac{3}{16},\quad p_3=\frac{3}{16},\quad p_4=\frac{1}{16}$$

孟德尔在一次收获的 556 粒豌豆的观察中发现，这 4 粒豌豆的个数分别为

$$O_1=315,\quad O_2=108,\quad O_3=101,\quad O_4=32$$

显然$O_1+O_2+O_3+O_4=n$。由于随机性的存在，诸观察数不会恰好呈 9:3:3:1 的比例，因此就需要根据这些观察数据，对孟德尔的遗传学说进行统计检验。孟德尔的实践向统计学家提出了一个很有意义的问题：一组实际数据与一个给定的多项分布的拟合程度。老让皮尔逊研究了这个问题，提出了χ^2拟合优度检验，解决了这类问题。后经英国统计学家费歇尔推广，这个检验更趋完善，就这样统计学在实践的基础上逐渐得到发展，开创了假设检验的理论与实践。

上述分类数据的检验问题的一般提法如下。

设总体 X 可以分为 r 类，记为$A_1,A_2,\cdots,A_r$，如今要检验的假设为

$$H_0:P(A_i)=p_i,i=1,2,\cdots,r \tag{6.3.1}$$

其中，各个p_i已知，且$p_i\geqslant0$，$\sum_{i=1}^{r}p_i=1$。

现对总体做了 n 次观察，各类出现的观察频数分别记为$O_1,O_2,\cdots,O_r$，且 $\sum_{i=1}^{r} O_i = n$。

若H_0为真，则各概率p_i与频率O_i/n应该相差不大，或各观察频数O_i对期望频数$E_i=np_i$的偏差O_i-E_i不大。据此想法，英国统计学家老皮尔逊提出了一个检验统计量

$$\chi^2 = \sum_{i=1}^{r} \frac{(O_i - E_i)^2}{E_i} \tag{6.3.2}$$

其中取偏差平方是为了把偏差积累起来，每项除以期望频数是要求在期望频数较小时，偏差平方和更小才是合理的。在此基础上，老皮尔逊还证明了如下定理。

定理 6.3.1 设某随机试验有 r 个互不相容事件$A_1,A_2,\cdots,A_r$之一发生，且$p_i=P(A_i)$，$(i=1,2,\cdots,r)$，且 $\sum_{i=1}^{r} p_i = 1$。又设在 n 次独立重复试验中事件A_i的观察频数为O_i，$(i=1,2,\cdots,r)$，$\sum_{i=1}^{r} O_i = n$。若记事件A_i的期望频数为$E_i=n\,p_i$，则有

$$\chi^2 = \sum_{i=1}^{r} \frac{(O_i - E_i)^2}{E_i}$$

在 $n\to\infty$时的极限分布是自由度为 $r-1$ 的χ^2分布。

我们将不给出这个定理的证明，但在最简单场合给出证明。

在 $r=2$ 时，有$O_1+O_2=n$，$p_1+p_2=1$，且$O_1\sim b(n,p_1)$，于是

$$\begin{aligned}\chi^2 &= \frac{(O_1-E_1)^2}{E_1}+\frac{(O_2-E_2)^2}{E_2}=\frac{(O_1-np_1)^2}{np_1}+\frac{[n-O_1-n(1-p_1)]^2}{n(1-p_1)}\\ &=\frac{(O_1-np_1)^2}{np_1}+\frac{(np_1-O_1)^2}{n(1-p_1)}=\frac{(O_1-np_1)^2}{np_1(1-p_1)}=\left[\frac{O_1-np_1}{\sqrt{np_1(1-p_1)}}\right]^2\end{aligned}$$

由中心极限定理，上是最后的括号里应为渐近标准正态分布的变量，其平方为自由度是 1 的卡方变量，这就给出了 $r=2$ 时定理的证明。

从χ^2统计量的结构看，当原假设H_0为真时，和式的每一项分子$(O_i-E_i)^2$相对于分母E_i都不应太大，从而总和也不会太大。如果χ^2过大，人们就会认为原假设H_0不成立。基于此想法，检验的拒绝域应有如下形式

$$W=\{\chi^2 \geqslant c\} \tag{6.3.3}$$

对于给定的显著性水平 α，由分布$\chi^2(r-1)$可确定临界值 $c={\chi_{1-\alpha}}^2(r-1)$。

例 6.3.1（续） 根据上述分析，该例题中需要检验的假设为

$$H_0: P(A_1)=\frac{9}{16},\quad P(A_2)=\frac{3}{16},\quad P(A_3)=\frac{3}{16},\quad P(A_4)=\frac{1}{16}$$

如果孟德尔遗传学说正确，则在被观察到 556 粒豌豆中，属于这 4 类的期望频数应分别为

$$E_1=np_1=556\times\frac{9}{16}=312.75$$

$$E_2=np_2=556\times\frac{3}{16}=104.25$$

$$E_3=np_3=556\times\frac{3}{16}=104.25$$

$$E_4 = np_4 = 556 \times \frac{1}{16} = 34.75$$

它们与实际频数 315，108，101，32 对应之差的绝对值分别为 2.25，3.75，3.25，2.75，由此可算得 χ^2 统计量的值为

$$\chi^2 = \sum_{i=1}^{4} \frac{(O_i - E_i)^2}{E_i} = \frac{2.25^2}{312.75} + \frac{3.75^2}{104.25} + \frac{3.25^2}{104.25} + \frac{2.75^2}{34.75} = 0.47$$

若取显著性水平 $\alpha = 0.05$，由于 $\chi_{1-\alpha}{}^2(r-1) = \chi_{0.95}{}^2(3) = 7.81$，故拒绝域为

$$W = \{\chi^2 \geqslant 7.81\}$$

如今 $\chi^2 = 0.47$，没有落入拒绝域，故应接受原假设 H_0，即孟德尔的遗传学说是可接受的。

上述计算可用统计软件完成，也可列表进行（见表 6－1）。

表 6－1　**孟德尔豌豆试验数据的 χ^2 检验计算表**

i	O_i	p_i	$E_i = np_i$	$\lvert O_i - E_i \rvert$	$\frac{(O_i - E_i)^2}{E_i}$
1	315	$\frac{9}{16}$	312.75	2.25	0.0162
2	108	$\frac{3}{16}$	104.25	3.75	0.1349
3	101	$\frac{3}{16}$	104.25	3.25	0.1013
4	32	$\frac{1}{16}$	34.75	2.75	0.2176
和	556	1.00	556		0.4700

例 6.3.2　把一颗骰子重复抛掷 120 次，结果如表 6－2 所示：

表 6－2　**骰子随机试验结果**

出现的点数	1	2	3	4	5	6
出现的频数	21	28	19	24	16	12

试检验这颗骰子的六个面是否匀称？（取 $\alpha = 0.05$）

解：设总体 X 表示出现的点数，根据题意，提出假设：

$$H_0: P(X = i) = \frac{1}{6}, i = 1, 2, \cdots, 6$$

构造检验统计量

$$\chi^2 = \sum_{i=1}^{6} \frac{(O_i - E_i)^2}{E_i}$$

其中，$E_i = np_i = 20, i = 1, 2, \cdots, 6$，则拒绝域为

$$W = \{\chi^2 \geqslant \chi_{0.95}{}^2(5) = 11.07\}$$

计算检验统计量的值，有

$$\chi^2 = \sum_{i=1}^{6} \frac{(O_i - E_i)^2}{E_i} = \frac{1 + 64 + 1 + 16 + 16 + 64}{20} = 8.1$$

可见，检验统计量未落入拒绝域，从而接受原假设，即认为骰子是均匀的。

在结束本小节前，对拟合优度做一些说明。

拟合优度是什么？简单的回答是，分布检验的 p 值就是拟合优度，在分布的检验中常要问：

（1）实际数据与理论分布是否符合？

（2）若符合，符合程度如何？

在分布检验中对原假设 H_0 做判断，只用拒绝与接受做回答，显然显得不够，能否再提供一个 0～1 之间的数字作为符合程度的数量指标，老皮尔逊研究了这个问题，找到了这个数量指标，并称之为拟合优度。

一般而言，拟合优度越大，说明实际数据与理论分布拟合得越好，该理论分布就获得更多实际数据支持。而显著性水平只是人们设置的一个门槛，当拟合优度低于显著性水平时，拒绝原假设 H_0，拟合优度越低，人们放弃原假设就越放心。当拟合优度高于显著性水平时，接受原假设 H_0。

从历史上看，先由拟合优度，后有 p 值，但拟合优度仅在分布检验中使用，而 p 值可在任意的一个显著性检验中使用，所以柯尔莫哥洛夫检验也是一种拟合优度检验，用完全一致的连续分布去拟合经验分布函数，有精确分布或渐近分布，其 p 值也可算出。

6.3.2　总体可分为有限类，分布中含有未知参数

前面讨论了总体分布中不含未知参数时的 χ^2 拟合优度检验，但是在许多场合，假设 H_0 中只确定了总体分布的类型，而分布中包含有未知参数。这将是这小节讨论的内容。

定理 6.3.2（Fisher 定理）　设某随机试验有 r 个互不相容事件 $A_1, A_2, \cdots, A_r$ 之一发生。记 $p_i = P(A_i), (i=1,2,\cdots,r)$，且 $\sum_{i=1}^{r} p_i = 1$。又诸 p_i 依赖于 k 个未知参数 $\theta_1, \theta_2, \cdots, \theta_k$，即 $p_i = p_i(\theta_1, \theta_2, \cdots, \theta_k), (i=1,2,\cdots,r)$。

再设在该试验的 n 次独立重复试验中事件 A_i 的观察频数为 $O_i (i=1,2,\cdots,r)$，$\sum_{i=1}^{r} O_i = n$。假如 $\hat{\theta}_1, \hat{\theta}_2, \cdots, \hat{\theta}_k$ 分别是在 $O_i, (i=1,2,\cdots,r)$ 基础上的相合估计（如极大似然估计），记 $\hat{p}_i = p_i(\hat{\theta}_1, \hat{\theta}_2, \cdots, \hat{\theta}_k)$，$E_i = n\hat{p}_i$，$(i=1,2,\cdots,r)$。

则在某些一般条件下，统计量

$$\chi^2 = \sum_{i=1}^{r} \frac{(O_i - E_i)^2}{E_i}$$

当 $n \to \infty$ 时的极限分布是自由度为的 $r-k-1$ 的 χ^2 分布。

这个定理扩大了 χ^2 拟合优度检验的使用范围，因为各类出现概率 $P(A_i)$ 中常常含有未知参数，并且未知参数的个数会影响 χ^2 分布的自由度，从而影响其分位数与拒绝域的大小。要记住，“多一个未知参数，就要少一个自由度”。

另外在实际使用中还要注意每类中的期望频数 $E_i = n\,p_i$ 不应过小，若某些期望频数 E_i 过小，就会使检验统计量 χ^2 不能反映观察频数与期望频数间的偏离。关于期望频数 E_i 应取多少，尚无共同意见，大多数作者都建议最小值 $E_i \geqslant 4$ 或 5，本书建议取 $E_i \geqslant 5$ 为宜。当其小于

5 时，常常将相邻的若干类合并，这样就是分类数 r 减少，从而极限分布的自由度减少，最后也会影响拒绝域的临界值。

几点说明：

（1）当 $k=0$ 时，即总体分布中不含有未知参数，定理 6.3.2 即为定理 6.3.1；

（2）χ^2 统计量可用来检验包含有未知参数的分布假设，这种检验方法称为 χ^2 拟合优度检验法，使用该方法时的条件：样本容量 n 要足够大，且每一个理论频数 np_i 不能太小，分组数 r 适中，实际中通常要求 $n\geqslant 50, 5\leqslant r\leqslant 16, np_i\geqslant 5$，当出现 $np_i<5$ 时，需要将相邻的组合并，以使得合并后的组的 $np_i\geqslant 5$，以减小随机性的干扰。

（3）分布中含有未知参数的 χ^2 检验的步骤：

提出原假设：H_0：$F(x)=F_0(x,\theta_1,\theta_2,\cdots,\theta_k)$

计算未知参数 $\theta_1,\theta_2,\cdots,\theta_k$ 的极大似然估计 $\hat{\theta}_1,\hat{\theta}_2,\cdots,\hat{\theta}_k$，并用其代替表达式 $F_0(x,\theta_1,\theta_2,\cdots,\theta_k)$ 中的未知参数，则此时的分布中不含有任何的未知参数，转化为有限类总体中不含有任何未知参数的情形进行检验。注意此时的检验统计量服从自由度为 $r-k-1$ 的 χ^2 分布。

6.3.3　连续分布的拟合检验

设 $(X_1,X_2,\cdots,X_n)$ 是来自连续总体 X 的一个样本，其总体分布未知，现想用一个已知的连续分布函数 $F_0(x)$ 去拟合这批数据，需要对如下假设进行检验

$$H_0:X \text{ 服从连续分布 } F_0(x) \tag{6.3.4}$$

这类问题称为连续分布的拟合检验问题，实际中经常会遇到。这类问题通常可转化为分类数据的 χ^2 检验，具体操作如下。

（1）把 X 的取值范围分成 r 个区间，为此在数轴上插入 $r-1$ 个点：

$$-\infty=a_0<a_1<a_2<\cdots<a_{r-1}<a_1=+\infty$$

可得 r 个区间为：$A_1=(a_0,a_1]$，$A_2=(a_1,a_2],\cdots,A_{r-1}=(a_{r-2},a_{r-1}],A_r=(a_{r-1},a_r)$。

（2）统计样本落入这 r 个区间的频数，记为 $O_i,(i=1,2,\cdots,r)$，并用 $F_0(x)$ 计算落入这 r 个区间内的概率 $p_i,(i=1,2,\cdots,r)$，其中

$$p_i=P\{a_{i-1}<X\leqslant a_i\}=F_0(a_i)-F_0(a_{i-1}),\quad (i=1,2,\cdots,r)$$

（3）若 $F_0(x)$ 还含有个 k 未知参数，则用样本做出这些未知参数的极大似然估计，若 $k=0$，则 $F_0(x)$ 完全已知。

（4）计算期望频数 $E_i=np_i$，若有 $E_i<5$，则把相邻区间合并。

这样就把连续分布的拟合检验转化为分类数据的 χ^2 检检验问题，以下就按照拟合优度检验进行即可。

例 6.3.3　为了研究某种塑料抗压强度的分布，抽取了 200 件塑料制件测定其抗压强度，经整理得频数表，如表 6-3 所示，试在 $\alpha=0.05$ 的显著性水平下检验抗压强度的分布是否为正态分布。

表 6-3　**抗压强度的频数分布表**

抗压强度区间	190～200	200～210	210～220	220～230	230～240	240～250	合计
观察频数	10	26	56	64	30	14	200

解： 提出原假设H_0:混凝土的抗压强度服从正态分布 $N(\mu,\sigma^2)$，

由于分布中含有两个未知参数μ和σ^2，因此需要先求出它们的极大似然估计。μ和σ^2的极大似然估计分别为

$$\hat{\mu} = \frac{1}{n}\sum_{i=1}^{n} O_i x_i = \bar{x}\ ,\ \hat{\sigma}^2 = \frac{1}{n}\sum_{i=1}^{n} O_i (x_i - x)^2 = s_n^2$$

由于题目中只给出了样本的分组信息，因此用组中值代替具体的样本数据，显然有不同区间的组中值为$x_1 = 195, x_2 = 205, x_3 = 215, x_4 = 225, x_5 = 235, x_6 = 245$，于是有

$$\hat{\mu} = \frac{1}{n}\sum_{i=1}^{n} O_i x_i = \frac{1}{200}(195 \times 10 + 205 \times 26 + \cdots + 245 \times 14) = 221$$

$$\hat{\sigma}^2 = \frac{1}{n}\sum_{i=1}^{n} O_i (x_i - x)^2 = \frac{1}{200}(26^2 \times 10 + \cdots + 24^2 \times 14) = 152$$

在$N(221.152)$分布下，计算落在区间$(a_{i-1}, a_i]$内的概率的估计值

$$\hat{p}_i = \Phi\left(\frac{a_i - 221}{\sqrt{152}}\right) - \Phi\left(\frac{a_{i-1} - 221}{\sqrt{152}}\right),\quad i = 1, 2, \cdots, 6$$

通常设定$a_0 = -\infty, a_6 = +\infty$，从而有

$$\hat{p}_1 = \Phi\left(\frac{220 - 221}{\sqrt{152}}\right) = 0.045$$

$$\hat{p}_2 = \Phi\left(\frac{210 - 221}{\sqrt{152}}\right) - \Phi\left(\frac{200 - 221}{\sqrt{152}}\right) = 0.142$$

$$\hat{p}_3 = \Phi\left(\frac{220 - 221}{\sqrt{152}}\right) - \Phi\left(\frac{220 - 221}{\sqrt{152}}\right) = 0.281$$

$$\hat{p}_4 = \Phi\left(\frac{230 - 221}{\sqrt{152}}\right) - \Phi\left(\frac{220 - 221}{\sqrt{152}}\right) = 0.299$$

$$\hat{p}_5 = \Phi\left(\frac{240 - 221}{\sqrt{152}}\right) - \Phi\left(\frac{230 - 221}{\sqrt{152}}\right) = 0.171$$

$$\hat{p}_6 = 1 - \Phi\left(\frac{240 - 221}{\sqrt{152}}\right) = 0.062$$

计算χ^2统计量，有

$$\chi^2 = \sum_{i=1}^{6} \frac{(O_i - E_i)^2}{E_i} = 1.332$$

在显著性水平 $\alpha = 0.05$ 时，有$\chi_{0.05}{}^2(3) = 7.815$，从此拒绝域为 $W = \{\chi^2 \geq \chi_{0.05}{}^2(3) = 7.815\}$，可见计算的统计量的值未落入拒绝域，从而接受原假设，认为断裂强度服从正态分布。

6.3.4　两个多项分布的等同性检验

在实践中有一个问题常需要考察：几个样本是否来自同一个总体？在这里我们首先对两个多项分布是否相同给出一个检验，然后推广到更多个多项分布场合。这一类检验有时被称分布的齐性检验，这里我们称为分布的等同性检验。

设有两个多项总体，它们都被分为 r 个类，各类发生的概率分别为

第一个多项总体：$p_{11}, p_{12}, \cdots, p_{1r}$

第二个多项总体：$p_{21},p_{22},\cdots,p_{2r}$

要检验的原假设为：

$$H_0: p_{1j}=p_{2j}=p_j,\quad j=1,2,\cdots,r \tag{6.3.5}$$

为此，从两个多项总体中分别抽取样本容量为n_1和 n_2的样本，他们在 r 个类中的观察频数分别为：

第一样本：$O_{11},O_{12},\cdots,O_{1r}$，且$O_{11}+O_{12}+\cdots+O_{1r}=n_1$

第二样本：$O_{21},O_{22},\cdots,O_{2r}$，且$O_{21}+O_{22}+\cdots+O_{2r}=n_2$

而各类的期望频数为

$$E_{ij}=n_ip_j, i=1,2;\quad j=1,2,\cdots,r$$

根据定理 6.3.1，知

$$\sum_{j=1}^{r}\frac{(O_{ij}-E_{ij})^2}{E_{ij}}\text{ 的渐近分布为}\chi^2(r-1),\quad i=1,2$$

考虑到两个样本相互独立，还有

$$\sum_{i=1}^{2}\sum_{j=1}^{r}\frac{(O_{ij}-E_{ij})^2}{E_{ij}}\text{ 的渐近分布为}\chi^2(2r-2)$$

下面分两种情况讨论

（1）若原假设H_0为真，并且诸p_j已知，若记

$$E_{ij}'=n_ip_j,\quad i=1,2;\quad j=1,2,\cdots,r \tag{6.3.6}$$

则

$$\sum_{i=1}^{2}\sum_{j=1}^{r}\frac{(O_{ij}-E_{ij})^2}{E_{ij}}\text{ 的渐近分布为}\chi^2(2r-2) \tag{6.3.7}$$

可作为χ^2检验统计量，对原假设H_0作出判断。

（2）若原假设H_0为真，但p_j未知，这时可用合样本（样本容量为n_1+n_2）对诸p_j做出估计，如p_j的极大似然估计

$$\hat{p}_j=\frac{O_{1j}+O_{2j}}{n_1+n_2},\quad j=1,2,\cdots,r$$

这时自由度要减少 $r-1$，因为 $\sum_{j=1}^{r}p_j=1$，所以只需要估计$p_1,p_2,\cdots,p_{r-1}$。若诸p_j仅依赖于个参数，$p_j=p_j(\theta_1,\theta_2,\cdots,\theta_k)$，则先用和样本求诸$\theta_i$的极大似然估计，然后获得$\hat{p}_j=p_j(\hat{\theta}_1,\hat{\theta}_2,\cdots,\hat{\theta}_k)$，这是自由度要减少 k 个。

利用上述诸$\hat{p}_j$可求得各类的期望频数

$$E_{ij}''=n_ip_j,\quad i=1,2;\quad j=1,2,\cdots,r \tag{6.3.8}$$

根据定理 6.3.2，可得检验统计量

$$\chi^2=\sum_{i=1}^{2}\sum_{j=1}^{r}\frac{(O_{ij}-E_{ij})^2}{E_{ij}}\text{ 的渐近分布为}\chi^2(2r-k-2) \tag{6.3.9}$$

这里的自由度$(2r-k-2)$是依据“估计一个参数就要减少一个自由度”的原则确定的。

综上所述，关于两个多项分布是否相同，或者说两个观察样本$(O_{11},O_{12},\cdots,O_{1r})$和$(O_{21},O_{22},\cdots,O_{2r})$，是否来自同一个多项分布，我们获得了两个检验统计量。

若诸分类概率$p_1,p_2,\cdots,p_r$已知，可用渐近分布$\chi^2(2r-2)$的检验统计量进行检验，其期

望频数E_{ij}'如（6.3.6）所示。

若诸分类概率$p_1, p_2, \cdots, p_r$未知，可用渐近分布$\chi^2(2r-k-2)$的检验统计量进行检验，其中期望频数E_{ij}''如（6.3.8）所示。

6.3.5 列联表的独立性检验

为研究某药物对某种疾病的疗效是否与患者的年龄有关，特设计了一项试验，收集了患此种疾病的300名患者连续服此药物一个月，按两种方式（疗效和年龄）把300名患者进行分类。疗效分“显著”、“一般”和“较差”三级。年龄分儿童（15岁以下）、中青年（16～55岁）和老年（56岁以上）三组。试验结果汇总于表6－4中。

表6－4　患者按不同方式分类的列联表

疗效＼年龄	儿童	中青年	老年	行和
显著	58	38	32	128
一般	28	44	45	117
较差	23	18	14	55
列和	109	100	91	300

要研究的问题是：该药物的疗效与年龄是有关还是独立？

这类问题在实际中常会遇到，如对失业人员调查中可按其年龄与文化程度两种方式对失业人员进行分类汇总，也可得如上列联表，研究失业者的年龄与文化程度是否有关。再如某项政策的支持程度与性别是否有关，驾驶员一年内发生的交通事故数与其年龄是否有关等。

一般场合，对n个样品按两种方式分类是对每个样品考察两个特性X_1和X_2，其中X_1有r个类别，X_2有c个类别，这样可以把n个样品按其属性分成rc的类，若O_{ij}表示类的样品数，又称观察频数，把所有的O_{ij}列成$r \times c$二维表（见表6－5），并称其为（二维）列联表。

表6－5　$r \times c$二维观察频数表（二维列联表）

		X_2				行和
		B_1	B_2	$\cdots$	B_c	
X_1	A_1	O_{11}	O_{12}	$\cdots$	O_{1c}	$O_{1\cdot}$
	A_2	O_{21}	O_{22}	$\cdots$	O_{2c}	$O_{2\cdot}$
	$\vdots$	$\vdots$	$\vdots$		$\vdots$	$\vdots$
	A_r	O_{r1}	O_{r2}	$\cdots$	O_{rc}	$O_{r\cdot}$
列和		$O_{\cdot 1}$	$O_{\cdot 2}$	$\cdots$	$O_{\cdot c}$	

通常在二维列联表中按行计行和，按列计列和。具体为：

$$O_{i\cdot} = \sum_{j=1}^{c} O_{ij}, \quad i = 1, 2, \cdots, r$$

$$O_{\cdot j} = \sum_{i=1}^{r} O_{ij}, \quad j = 1,2,\cdots,c$$

$$\sum_{i=1}^{r} O_{i\cdot} = \sum_{j=1}^{c} O_{\cdot j} = \sum_{i=1}^{r} \sum_{j=1}^{c} O_{ij} = n$$

在二维列联表中，人们关心的问题是两个特征X_1和X_2是否独立，称这类问题为列联表的独立性检验问题。为明确表示这个检验问题，需要给出概率模型。这里涉及二维离散性随机变量(X_1, X_2)，并设

$$P[(X_1,X_2) \in A_i \cap B_j] = P(''X_1 \in A_i'' \cap ''X_2 \in B_j'') = p_{ij}$$

其中，$i=1,2,\cdots,r$，$j=1,2,\cdots,c$。又记

$$p_{i\cdot} = P(X_1 \in A_i) = \sum_{j=1}^{c} p_{ij}, \quad i = 1,2,\cdots,r$$

$$p_{\cdot j} = P(X_1 \in B_j) = \sum_{i=1}^{r} p_{ij}, \quad j = 1,2,\cdots,c$$

这里必有

$$\sum_{i=1}^{r} p_{i\cdot} = \sum_{j=1}^{c} p_{\cdot j} = 1$$

那么，当X_1和X_2两个特性独立时，应对一切i,j，有

$$p_{ij} = p_{i\cdot} p_{\cdot j}$$

因此我们要检验的假设为

$$H_0: p_{ij} = p_{i\cdot} p_{\cdot j}, \quad i=1,2; j=1,2,\cdots,c$$

H_1：至少存在一对(i,j)，使$p_{ij} \neq p_{i\cdot} p_{\cdot j}$

这样就把二维列联表的独立性检验问题转化为分类数据（共分 rc 类）的χ^2检验问题，其中 rc 个观察频数O_{ij}如表 6 – 5 所示，而期望频数E_{ij}如表 6 – 6 所示。表中期望频数在原假设H_0成立时为

$$E_{ij} = n p_{ij} = n p_{i\cdot} p_{\cdot j}$$

表 6 – 6　二维期望频数表

		X_2			
		B_1	B_2	…	B_c
X_1	A_1	E_{11}	E_{12}	…	E_{1c}
	A_2	E_{21}	E_{22}	…	E_{2c}
	⋮	⋮	⋮		⋮
	A_r	E_{r1}	E_{r2}	…	E_{rc}

现在来考察所用χ^2分布的自由度是多少。按照定理 6.3.2 知，这里的自由度应该是 $rc-k-1$，其中 k 为该问题中所包含的未知参数的个数。在表 6.3.3 中，诸期望频数E_{ij}中仍然含有 $r+c$ 个未知参数，它们是

$$p_{1\cdot}, p_{2\cdot}, \cdots, p_{r\cdot}; p_{\cdot 1}, p_{\cdot 2}, \cdots, p_{\cdot c}$$

又由于它们间还有两个约束条件：$\sum_{i=1}^{r} p_{i\cdot} = 1, \sum_{j=1}^{c} p_{\cdot j} = 1$，故只有 $k=r+c-2$ 个独立参数需要估计。因此在此为题中的自由度为

$$f = rc - (r + c - 2) - 1 = (r-1)(c-1) \tag{6.3.10}$$

而诸$p_{i\cdot}$与$p_{\cdot j}$的极大似然估计分别为

$$\hat{p}_{i\cdot} = \frac{O_{i\cdot}}{n},\quad i = 1,2,\cdots,r,\ \hat{p}_{\cdot j} = \frac{O_{\cdot j}}{n},\quad j = 1,2,\cdots,c$$

这时用$\hat{p}_{i\cdot}$代替$p_{i\cdot}$，用$\hat{p}_{\cdot j}$代替$p_{\cdot j}$，期望频数$E_{ij} = n\hat{p}_{i\cdot}\hat{p}_{\cdot j}$。而检验假设的$\chi^2$统计量为

$$\chi^2 = \sum_{i=1}^{r}\sum_{j=1}^{c}\frac{(O_{ij} - E_{ij})^2}{E_{ij}} \sim \chi^2[(r-1)(c-1)] \tag{6.3.11}$$

其中，自由度$(r-1)(c-1)$已在式（6.3.10）中算得。在给定显著性水平α后，其拒绝域为

$$W = \{\chi^2 \geqslant \chi^2_{1-\alpha}[(r-1)(c-1)]\} \tag{6.3.12}$$

这里仍要求诸$E_{ij} \geqslant 5$，若不能满足，可把相邻类合并，这时自由度也会相应减少。

6.4 习　　题

1. 把一颗骰子重复抛掷 300 次，结果如表 6－7。

表 6－7

出现的点数	1	2	3	4	5	6
出现的频数	40	70	48	60	52	30

试检验这颗骰子的六个面是否匀称？（取 $\alpha = 0.05$）

2. 将一个正四面体的四个面分别涂成红、黄、蓝、白四种不同颜色，现做抛掷实验，任意抛掷四面体，直到白色的一面与地面接触为止，记录下抛掷次数，如此实验 200 次，其结果如表 6－8 所示。

表 6－8

抛掷的次数	1	2	3	4	≥5
频数	56	48	32	28	36

问这个四面体是否均匀（取 $\alpha = 0.05$）？

3. 抽查某地区三所小学五年级男学生的身高，得数据见表 6－9。

表 6－9

小学	身高数据/cm					
第一	128.1	134.1	133.1	138.9	140.8	127.4
第二	150.3	147.9	136.8	126.0	150.7	155.8
第三	140.6	143.1	144.5	143.7	148.7	146.4

试向该地区三所小学五年级男学生的平均身高是否有显著差异？（$\alpha=0.05$）

4. 用 4 种不同型号的仪器对某种机器零件的七级光洁表面进行检查，每种仪器分别在同一表 面上反复测量 4 次，得数据见表 6 - 10。

表 6 - 10

仪器型号	数据			
1	-0.21	-0.06	-0.17	-0.14
2	0.16	0.08	0.03	0.11
3	0.10	-0.07	0.15	-0.02
4	0.12	-0.14	-0.02	0.11

试从这些数据推断 4 种仪器的平均测量结果有无显著差异（$\alpha=0.05$）？

5. 表 6 - 11 给出了小白鼠在接种 3 种不同菌型伤寒杆菌后的存活日数。

表 6 - 11

菌型	存活日数										
I	2	4	3	2	4	7	7	2	5	4	
n	5	6	8	5	10	7	12	6	6		
ni	7	11	6	6	7	9	5	10	6	3	10

试问 3 种菌型的平均存活日数有无显著差异？（$\alpha=0.05$）

6. 车间里有 5 名工人，有 3 台不同型号的车床生产同一品种的产品，现在让每个工人轮流在 3 台车床上操作，记录其日产量结果见表 6 - 12。

表 6 - 12

车床	工人				
型号	1	2	3	4	5
1	64	73	63	81	78
2	75	66	61	73	80
3	78	67	80	69	71

试问这 5 位工人技术之间和不同车床型号之间对产量有无显著影响？（$\alpha=0.05$）

7. 某实验室里有一批伏特计，它们经常被轮流用来测量电压。现在从中任取 4 只，每只伏特计用来测量电压为 100V 的恒定电动势各 5 次，测得结果见表 6 - 13。

表 6 - 13

伏特计	测定值/V				
A	100. 9	101. 1	100. 8	100. 9	100. 4
B	100. 2	100. 9	101. 0	100. 6	100. 3
C	100. 8	100. 7	100. 7	100. 4	100. 0
D	100. 4	100. 1	100. 3	100. 2	100. 0

试问这几只伏特计之间有无显著差异？（$\alpha=0.05$）

8. 考察温度对某一化工厂产品的得率的影响，选取了 5 种不同的温度，同一温度作了 3 次试验，测得结果见表 6 - 14。

表 6 - 14

温度/C	60	65	70	75	80
得率/%	90	97	96	84	84
	92	93	96	83	86
	88	92	93	88	82
平均得率/%	90	94	95	85	94

（1）试问温度的变化对得率有无显著影响？（$\alpha=0.05$）

（2）求 70*P* 时平均得率的区间估计。（$\alpha=0.05$）

9. 试验 6 种农药，考察它们在杀虫率方面有无明显差异，试验结果见表 6 - 15。

表 6 - 15

农药	Ⅰ	Ⅱ	Ⅲ	Ⅳ	Ⅴ	Ⅵ
杀 虫	87. 4	90. 5	56. 2	55. 5	92. 0	75. 2
	85. 0	88. 5	62. 4	48. 2	99. 2	72. 3
	80. 2	87. 3			95. 3	81. 3
			94. 3			91. 5

试问农药的不同对杀虫率的影响是否显著？（$\alpha=0.05$）

附　　录

附表 1　泊松分布函数表

$$P = (X \leqslant x) = \sum_{k=1}^{x} e^{-\lambda} \frac{\lambda^{k}}{k!}$$

λ \ x	0	1	2	3	4	5	6	7	8	9
0.02	0.980	1.000								
0.04	0.961	0.999	1.000							
0.06	0.942	0.998	1.000							
0.08	0.923	0.997	1.000							
0.10	0.905	0.995	1.000							
0.15	0.861	0.990	0.999	1.000						
0.20	0.819	0.982	0.999	1.000						
0.25	0.779	0.974	0.998	1.000						
0.30	0.741	0.963	0.996	1.000						
0.35	0.705	0.951	0.994	1.000						
0.40	0.670	0.938	0.992	0.999	1.000					
0.45	0.638	0.925	0.989	0.999	1.000					
0.50	0.607	0.910	0.986	0.998	1.000					
0.55	0.577	0.894	0.982	0.998	1.000					
0.60	0.549	0.878	0.977	0.997	1.000					
0.65	0.522	0.861	0.972	0.996	0.999	1.000				
0.70	0.497	0.844	0.966	0.994	0.999	1.000				
0.75	0.472	0.827	0.959	0.993	0.999	1.000				
0.80	0.449	0.809	0.953	0.991	0.999	1.000				
0.85	0.427	0.791	0.945	0.989	0.999	1.000				
0.90	0.407	0.772	0.937	6.987	0.998	1.000				
0.95	0.387	0.754	0.929	0.984	0.997	1.000				
1.00	0.368	0.736	0.920	0.981	0.996	0.999	1.000			
1.1	0.333	0.699	0.900	0.974	0.995	0.999	1.000			
1.2	0.301	0.663	0.879	0.966	0.992	0.998	1.000			
1.3	0.273	0.627	0.857	0.957	0.989	0.998	1.000			
1.4	0.247	0.592	0.833	0.946	0.986	0.997	0.999	1.000		
1.5	0.223	0.558	0.809	0.934	0.981	0.996	0.999	1.000		
1.6	0.202	0.525	0.783	0.921	0.976	0.994	0.999	1.000		
1.7	0.183	0.493	0.757	0.907	0.970	0.992	0.998	1.000		
1.8	0.165	0.463	0.731	0.891	0.964	0.990	0.997	0.999	1.000	
1.9	0.150	0.434	0.704	0.875	0.956	0.987	0.997	0.999	1.000	
2.0	0.135	0.406	0.677	0.857	0.947	0.983	0.995	0.999	1.000	

续表

λ \ x	0	1	2	3	4	5	6	7	8	9
2.2	0.111	0.355	0.623	0.819	0.928	0.975	0.993	0.998	1.000	
2.4	0.091	0.308	0.570	0.779	0.904	0.964	0.989	0.997	0.999	1.000
2.6	0.074	0.267	0.518	0.736	0.877	0.951	0.983	0.995	0.999	1.000
2.8	0.061	0.231	0.469	0.692	0.848	0.935	0.976	0.992	0.998	0.999
3.0	0.050	0.199	0.423	0.647	0.815	0.916	0.966	0.988	0.996	0.999
3.2	0.041	0.171	0.380	0.603	0.781	0.895	0.955	0.983	0.994	0.998
3.4	0.033	0.147	0.340	0.558	0.744	0.871	0.942	0.977	0.992	0.997
3.6	0.027	0.126	0.303	0.515	0.706	0.844	0.927	0.969	0.988	0.996
3.8	0.022	0.107	0.269	0.473	0.668	0.816	0.909	0.960	0.984	0.994
4.0	0.018	0.092	0.238	0.433	0.629	0.785	0.889	0.949	0.979	0.992
4.2	0.015	0.078	0.210	0.395	0.590	0.753	0.867	0.936	0.972	0.989
4.4	0.012	0.066	0.185	0.359	0.551	0.720	0.844	0.921	0.964	0.985
4.6	0.010	0.056	0.163	0.326	0.513	0.686	0.818	0.905	0.955	0.980
4.8	0.008	0.048	0.143	0.294	0.476	0.651	0.791	0.887	0.944	0.975
5.0	0.007	0.040	0.125	0.265	0.440	0.616	0.762	0.867	0.932	0.968
5.2	0.006	0.034	0.109	0.238	0.406	0.581	0.732	0.845	0.918	0.960
5.4	0.005	0.029	0.095	0.213	0.373	0.546	0.702	0.822	0.903	0.951
5.6	0.004	0.024	0.082	0.191	0.342	0.512	0.670	0.797	0.886	0.941
5.8	0.003	0.021	0.072	0.170	0.313	0.478	0.638	0.771	0.867	0.929
6.0	0.002	0.017	0.062	0.151	0.285	0.446	0.606	0.744	0.847	0.916

λ \ x	10	11	12	13	14	15	16
2.8	1.000						
3.0	1.000						
3.2	1.000						
3.4	0.999	1.000					
3.6	0.999	1.000					
3.8	0.998	0.999	1.000				
4.0	0.997	0.999	1.000				
4.2	0.996	0.999	1.000				
4.4	0.994	0.998	0.999	1.000			
4.6	0.992	0.997	0.999	1.000			
4.8	0.990	0.996	0.999	1.000			
5.0	0.986	0.995	0.998	0.999	1.000		
5.2	0.982	0.993	0.997	0.999	1.000		
5.4	0.977	0.990	0.996	0.999	1.000		
5.6	0.972	0.988	0.995	0.998	0.999	1.000	
5.8	0.965	0.984	0.993	0.997	0.999	1.000	
6.0	0.957	0.980	0.991	0.996	0.999	0.999	1.000

续表

λ \ x	0	1	2	3	4	5	6	7	8	9
6.2	0.002	0.015	0.054	0.134	0.259	0.414	0.574	0.716	0.826	0.902
6.4	0.002	0.012	0.046	0.119	0.235	0.384	0.542	0.687	0.803	0.886
6.6	0.001	0.010	0.040	0.105	0.213	0.355	0.511	0.658	0.780	0.869
6.8	0.001	0.009	0.034	0.093	0.192	0.327	0.480	0.628	0.755	0.850
7.0	0.001	0.007	0.030	0.082	0.173	0.301	0.450	0.599	0.729	0.830
7.2	0.001	0.006	0.025	0.072	0.156	0.276	0.420	0.569	0.703	0.810
7.4	0.001	0.005	0.022	0.063	0.140	0.253	0.392	0.539	0.676	0.788
7.6	0.001	0.004	0.019	0.055	0.125	0.231	0.365	0.510	0.648	0.765
7.8	0.000	0.004	0.016	0.048	0.112	0.210	0.338	0.481	0.620	0.741
8.0	0.000	0.003	0.014	0.042	0.100	0.191	0.313	0.453	0.593	0.717
8.5	0.000	0.002	0.009	0.030	0.074	0.150	0.256	0.386	0.523	0.653
9.0	0.000	0.001	0.006	0.021	0.055	0.116	0.207	0.324	0.456	0.587
9.5	0.000	0.001	0.004	0.015	0.040	0.089	0.165	0.269	0.392	0.522
10.0	0.000	0.000	0.003	0.010	0.029	0.067	0.130	0.220	0.333	0.458

λ \ x	10	11	12	13	14	15	16	17	18	19
6.2	0.949	0.975	0.989	0.995	0.998	0.999	1.000			
6.4	0.939	0.969	0.986	0.994	0.997	0.999	1.000			
6.6	0.927	0.963	0.982	0.992	0.997	0.999	0.999	1.000		
6.8	0.915	0.955	0.978	0.990	0.996	0.998	0.999	1.000		
7.0	0.901	0.947	0.973	0.987	0.994	0.998	0.999	1.000		
7.2	0.887	0.937	0.967	0.984	0.993	0.997	0.999	0.999	1.000	
7.4	0.871	0.926	0.961	0.980	0.991	0.996	0.998	0.999	1.000	
7.6	0.854	0.915	0.954	0.976	0.989	0.995	0.998	0.999	1.000	
7.8	0.835	0.902	0.945	0.971	0.986	0.993	0.997	0.999	1.000	
8.0	0.816	0.888	0.936	0.966	0.983	0.992	0.996	0.998	0.999	1.000
8.5	0.763	0.849	0.909	0.949	0.973	0.986	0.993	0.997	0.999	0.999
9.0	0.706	0.803	0.876	0.926	0.959	0.978	0.989	0.995	0.998	0.999
9.5	0.645	0.752	0.836	0.898	0.940	0.967	0.982	0.991	0.996	0.998
10.0	0.583	0.697	0.792	0.864	0.917	0.951	0.973	0.986	0.993	0.997

λ \ x	20	21	22							
8.5	1.000									
9.0	1.000									
9.5	0.999	1.000								
10.0	0.998	0.999	1.000							

λ \ x	0	1	2	3	4	5	6	7	8	9
10.5	0.000	0.000	0.002	0.007	0.021	0.050	0.102	0.179	0.279	0.397
11.0	0.000	0.000	0.001	0.005	0.015	0.038	0.079	0.143	0.232	0.341
11.5	6.000	0.000	0.001	0.003	0.011	0.028	0.060	0.114	0.191	0.289

续表

λ \ x	0	1	2	3	4	5	6	7	8	9
12.0	0.000	0.000	0.001	0.002	0.008	0.020	0.046	0.090	0.155	0.242
12.5	0.000	0.000	0.000	0.002	0.005	0.015	0.035	0.070	0.125	0.201
13.0	0.000	0.000	0.000	0.001	0.004	0.011	0.026	0.054	0.100	0.166
13.5	0.000	0.000	0.000	0.001	0.003	0.008	0.019	0.041	0.079	0.135
14.0	0.000	0.000	0.000	0.000	0.002	0.006	0.014	0.032	0.062	0.109
14.5	0.000	0.000	0.000	0.000	0.001	0.004	0.010	0.024	0.048	0.088
15.0	0.000	0.000	0.000	0.000	0.001	0.003	0.008	0.018	0.037	0.070

λ \ x	10	11	12	13	14	15	16	17	18	19
10.5	0.521	0.639	0.742	0.825	0.888	0.932	0.960	0.978	0.988	0.994
11.0	0.460	0.579	0.689	0.781	0.854	0.907	0.944	0.968	0.982	0.991
11.5	0.402	0.520	0.633	0.733	0.815	0.878	0.924	0.954	0.974	0.986
12.0	0.347	0.462	0.576	0.682	0.772	0.844	0.899	0.937	0.963	0.979
12.5	0.297	0.406	0.519	0.628	0.725	0.806	0.869	0.916	0.948	0.969
13.0	0.252	0.353	0.463	0.573	0.675	0.764	0.835	0.890	0.930	0.957
13.5	0.211	0.304	0.409	0.518	0.623	0.718	0.798	0.861	0.908	0.942
14.0	0.176	0.260	0.358	0.464	0.570	0.669	0.756	0.827	0.883	0.923
14.5	0.145	0.220	0.311	0.413	0.518	0.619	0.711	0.790	0.853	0.901
15.0	0.118	0.185	0.268	0.363	0.466	0.568	0.664	0.749	0.819	0.875

λ \ x	20	21	22	23	24	25	26	27	28	29
10.5	0.997	0.999	0.999	1.000						
11.0	0.995	0.998	0.999	1.000						
11.5	0.992	0.996	0.998	0.999	1.000					
12.0	0.988	0.994	0.997	0.999	0.999	1.000				
12.5	0.983	0.991	0.995	0.998	0.999	0.999	1.000			
13.0	0.975	0.986	0.992	0.996	0.998	0.999	1.000			
13.5	0.965	0.980	0.989	0.994	0.997	0.998	0.999	1.000		
14.0	0.952	0.971	0.983	0.991	0.995	0.997	0.999	0.999	1.000	
14.5	0.936	0.960	0.976	0.986	0.992	0.996	0.998	0.999	0.999	1.000
15.0	0.917	0.947	0.967	0.981	0.989	0.994	0.997	0.998	0.999	1.000

λ \ x	0	1	2	3	4	5	6	7	8	9
16	0.000	0.001	0.004	0.010	0.022	0.043	0.077	0.127	0.193	0.275
17	0.000	0.001	0.002	0.005	0.013	0.026	0.049	0.085	0.135	0.201
18	0.000	0.000	0.001	0.003	0.007	0.015	0.030	0.055	0.092	0.143
19	0.000	0.000	0.001	0.002	0.004	0.009	0.018	0.035	0.061	0.098
20	0.000	0.000	0.000	0.001	0.002	0.005	0.011	0.021	0.039	0.066
21	0.000	0.000	0.000	0.000	0.001	0.003	0.006	0.013	0.025	0.043
22	0.000	0.000	0.000	0.000	0.001	0.002	0.004	0.008	0.015	0.028

续表

λ \ x	0	1	2	3	4	5	6	7	8	9
23	0.000	0.000	0.000	0.000	0.000	0.001	0.002	0.004	0.009	0.017
24	0.000	0.000	0.000	0.000	0.000	0.000	0.001	0.003	0.005	0.011
25	0.000	0.000	0.000	0.000	0.000	0.000	0.001	0.001	0.003	0.006

λ \ x	14	15	16	17	18	19	20	21	22	23
16	0.368	0.467	0.566	0.659	0.742	0.812	0.868	0.911	0.942	0.963
17	0.281	0.371	0.468	0.564	0.655	0.736	0.805	0.861	0.905	0.937
18	0.208	0.287	0.375	0.496	0.562	0.651	0.731	0.799	0.855	0.899
19	0.150	0.215	0.292	0.378	0.469	0.561	0.647	0.725	0.793	0.849
20	0.105	0.157	0.221	0.297	0.381	0.470	0.559	0.644	0.721	0.787
21	0.072	0.111	0.163	0.227	0.302	0.384	0.471	0.558	0.640	0.716
22	0.048	0.077	0.117	0.169	0.232	0.306	0.387	0.472	0.556	0.637
23	0.031	0.052	0.082	0.123	0.175	0.238	0.310	0.389	0.472	0.555
24	0.020	0.034	0.056	0.087	0.128	0.180	0.243	0.314	0.392	0.473
25	0.012	0.022	0.038	0.060	0.092	0.134	0.185	0.247	0.318	0.394

λ \ x	24	25	26	27	28	29	30	31	32	33
16	0.987	0.987	0.993	0.996	0.998	0.999	0.999	1.000		
17	0.959	0.975	0.985	0.991	0.995	0.997	0.999	0.999	1.000	
18	0.932	0.955	0.972	0.983	0.990	0.994	0.997	0.998	0.999	1.000
19	0.893	0.927	0.951	0.969	0.980	0.988	0.993	0.996	0.998	0.999
20	0.843	0.888	0.922	0.948	0.966	0.978	0.987	0.992	0.995	0.997
21	0.782	0.838	0.883	0.917	0.944	0.963	0.976	0.985	0.991	0.994
22	0.712	0.777	0.832	0.877	0.913	0.940	0.959	0.973	0.983	0.989
23	0.635	0.708	0.772	0.827	0.873	0.908	0.936	0.956	0.971	0.981
24	0.554	0.632	0.704	0.768	0.823	0.868	0.904	0.932	0.953	0.969
25	0.473	0.553	0.629	0.700	0.763	0.818	0.863	0.900	0.929	0.950

λ \ x	34	35	36	37	38	39	40	41	42	
19	0.999	1.000								
20	0.999	0.999	1.000							
21	0.997	0.998	0.999	0.999	1.000					
22	0.994	0.996	0.998	0.999	0.999	1.000				
23	0.989	0.993	0.996	0.997	0.999	0.999	1.000			
24	0.979	0.987	0.992	0.995	0.997	0.998	0.999	0.999	1.000	
25	0.966	0.978	0.985	0.991	0.994	0.997	0.998	0.999	1.000	

附表 2　标准正态分布函数 $\Phi(x)$ 表

$$\Phi(-x) = \int_{-\infty}^{x} \frac{1}{\sqrt{2\pi}} e^{-\frac{x^2}{2} dx}$$

$$\Phi(-x) = 1 - \Phi(x)$$

x	0.00	0.01	0.02	0.03	0.04	0.05	0.06	0.07	0.08	0.09
0.0	0.5000	0.5040	0.5080	0.5120	0.5160	0.5199	0.5239	0.5279	0.5319	0.5359
0.1	0.5398	0.5438	0.5478	0.5517	0.5557	0.5596	0.5636	0.5675	0.5714	0.5753
0.2	0.5793	0.5832	0.5871	0.5910	0.5948	0.5987	0.6026	0.6064	0.6103	0.6141
0.3	0.6179	0.6217	0.6255	0.6293	0.6331	0.6368	0.6406	0.6443	0.6480	0.6517
0.4	0.6554	0.6591	0.6628	0.6664	0.6700	0.6736	0.6772	0.6808	0.6844	0.6879
0.5	0.6915	0.6950	0.6985	0.7019	0.7054	0.7088	0.7123	0.7157	0.7190	0.7224
0.6	0.7257	0.7291	0.7324	0.7357	0.7389	0.7422	0.7454	0.7486	0.7517	0.7549
0.7	0.7580	0.7611	0.7642	0.7673	0.7704	0.7734	0.7764	0.7794	0.7823	0.7852
0.8	0.7881	0.7910	0.7939	0.7967	0.7995	0.8023	0.8051	0.8079	0.8106	0.8133
0.9	0.8159	0.8186	0.8212	0.8238	0.8264	0.8289	0.8315	0.8340	0.8365	0.8389
1.0	0.8413	0.8438	0.8461	0.8485	0.8508	0.8531	0.8554	0.8577	0.8599	0.8621
1.1	0.8643	0.8665	0.8686	0.8708	0.8729	0.8749	0.8770	0.8790	0.8810	0.8830
1.2	0.8849	0.8869	0.8888	0.8907	0.8925	0.8944	0.8962	0.8980	0.8997	0.9015
1.3	0.9032	0.9049	0.9066	0.9082	0.9099	0.9115	0.9131	0.9147	0.9162	0.9177
1.4	0.9192	0.9207	0.9222	0.9236	0.9251	0.9265	0.9279	0.9292	0.9306	0.9319
1.5	0.9332	0.9345	0.9357	0.9370	0.9382	0.9394	0.9406	0.9418	0.9429	0.9441
1.6	0.9452	0.9463	0.9474	0.9484	0.9495	0.9505	0.9515	0.9525	0.9535	0.9545
1.7	0.9554	0.9564	0.9573	0.9582	0.9591	0.9599	0.9608	0.9616	0.9625	0.9633
1.8	0.9641	0.9649	0.9656	0.9664	0.9671	0.9678	0.9686	0.9693	0.9700	0.9706
1.9	0.9713	0.9719	0.9726	0.9732	0.9738	0.9744	0.9750	0.9756	0.9761	0.9767
2.0	0.9772	0.9778	0.9783	0.9788	0.9793	0.9798	0.9803	0.9808	0.9812	0.9817
2.1	0.9821	0.9826	0.9830	0.9834	0.9838	0.9842	0.9846	0.9850	0.9854	0.9857
2.2	0.9861	0.9864	0.9868	0.9871	0.9875	0.9878	0.9881	0.9884	0.9887	0.9890
2.3	0.9893	0.9896	0.9898	0.9901	0.9904	0.9906	0.9909	0.9911	0.9913	0.9916
2.4	0.9918	0.9920	0.9922	0.9925	0.9927	0.9929	0.9931	0.9932	0.9934	0.9936

续表

x	0.00	0.01	0.02	0.03	0.04	0.05	0.06	0.07	0.08	0.09
2.5	0.9938	0.9940	0.9941	0.9943	0.9945	0.9946	0.9948	0.9949	0.9951	0.9952
2.6	0.9953	0.9955	0.9956	0.9957	0.9959	0.9960	0.9961	0.9962	0.9963	0.9964
2.7	0.9965	0.9966	0.9967	0.9968	0.9969	0.9970	0.9971	0.9972	0.9973	0.9974
2.8	0.9974	0.9975	0.9976	0.9977	0.9977	0.9978	0.9979	0.9979	0.9980	0.9981
2.9	0.9981	0.9982	0.9983	0.9983	0.9984	0.9984	0.9985	0.9985	0.9986	0.9986

x	0.0	0.1	0.2	0.3	0.4
3.0	$0.9^{2}8650$	$0.9^{3}0324$	$0.9^{3}3129$	$0.9^{3}5166$	$0.9^{3}6631$
4.0	$0.9^{4}6833$	$0.9^{4}7934$	$0.9^{4}8665$	$0.9^{5}1460$	$0.9^{5}4587$
5.0	$0.9^{6}7133$	$0.9^{6}8302$	$0.9^{7}0036$	$0.9^{7}4210$	$0.9^{7}6668$
6.0	$0.9^{9}0136$				

x	0.5	0.6	0.7	0.8	0.9
3.0	$0.9^{3}7674$	$0.9^{3}8409$	$0.9^{3}8922$	$0.9^{4}2765$	$0.9^{4}5190$
4.0	$0.9^{5}6602$	$0.9^{3}7887$	$0.9^{5}8699$	$0.9^{5}2067$	$0.9^{6}5208$
5.0	$0.9^{7}8101$	$0.9^{7}8928$	$0.9^{8}4010$	$0.9^{8}6684$	$0.9^{8}8192$

附表 3　标准正态分布的 α 分位数表

α	0	0. 01	0. 02	0. 03	0. 04	0. 05	0. 06	0. 07	0. 08	0. 09
0. 00	–	- 2. 33	- 2. 05	- 1. 88	- 1. 75	- 1. 64	- 1. 55	- 1. 48	- 1. 41	- 1. 34
0. 10	- 1. 28	- 1. 23	- 1. 18	- 1. 13	- 1. 08	- 1. 04	- 0. 99	- 0. 95	- 0. 92	- 0. 88
0. 20	- 0. 84	- 0. 81	- 0. 77	- 0. 74	- 0. 71	- 0. 67	- 0. 64	- 0. 61	- 0. 58	- 0. 55
0. 30	- 0. 52	- 0. 50	- 0. 47	0. 44	- 0. 41	- 0. 39	- 0. 36	- 0. 33	- 0. 31	- 0. 28
0. 40	- 0. 25	- 0. 23	- 0. 20	- 0. 18	- 0. 15	- 0. 13	- 0. 1	- 0. 08	- 0. 05	- 0. 03
0. 50	0. 00	0. 03	0. 05	0. 08	0. 1	0. 13	0. 15	0. 18	0. 2	0. 23
0. 60	0. 25	0. 28	0. 31	0. 33	0. 36	0. 39	0. 41	0. 44	0. 47	0. 50
0. 70	0. 52	0. 55	0. . 58	0. 61	0. 64	0. 67	0. 71	0. 74	0. 77	0. 81
0. 80	0. 84	0. 88	0. 92	0. 95	0. 99	1. 04	1. . 08	1. 13	1. 18	1. 23
0. 90	1. 28	1. 34	1. 41	1. 48	1. 55	1. 64	1. 75	1. 88	2. 05	2. 33

α	0. 001	0. 005	0. 010	0. 025	0. 050	0. 100
u_α	- 3. 090	- 2. 576	- 2. 326	- 1. 960	- 1. 645	- 1. 282
α	0. 999	0. 995	0. 990	0. 975	0. 950	0. 900
u_α	3. 090	2. 576	2. 326	1. 960	1. 645	1. 282

附表 4　t 分布的 α 分位数表

n	$t_{0.60}$	$t_{0.70}$	$t_{0.80}$	$t_{0.90}$	$t_{0.95}$	$t_{0.975}$	$t_{0.99}$	$t_{0.995}$
1	0.325	0.727	1.376	3.078	6.314	12.706	31.821	63.657
2	0.289	0.617	1.061	1.886	2.920	4.303	6.965	9.925
3	0.277	0.584	0.978	1.638	2.353	3.182	4.541	5.841
4	0.271	0.569	0.941	1.533	2.132	2.766	3.747	4.604
5	0.267	0.559	0.920	1.476	2.015	2.571	3.365	4.032
6	0.265	0.553	0.906	1.440	1.943	2.447	3.143	3.707
7	0.263	0.549	0.896	1.415	1.895	2.365	2.998	3.499
8	0.262	0.546	0.889	1.397	1.860	2.306	2.896	3.355
9	0.261	0.543	0.883	1.383	1.833	2.262	2.821	3.250
10	0.260	0.542	0.879	1.372	1.812	2.228	2.764	3.169
11	0.260	0.540	0.876	1.363	1.796	2.201	2.718	3.106
12	0.259	0.539	0.873	1.356	1.782	2.179	2.681	3.055
13	0.259	0.538	0.870	1.350	1.771	2.160	2.650	3.012
14	0.258	0.537	0.868	1.345	1.761	2.145	2.624	2.977
15	0.258	0.536	0.866	1.341	1.753	2.131	2.602	2.947
16	0.258	0.535	0.865	1.337	1.746	2.120	2.583	2.921
17	0.257	0.534	0.863	1.333	1.740	2.110	2.567	2.898
18	0.257	0.534	0.862	1.330	1.734	2.101	2.552	2.878
19	0.257	0.533	0.861	1.328	1.729	2.093	2.539	2.861
20	0.257	0.533	0.860	1.325	1.725	2.086	2.528	2.861
21	0.257	0.532	0.859	1.323	1.721	2.080	2.518	2.831
22	0.256	0.532	0.858	1.321	1.717	2.074	2.508	2.819
23	0.256	0.532	0.858	1.319	1.714	2.069	2.500	2.807
24	0.256	0.531	0.857	1.318	1.711	2.064	2.492	2.797
25	0.256	0.531	8.856	1.316	1.708	2.060	2.485	2.787
26	0.256	0.531	0.856	1.315	1.706	2.056	2.479	2.779
27	0.256	0.531	0.855	1.314	1.703	2.052	2.473	2.771
28	0.256	0.530	0.855	1.313	1.701	2.048	2.467	2.763
29	0.256	0.530	0.854	1.311	1.699	2.045	2.462	2.756
30	0.256	0.530	0.854	1.310	1.697	2.042	2.457	2.750
40	0.255	0.529	0.851	1.303	1.684	2.021	2.423	2.704
60	0.254	0.527	0.848	1.296	1.671	2.000	2.390	2.660
120	0.254	0.526	0.845	1.289	1.658	1.980	2.358	2.617
∞	0.253	0.524	0.842	1.282	1.645	1.960	2.326	2.576

注：对 $\alpha < 0.5$ 有 $t_{\alpha} = -t_{1-\alpha}$。

附表5　χ^2分布的α分位数表

n	$\chi^2_{0.005}$	$\chi^2_{0.01}$	$\chi^2_{0.25}$	$\chi^2_{0.05}$	$\chi^2_{0.10}$	$\chi^2_{0.90}$	$\chi^2_{0.95}$	$\chi^2_{0.975}$	$\chi^2_{0.99}$	$\chi^2_{0.995}$
1	0.000039	0.00016	0.00098	0.0039	0.0158	2.71	3.84	5.02	6.63	7.88
2	0.01	0.0201	0.0506	0.1026	0.2107	4.61	5.99	7.38	9.21	10.6
3	0.0717	0.115	0.216	0.352	0.584	6.25	7.81	9.35	11.34	12.84
4	0.207	0.297	0.484	0.711	1.064	7.78	9.49	11.14	13.28	14.86
5	0.412	0.554	0.831	1.15	1.61	9.24	11.07	12.83	15.09	16.75
6	0.676	0.872	1.24	1.64	2.2	10.64	12.59	14.45	16.81	18.55
7	0.989	1.24	1.69	2.17	2.83	12.02	14.07	16.01	18.48	20.28
8	1.34	1.65	2.18	2.73	3.49	13.36	15.51	17.53	20.09	21.96
9	1.73	2.09	2.7	3.33	4.17	14.68	16.92	19.02	21.67	23.59
10	2.16	2.56	3.25	3.94	4.87	15.99	18.31	20.48	23.21	25.19
11	2.6	3.05	3.82	4.57	5.58	17.28	19.68	21.92	24.73	26.76
12	3.07	3.57	4.4	5.23	6.3	18.55	21.03	23.34	26.22	28.3
13	3.57	4.11	5.01	5.89	7.04	19.81	22.36	24.74	27.69	29.82
14	4.07	4.66	5.63	6.57	7.79	21.06	23.68	26.12	29.14	31.32
15	4.6	5.23	6.26	7.26	8.55	22.31	25	27.49	30.58	32.8
16	5.14	5.81	6.91	7.96	9.31	23.54	26.3	28.85	32	34.27
18	6.26	7.01	8.23	9.39	10.86	25.99	28.87	31.53	34.81	37.16
20	7.43	8.26	9.59	10.85	12.44	28.41	31.41	34.17	37.57	40
24	9.89	10.86	12.4	13.85	15.66	33.2	36.42	39.36	42.98	45.56
30	13.79	14.95	16.79	18.49	20.6	40.26	43.77	46.98	50.89	53.67
40	20.71	22.16	24.43	26.51	29.05	51.81	55.76	59.34	63.69	66.77
60	35.53	37.48	40.48	43.19	46.46	74.4	79.08	83.3	88.38	91.95
120	83.85	86.92	91.57	95.7	100.62	140.23	146.57	152.21	158.95	163.64

注：对于大的自由度，近似有$\chi^2_\alpha = \frac{1}{2}(u_\alpha + \sqrt{2n-1})^2$，其中$n$＝自由度，$u_\alpha$是标准正态分布的分位数。

附表6　F分布的α分位数表

F分布的0.90分位数$F_{0.90}(n_1, n_2)$表

（n_1 =分子的自由度，n_2 =分母的自由度）

n_2 \ n_1	1	2	3	4	5	6	7	8	9	10
1	39.86	49.50	53.59	55.83	57.24	58.20	58.91	59.44	59.86	60.19
2	8.53	9.00	9.16	9.24	9.29	9.33	9.35	9.37	9.38	9.39
3	5.54	5.46	5.39	5.34	5.31	5.28	5.27	5.25	5.24	5.23
4	4.54	4.32	4.19	4.11	4.05	4.01	3.98	3.95	3.94	3.92
5	4.06	3.78	3.62	3.52	3.45	3.40	3.37	3.34	3.32	3.30
6	3.78	3.46	3.29	3.18	3.11	3.05	3.01	2.98	2.96	2.94
7	3.59	3.26	3.07	2.96	2.88	2.83	2.78	2.75	2.72	2.70
8	3.46	3.11	2.92	2.81	2.73	2.67	2.62	2.59	2.56	2.54
9	3.36	3.01	2.81	2.69	2.61	2.55	2.51	2.47	2.44	2.42
10	3.29	2.92	2.73	2.61	2.52	2.46	2.41	2.38	2.35	2.32
11	3.23	2.86	2.66	2.54	2.45	2.39	2.34	2.30	2.27	2.25
12	3.18	2.81	2.61	2.48	2.39	2.33	2.28	2.24	2.21	2.19
13	3.14	2.76	2.56	2.43	2.35	2.28	2.23	2.20	2.16	2.14
14	3.10	2.73	2.52	2.39	2.31	2.24	2.19	2.15	2.12	2.10
15	3.07	2.70	2.49	2.36	2.27	2.21	2.16	2.12	2.09	2.06
16	3.05	2.67	2.46	2.33	2.24	2.18	2.13	2.09	2.06	2.03
17	3.03	2.64	2.44	2.31	2.22	2.15	2.10	2.06	2.03	2.00
18	3.01	2.62	2.42	2.29	2.20	2.13	2.08	2.04	2.00	1.98
19	2.99	2.61	2.40	2.27	2.18	2.11	2.06	2.02	1.98	1.96
20	2.97	2.59	2.38	2.25	2.16	2.09	2.04	2.00	1.96	1.94
21	2.96	2.57	2.36	2.23	2.14	2.08	2.02	1.98	1.95	1.92
22	2.95	2.56	2.35	2.22	2.13	2.06	2.01	1.97	1.93	1.90
23	2.94	2.55	2.34	2.21	2.11	2.05	1.99	1.95	1.92	1.89
24	2.93	2.54	2.33	2.19	2.10	2.04	1.98	1.94	1.91	1.88
25	2.92	2.53	2.32	2.18	2.09	2.02	1.97	1.93	1.89	1.87
26	2.91	2.52	2.31	2.17	2.08	2.01	1.96	1.92	1.88	1.86
27	2.90	2.52	2.30	2.17	2.07	2.00	1.95	1.91	1.87	1.85
28	2.89	2.50	2.29	2.16	2.06	2.00	1.94	1.90	1.87	1.84
29	2.89	2.50	2.28	2.15	2.06	1.99	1.93	1.89	1.86	1.83
30	2.88	2.49	2.28	2.14	2.05	1.98	1.93	1.88	1.85	1.82
40	2.84	2.44	2.23	2.09	2.00	1.93	1.87	1.83	1.79	1.76
60	2.79	2.39	2.18	2.04	1.95	1.87	1.82	1.77	1.74	1.71
120	2.75	2.35	2.13	1.99	1.90	1.82	1.77	1.72	1.68	1.65
∞	2.71	2.30	2.80	1.94	1.85	1.77	1.72	1.67	1.63	1.60

续表

n_2 \ n_1	12	15	20	24	30	40	60	120	∞
1	60. 71	61. 22	61. 74	62. 00	62. 26	62. 53	62. 79	63. 06	63. 33
2	9. 41	9. 42	9. 44	9. 45	9. 46	9. 47	9. 47	9. 48	9. 49
3	5. 22	5. 20	5. 18	5. 18	5. 17	5. 16	5. 15	5. 14	5. 13
4	3. 90	3. 87	3. 84	3. 83	3. 82	3. 80	3. 79	3. 78	3. 76
5	3. 27	3. 24	3. 21	3. 19	3. 17	3. 16	3. 14	3. 12	3. 11
6	2. 90	2. 87	2. 84	2. 82	2. 80	2. 78	2. 76	2. 74	2. 72
7	2. 67	2. 63	2. 59	2. 58	2. 56	2. 54	2. 51	2. 45	2. 47
8	2. 50	2. 46	2. 42	2. 40	2. 38	2. 36	2. 34	2. 32	2. 29
9	2. 38	2. 34	2. 30	2. 28	2. 25	2. 23	2. 21	2. 18	2. 16
10	2. 28	2. 24	2. 20	2. 18	2. 16	2. 13	2. 11	2. 08	2. 06
11	2. 21	2. 17	2. 12	2. 10	2. 08	2. 05	2. 03	2. 00	1. 97
12	2. 15	2. 10	2. 06	2. 04	2. 01	1. 99	1. 96	1. 93	1. 90
13	2. 10	2. 05	2. 01	1. 98	1. 96	1. 93	1. 90	1. 88	1. 85
14	2. 05	2. 01	1. 96	1. 94	1. 91	1. 89	1. 86	1. 83	1. 80
15	2. 02	1. 97	1. 92	1. 90	1. 87	1. 85	1. 82	1. 79	1. 76
16	1. 99	1. 94	1. 89	1. 87	1. 84	1. 81	1. 78	1. 75	1. 72
17	1. 96	1. 91	1. 86	1. 84	1. 81	1. 78	1. 75	1. 72	1. 69
18	1. 93	1. 89	1. 84	1. 81	1. 78	1. 75	1. 72	1. 69	1. 66
19	1. 91	1. 86	1. 81	1. 79	1. 76	1. 73	1. 70	1. 67	1. 63
20	1. 89	1. 84	1. 79	1. 77	1. 74	1. 71	1. 68	1. 64	1. 61
21	1. 87	1. 83	1. 78	1. 75	1. 72	1. 69	1. 66	1. 62	1. 59
22	1. 86	1. 81	1. 76	1. 73	1. 70	1. 67	1. 64	1. 60	1. 57
23	1. 84	1. 80	1. 74	1. 72	1. 69	1. 66	1. 62	1. 59	1. 55
24	1. 83	1. 78	1. 73	1. 70	1. 67	1. 64	1. 61	1. 57	1. 53
25	1. 82	1. 77	1. 72	1. 69	1. 66	1. 63	1. 59	1. 56	1. 52
26	1. 81	1. 76	1. 71	1. 68	1. 65	1. 61	1. 58	1. 54	1. 50
27	1. 80	1. 75	1. 70	1. 67	1. 64	1. 60	1. 57	1. 53	1. 49
28	1. 79	1. 74	1. 69	1. 66	1. 63	1. 59	1. 56	1. 52	1. 48
29	1. 78	1. 73	1. 68	1. 65	1. 62	1. 58	1. 55	1. 51	1. 47
30	1. 77	1. 72	1. 67	1. 64	1. 61	1. 57	1. 54	1. 50	1. 46
40	1. 71	1. 66	1. 61	1. 57	1. 54	1. 51	1. 47	1. 42	1. 38
60	1. 66	1. 60	1. 54	1. 51	1. 48	1. 44	1. 40	1. 35	1. 29
120	1. 60	1. 55	1. 48	1. 45	1. 41	1. 37	1. 32	1. 26	1. 19
∞	1. 55	1. 49	1. 42	1. 38	1. 34	1. 30	1. 24	1. 17	1. 00

F 分布的 0.95 分位数 $F_{0.95}(n_1, n_2)$ 表

（n_1 = 分子的自由度，n_2 = 分母的自由度）

n_2 \ n_1	1	2	3	4	5	6	7	8	9	10
1	161.45	199.50	215.71	224.58	230.16	233.99	236.76	238.88	240.54	241.88
2	18.51	19.00	19.16	19.25	19.30	19.33	19.35	19.37	19.38	19.40
3	10.13	9.55	9.28	9.12	9.01	8.94	8.89	8.85	8.81	8.79
4	7.71	6.94	6.59	6.39	6.26	6.16	6.09	6.04	6.00	5.96
5	6.61	5.79	5.41	5.19	5.05	4.95	4.88	4.82	4.77	4.74
6	5.99	5.14	4.76	4.53	4.39	4.28	4.21	4.15	4.10	4.06
7	5.59	4.74	4.35	4.12	3.97	3.87	3.79	3.73	3.68	3.64
8	5.32	4.46	4.07	3.84	3.69	3.58	3.50	3.44	3.39	3.35
9	5.12	4.26	3.86	3.63	3.48	3.37	3.29	3.23	3.18	3.14
10	4.96	4.10	3.71	3.48	3.33	3.22	3.14	3.07	3.02	2.98
11	4.84	3.98	3.59	3.36	3.20	3.09	3.01	2.95	2.90	2.85
12	4.75	3.89	3.49	3.26	3.11	3.00	2.91	2.85	2.80	2.75
13	4.67	3.81	3.41	3.18	3.03	2.92	2.83	2.77	2.71	2.67
14	4.60	3.74	3.34	3.11	2.96	2.85	2.76	2.70	2.65	2.60
15	4.54	3.68	3.29	3.06	2.90	2.79	2.71	2.64	2.59	2.54
16	4.49	3.63	3.24	3.01	2.85	2.74	2.66	2.59	2.54	2.49
17	4.45	3.59	3.20	2.96	2.81	2.70	2.61	2.55	2.49	2.45
18	4.41	3.55	3.16	2.93	2.77	2.66	2.58	2.51	2.46	2.41
19	4.38	3.52	3.13	2.90	2.74	2.63	2.54	2.48	2.42	2.38
20	4.35	3.49	3.10	2.87	2.71	2.60	2.51	2.45	2.39	2.35
21	4.32	3.47	3.07	2.84	2.68	2.57	2.49	2.42	2.37	2.32
22	4.30	3.44	3.05	2.82	2.66	2.55	2.46	2.40	2.34	2.30
23	4.28	3.42	3.03	2.80	2.64	2.53	2.44	2.37	2.32	2.27
24	4.26	3.40	3.01	2.78	2.62	2.51	2.42	2.36	2.30	2.25
25	4.24	3.39	2.99	2.76	2.60	2.49	2.40	2.34	2.28	2.24
26	4.23	3.37	2.98	2.74	2.59	2.47	2.39	2.32	2.27	2.22
27	4.21	3.35	2.96	2.73	2.57	2.46	2.37	2.31	2.25	2.20
28	4.20	3.34	2.95	2.71	2.56	2.45	2.36	2.29	2.24	2.19
29	4.18	3.33	2.93	2.70	2.55	2.43	2.35	2.28	2.22	2.18
30	1.17	3.32	2.92	2.69	2.53	2.42	2.33	2.27	2.21	2.16
40	4.08	3.23	2.84	2.61	2.45	2.34	2.25	2.18	2.12	2.08
60	4.00	3.15	2.76	2.53	2.37	2.25	2.17	2.10	2.04	1.99
120	3.92	9.07	2.68	2.45	2.29	2.17	2.09	2.02	1.96	1.91
∞	3.84	3.00	2.60	2.37	2.21	2.10	2.01	1.94	1.88	1.83

续表

n_2 \ n_1	12	15	20	24	30	40	60	120	∞
1	243.91	245.95	248.01	249.05	250.10	251.14	252.20	253.25	254.31
2	19.41	19.43	19.45	19.45	19.46	19.47	19.48	19.49	19.50
3	8.74	8.70	8.66	8.64	8.62	8.59	8.57	8.55	8.53
4	5.91	5.86	5.80	5.77	5.75	5.72	5.69	5.66	5.63
5	4.68	4.62	4.56	4.53	4.50	4.46	4.43	4.40	4.37
6	4.00	3.94	3.87	3.84	3.81	3.77	3.74	3.70	3.67
7	3.57	3.51	3.44	3.41	3.38	3.34	3.30	3.27	3.23
8	3.28	3.22	3.15	3.12	3.08	3.04	3.01	2.97	2.93
9	3.07	3.01	2.94	2.90	2.86	2.83	2.79	2.75	2.71
10	2.91	2.85	2.77	2.74	2.70	2.66	2.62	2.58	2.54
11	2.79	2.72	2.65	2.61	2.57	2.53	2.49	2.45	2.40
12	2.69	2.62	2.54	2.51	2.47	2.43	2.38	2.34	2.30
13	2.60	2.53	2.46	2.42	2.38	2.34	2.30	2.25	2.21
14	2.53	2.46	2.39	2.35	2.31	2.27	2.22	2.18	2.13
15	2.48	2.40	2.33	2.29	2.25	2.20	2.16	2.11	2.07
16	2.42	2.35	2.28	2.24	2.19	2.15	2.11	2.06	2.01
17	2.38	2.31	2.23	2.19	2.15	2.10	2.06	2.01	1.96
18	2.34	2.27	2.19	2.15	2.11	2.06	2.02	1.97	1.92
19	2.31	2.23	2.16	2.11	2.07	2.03	1.98	1.93	1.88
20	2.28	2.20	2.12	2.08	2.04	1.99	1.95	1.90	1.84
21	2.25	2.18	2.10	2.05	2.01	1.96	1.92	1.87	1.81
22	2.23	2.15	2.07	2.03	1.98	1.94	1.89	1.84	1.78
23	2.20	2.13	2.05	2.01	1.96	1.91	1.86	1.81	1.76
24	2.18	2.11	2.03	1.98	1.94	1.89	1.84	1.79	1.73
25	2.16	2.09	2.01	1.96	1.92	1.87	1.82	1.77	1.71
26	2.15	2.07	1.99	1.95	1.90	1.85	1.80	1.75	1.69
27	2.13	2.06	1.97	1.93	1.88	1.84	1.79	1.73	1.67
28	2.12	2.04	1.96	1.91	1.87	1.82	1.77	1.71	1.65
29	2.10	2.03	1.94	1.90	1.85	1.81	1.75	1.70	1.64
30	2.09	2.01	1.93	1.89	1.84	1.79	1.74	1.68	1.62
40	2.00	1.92	1.84	1.79	1.74	1.69	1.64	1.58	1.51
60	1.92	1.84	1.75	1.70	1.65	1.59	1.53	1.47	1.39
120	1.83	1.75	1.66	1.61	1.55	1.50	1.43	1.35	1.25
∞	1.75	1.67	1.57	1.52	1.46	1.39	1.32	1.22	1.00

F 分布的 0.975 分位数 $F_{0.975}(n_1, n_2)$ 表
（n_1 =分子的自由度，n_2 =分母的自由度）

n_2 \ n_1	1	2	3	4	5	6	7	8	9	10
1	647.78	799.50	864.16	899.58	921.85	937.11	948.22	956.66	963.28	968.62
2	38.51	39.00	39.17	39.25	39.30	39.33	39.36	39.37	39.39	39.40
3	17.44	16.04	15.44	15.10	14.88	14.73	14.62	14.54	14.47	14.42
4	12.22	10.65	9.98	9.60	9.36	9.20	9.07	8.98	8.90	8.84
5	10.01	8.43	7.76	7.39	7.15	6.98	6.85	6.76	6.68	6.62
6	8.81	7.26	6.60	6.23	5.99	5.82	5.70	5.60	5.52	5.46
7	8.07	6.54	5.89	5.52	5.29	5.12	4.99	4.90	4.82	4.76
8	7.57	6.06	5.42	5.05	4.82	4.65	4.53	4.43	4.36	4.30
9	7.21	5.71	5.08	4.72	4.48	4.32	4.20	4.10	4.03	3.96
10	6.94	5.46	4.83	4.47	4.24	4.07	3.95	3.85	3.78	3.72
11	6.72	5.26	4.63	4.28	4.04	3.88	3.76	3.66	3.59	3.53
12	6.55	5.10	4.47	4.12	3.89	3.73	3.61	3.51	3.44	3.37
13	6.41	4.97	4.35	4.00	3.77	3.60	3.48	3.39	3.31	3.25
14	6.30	4.86	4.24	3.89	3.66	3.50	3.38	3.29	3.21	3.15
15	6.20	4.77	4.15	3.80	3.58	3.41	3.29	3.20	3.12	3.06
16	6.12	4.69	4.08	3.73	3.50	3.34	3.22	3.12	3.05	2.99
17	6.04	4.62	4.01	3.66	3.44	3.28	3.16	3.06	2.98	2.92
18	5.98	4.56	3.95	3.61	3.38	3.22	3.10	3.01	2.93	2.87
19	5.92	4.51	3.90	3.56	3.33	3.17	3.05	2.96	2.88	2.82
20	5.87	4.46	3.86	3.51	3.29	3.13	3.01	2.91	2.84	2.75
21	5.83	4.42	3.82	3.48	3.25	3.09	2.97	2.87	2.80	2.73
22	5.79	4.38	3.78	3.44	3.22	3.05	2.93	2.84	2.76	2.70
23	5.75	4.35	3.75	3.41	3.18	3.02	2.90	2.81	2.73	2.67
24	5.72	4.32	3.72	3.38	3.15	2.99	2.87	2.78	2.70	2.64
25	5.69	4.29	3.69	3.35	3.13	2.97	2.85	2.75	2.68	2.61
26	5.66	4.27	3.67	3.33	3.10	2.94	2.82	2.73	2.65	2.59
27	5.63	4.24	3.65	3.31	3.08	2.92	2.80	2.71	2.63	2.57
28	5.61	4.22	3.63	3.29	3.06	2.90	2.78	2.69	2.61	2.55
29	5.59	4.20	3.61	3.27	3.04	2.88	2.76	2.67	2.59	2.53
30	5.57	4.18	3.59	3.25	3.03	2.87	2.75	2.65	2.57	2.51
40	5.42	4.05	3.46	3.13	2.90	2.74	2.62	2.53	2.45	2.39
60	5.29	3.93	3.34	3.01	2.79	2.63	2.51	2.41	2.33	2.27
120	5.15	3.80	3.23	2.89	2.67	2.52	2.39	2.30	2.22	2.16
∞	5.02	3.69	3.12	2.79	2.57	2.41	2.19	2.19	2.11	2.05

续表

n_2 \ n_1	12	15	20	24	30	40	60	120	∞
1	976.71	984.87	993.10	997.25	1001.41	1005.60	1009.80	1014.02	1018.26
2	39.41	39.43	39.45	39.46	39.46	39.47	39.48	39.49	39.50
3	14.34	14.25	14.17	14.12	14.08	14.04	13.99	13.95	13.90
4	8.75	8.66	8.56	8.51	8.46	8.41	8.36	8.31	8.26
5	6.52	6.43	6.33	6.28	6.23	6.18	6.12	6.07	6.02
6	5.37	5.27	5.17	5.12	5.07	5.01	2.96	4.90	4.85
7	4.67	4.57	4.47	4.42	4.36	4.31	4.25	4.20	4.14
8	4.20	4.10	4.00	3.95	3.89	3.84	3.78	3.73	3.67
9	3.87	3.77	3.67	3.61	3.56	3.51	3.45	3.39	3.33
10	3.62	3.52	3.42	3.37	3.31	3.26	3.20	3.14	3.08
11	3.43	3.33	3.23	3.17	3.12	3.06	3.00	2.94	2.88
12	3.28	3.18	3.07	3.02	2.96	2.91	2.85	2.79	2.72
13	3.15	3.05	2.95	2.89	2.84	2.78	2.72	2.66	2.60
14	3.05	2.95	2.84	2.79	2.73	2.67	2.61	2.55	2.49
15	2.96	2.86	2.76	2.70	2.64	2.53	2.52	2.46	2.40
16	2.89	2.79	2.68	2.63	2.57	2.51	2.45	2.38	2.32
17	2.82	2.72	2.62	2.56	2.50	2.44	2.38	2.32	2.25
18	2.77	2.67	2.56	2.50	2.44	2.38	2.32	2.26	2.19
19	2.72	2.62	2.51	2.45	2.39	2.33	2.27	2.20	2.13
20	2.68	2.57	2.46	2.41	2.35	2.29	2.22	2.16	2.29
21	2.64	2.53	2.42	2.37	2.31	2.25	2.18	2.11	2.04
22	2.60	2.50	2.39	2.33	2.27	2.21	2.14	2.08	2.00
23	2.57	2.47	2.36	2.30	2.24	2.18	2.12	2.04	1.97
24	2.54	2.44	2.33	2.27	2.22	2.15	2.08	2.01	1.94
25	2.51	2.41	2.30	2.24	2.18	2.12	2.05	1.98	1.91
26	2.49	2.39	2.28	2.22	2.16	2.09	2.03	1.95	1.88
27	2.47	2.36	2.25	2.19	2.13	2.07	2.00	1.93	1.85
28	2.45	2.34	2.23	2.17	2.11	2.05	1.98	1.91	1.83
29	2.43	2.32	2.21	2.15	2.09	2.03	1.96	1.89	1.81
30	2.41	2.31	2.20	12.14	2.07	2.01	1.94	1.87	1.79
40	2.29	2.18	2.07	2.01	1.94	1.88	1.80	1.72	1.64
60	2.17	2.06	1.94	1.88	1.82	1.74	1.67	1.58	1.48
120	2.05	1.94	1.82	1.76	1.69	1.61	1.53	1.43	1.31
∞	1.94	1.83	1.71	1.64	1.57	1.48	1.39	1.27	1.00

F分布的0.99分位数 $F_{0.99}(n_1,n_2)$ 表

（n_1 =分子的自由度，n_2 =分母的自由度）

n_2 \ n_1	1	2	3	4	5	6	7	8	9	10
1	4052.18	4999.50	5403.35	5624.58	5763.65	5858.99	5928.36	981.07	6022.47	6055.85
2	98.50	99.00	99.17	99.25	99.30	99.33	99.36	99.37	99.39	99.40
3	34.12	30.82	29.46	28.71	28.24	27.91	27.67	27.49	27.35	27.23
4	21.20	18.00	16.69	15.98	15.52	15.21	14.98	14.80	14.66	14.55
5	16.26	13.27	12.06	11.39	10.97	10.67	10.46	10.29	10.16	10.05
6	13.75	10.92	9.78	9.15	8.75	8.47	8.26	8.10	7.98	7.87
7	12.25	9.55	8.45	7.85	7.46	7.19	6.99	6.84	6.72	6.62
8	11.26	8.65	7.59	7.01	6.63	6.37	6.18	6.03	5.91	5.81
9	10.56	8.02	6.99	6.42	6.06	5.80	5.61	5.47	5.35	5.26
10	10.04	7.56	6.55	5.99	5.64	5.39	5.20	5.06	4.94	4.85
11	9.65	7.21	6.22	5.67	5.32	5.07	4.89	4.74	4.63	4.54
12	9.33	6.93	5.95	5.41	5.06	4.82	4.64	4.50	4.39	4.30
13	9.07	6.70	5.74	5.21	4.86	4.62	4.44	4.30	4.19	4.10
14	8.86	6.51	5.56	5.04	4.70	4.46	4.28	4.14	4.03	3.94
15	8.53	6.36	5.42	4.89	4.56	4.32	4.14	4.00	3.89	3.80
16	8.53	6.23	5.29	4.77	4.44	4.20	4.03	3.89	3.78	3.69
17	8.40	6.11	5.19	4.67	4.34	4.10	3.93	3.49	3.68	3.59
18	8.29	6.01	5.09	4.58	4.25	4.01	3.84	3.71	3.60	3.51
19	8.18	5.93	5.01	4.50	4.17	3.94	3.77	3.63	3.52	3.43
20	8.10	5.85	4.94	4.43	4.10	3.87	3.70	3.56	3.46	3.37
21	8.02	5.78	4.87	4.37	4.04	3.81	3.64	3.51	3.40	3.31
22	7.95	5.72	4.82	4.31	3.99	3.76	3.59	3.45	3.35	3.26
23	7.88	5.66	4.76	4.26	3.94	3.71	3.54	3.41	3.30	3.21
24	7.82	5.61	4.72	4.22	3.90	3.67	3.50	3.36	3.26	3.17
25	7.77	5.57	4.68	4.18	3.85	3.63	3.46	3.32	3.22	3.13
26	7.72	5.53	4.64	4.14	3.82	3.59	3.42	3.29	3.18	3.09
27	7.68	5.49	4.60	4.11	3.78	3.56	3.39	3.26	3.15	3.06
28	7.64	5.45	4.57	4.07	3.75	3.53	3.36	3.23	3.12	3.03
29	7.60	5.42	4.54	4.04	3.73	3.50	3.33	3.20	3.09	3.00
30	7.56	5.39	4.51	4.02	3.70	3.47	3.30	3.17	3.07	2.98
40	7.31	5.18	4.31	3.83	3.51	3.29	3.12	3.99	2.89	2.80
60	7.08	4.98	4.13	3.65	3.34	3.12	2.95	2.82	2.72	2.63
120	6.85	4.79	3.95	3.48	3.17	2.96	2.79	2.66	2.56	2.47
∞	6.63	4.61	3.78	3.32	3.02	2.80	2.64	2.51	2.41	2.32

续表

n_2 \ n_1	12	15	20	24	30	40	60	120	∞
1	6106.32	6157.28	6208.73	6234.63	6260.65	6286.78	6313.03	6339.39	6365.86
2	99.42	99.43	99.45	99.46	99.47	99.47	99.48	99.49	99.50
3	27.05	26.87	26.69	26.60	26.50	26.41	26.32	26.22	26.13
4	14.37	14.20	14.02	13.93	13.84	13.75	13.65	13.56	13.46
5	9.89	9.72	9.55	9.47	9.38	9.29	9.20	9.19	9.02
6	7.72	7.56	7.40	7.31	7.23	7.14	7.06	6.97	6.88
7	6.47	6.31	6.16	6.07	5.99	5.91	5.82	5.74	5.65
8	5.67	5.52	5.36	5.28	5.20	5.12	5.03	4.95	4.86
9	5.11	4.96	4.81	4.73	4.65	4.57	4.48	4.40	4.31
10	4.71	4.56	4.41	4.33	4.25	4.17	4.08	4.00	3.91
11	4.40	4.25	4.10	4.02	3.94	3.86	3.78	3.69	3.60
12	4.16	4.01	3.86	3.78	3.70	3.62	3.54	3.45	3.36
13	3.96	3.82	3.66	3.59	3.51	3.43	3.34	3.25	3.17
14	3.80	3.66	3.51	3.43	3.35	3.27	3.18	3.09	3.00
15	3.67	3.52	3.37	3.29	3.21	3.13	3.05	2.96	2.87
16	3.55	3.41	3.26	3.18	3.10	3.02	2.93	2.84	2.75
17	3.46	3.31	3.16	3.08	3.00	2.92	2.83	2.75	2.56
18	3.37	3.23	3.08	3.00	2.92	2.84	2.75	2.66	2.57
19	3.30	3.15	3.02	2.92	2.84	2.76	2.67	2.58	2.49
20	3.23	3.09	2.94	2.86	2.78	2.69	2.61	2.52	2.42
21	3.17	3.03	2.88	2.80	2.72	2.64	2.55	2.46	2.36
22	3.12	2.98	2.83	2.75	2.67	2.58	2.50	2.40	2.31
23	3.07	2.93	2.78	2.70	2.62	2.54	2.45	2.35	2.26
24	3.03	2.89	2.74	2.66	2.58	2.49	2.40	2.31	2.21
25	2.99	2.85	2.70	2.62	2.54	2.45	2.36	2.27	2.17
26	2.96	2.82	2.66	2.58	2.50	2.42	2.33	2.23	2.13
27	2.93	2.78	2.63	2.55	2.47	2.38	2.29	2.20	2.10
28	2.90	2.75	2.60	2.52	2.44	2.35	2.26	2.17	2.06
29	2.87	2.73	2.57	2.49	2.41	2.33	2.23	2.14	2.03
30	2.84	2.7	2.55	2.47	2.39	2.30	2.21	2.11	2.01
40	2.66	2.37	2.52	2.29	2.20	2.12	2.02	1.92	1.80
60	2.50	2.35	2.20	2.12	2.03	1.94	1.84	1.73	1.60
120	2.34	2.19	2.03	1.95	1.86	1.76	1.66	1.53	1.38
∞	2.18	2.04	1.88	1.79	1.70	1.59	1.47	1.32	1.00

附表 7　正态分布检验统计量 W 的系数 $a_i(n)$ 数值表

i \ n								8	9	10
1								0. 6052	0. 5888	0. 5739
2								0. 3164	0. 3244	0. 3291
3								0. 1743	0. 1976	0. 2141
4		—						0. 0561	0. 0947	0. 1224
5		—	—	—	—	—	—	—	—	0. 0399

i \ n	11	12	13	14	15	16	17	18	19	20
1	0. 5601	0. 5475	0. 5359	0. 5251	0. 5150	0. 5056	0. 4968	0. 4886	0. 4808	0. 4734
2	0. 3315	0. 3325	0. 3325	0. 3318	0. 3306	0. 3290	0. 3273	0. 3253	0. 3232	0. 3211
3	0. 2260	0. 2347	0. 2412	0. 2460	0. 2495	0. 2521	0. 2540	0. 2553	0. 2561	0. 2565
4	0. 1429	0. 1586	0. 1707	0. 1802	0. 1878	0. 1939	0. 1988	0. 2027	0. 2059	0. 2085
5	0. 0695	0. 0922	0. 1099	0. 1240	0. 1353	0. 1447	0. 1524	0. 1587	0. 1641	0. 1686
6	—	0. 0303	0. 0539	0. 0727	0. 0880	0. 1005	0. 1109	0. 1197	0. 1271	0. 1334
7	—	—	—	0. 0240	0. 0433	0. 0593	0. 0725	0. 0837	0. 0932	0. 1013
8	—	—	—	—	—	—	0. 0359	0. 0496	0. 0612	0. 0711
9	—	—	—	—	—	—	—	0. 0163	0. 0303	0. 0422
10	—	—	—	—	—	—	—	—	—	0. 0140

i \ n	21	22	23	24	25	26	27	28	29	30
1	0. 4643	0. 459	0. 4542	0. 4493	0. 445	0. 4407	0. 4366	0. 4328	0. 4291	0. 4254
2	0. 3185	0. 3156	0. 3126	0. 3098	0. 3069	0. 3043	0. 3018	0. 2992	0. 2968	0. 2944
3	0. 2578	0. 2571	0. 2563	0. 2554	0. 2543	0. 2533	0. 2522	0. 251	0. 2499	0. 2487
4	0. 2119	0. 2131	0. 2139	0. 2145	0. 2148	0. 2151	0. 2152	0. 2151	0. 215	0. 2148
5	0. 1736	0. 1764	0. 1787	0. 1807	0. 1822	0. 1836	0. 1848	0. 1857	0. 1864	0. 187
6	0. 1399	0. 1443	0. 148	0. 1512	0. 1539	0. 1563	0. 1584	0. 1601	0. 1616	0. 163
7	0. 1092	0. 115	0. 1201	0. 1245	0. 1283	0. 1316	0. 1346	0. 1372	0. 1395	0. 1415
8	0. 0804	0. 0878	0. 0941	0. 0997	0. 1046	0. 1089	0. 1128	0. 1162	0. 1192	0. 1219
9	0. 053	0. 0618	0. 0696	0. 0764	0. 0823	0. 0876	0. 0923	0. 0965	0. 1002	0. 1036
10	0. 0263	0. 0368	0. 0459	0. 0764	0. 0610	0. 0672	0. 0728	0. 0778	0. 0822	0. 0862
11	—	0. 0122	0. 0228	0. 0764	0. 0403	0. 0476	0. 054	0. 0598	0. 065	0. 0668
12	—	—	—	0. 0764	0. 02	0. 0284	0. 0358	0. 0424	0. 0483	0. 0537
13	—	—	—	—	—	0. 0094	0. 0178	0. 0253	0. 032	0. 0381
14	—	—	—	—	—	—	—	0. 0084	0. 0159	0. 0227
15	—	—	—	—	—	—	—	—	—	0. 0076

续表

i \ n	31	32	33	34	35	36	37	38	39	40
1	0.4220	0.4188	0.4156	0.4127	0.4096	0.4068	0.4040	0.4015	0.3989	0.3964
2	0.2921	0.2898	0.2876	0.2854	0.2834	0.2813	0.2794	0.2774	0.2755	0.2737
3	0.2475	0.2463	0.2451	0.2439	0.2427	0.2415	0.2403	0.2391	0.2380	0.2368
4	0.2145	0.2141	0.2137	0.2132	0.2127	0.2121	0.2116	0.2110	0.2104	0.2098
5	0.1874	0.1878	0.1880	0.1882	0.1883	0.1883	0.1883	0.1881	0.1880	0.1878
6	0.1641	0.1651	0.1660	0.1667	0.1673	0.1678	0.1683	0.1686	0.1689	0.1691
7	0.1433	0.1449	0.1463	0.1475	0.1487	0.1496	0.1505	0.1513	0.1520	0.1526
8	0.1243	0.1265	0.1284	0.1301	0.1317	0.1331	0.1344	0.1356	0.1366	0.1376
9	0.1066	0.1093	0.1118	0.1140	0.1160	0.1179	0.1196	0.1211	0.1225	0.1237
10	0.0899	0.0931	0.0961	0.0988	0.1013	0.1036	0.1056	0.1075	0.1092	0.1108
11	0.0739	0.0777	0.0812	0.0844	0.0873	0.0900	0.0924	0.0947	0.0967	0.0986
12	0.0585	0.0629	0.0669	0.0706	0.0739	0.0770	0.0798	0.0824	0.0848	0.0870
13	0.0435	0.0485	0.0530	0.0572	0.0610	0.0645	0.0677	0.0706	0.0733	0.0759
14	0.0289	0.0344	0.0395	0.0441	0.0484	0.0523	0.0559	0.0592	0.0622	0.0651
15	0.0144	0.0206	0.0262	0.0314	0.0361	0.0404	0.0444	0.0481	0.0515	0.0546
16	—	0.0068	0.0131	0.0187	0.0239	0.0287	0.0331	0.0372	0.0409	0.0444
17	—	—	—	0.0062	0.0119	0.0172	0.0220	0.0264	0.0305	0.0343
18	—	—	—	—	—	0.0057	0.0110	0.0158	0.0203	0.0244
19	—	—	—	—	—	—	—	0.0053	0.0101	0.0146
20	—	—	—	—	—	—	—	—	—	0.0049

i \ n	41	42	43	44	45	46	47	48	49	50
1	0.3940	0.3917	0.3894	0.3872	0.3850	0.3830	0.3803	0.3789	0.3770	0.3751
2	0.2719	0.2701	0.2684	0.2667	0.2651	0.2635	0.2620	0.2604	0.2589	0.2574
3	0.2357	0.2345	0.2334	0.2323	0.2313	0.2302	0.2291	0.2281	0.2271	0.2260
4	0.2091	0.2085	0.2078	0.2072	0.2065	0.2058	0.2052	0.2045	0.2038	0.2032
5	0.1876	0.1874	0.1871	0.1868	0.1865	0.1862	0.1859	0.1855	0.1851	0.1847
6	0.1693	0.1694	0.1695	0.1695	0.1695	0.1695	0.1695	0.1693	0.1692	0.1691
7	0.1531	0.1535	0.1539	0.1542	0.1545	0.1548	0.1550	0.1551	0.1553	0.1554
8	0.1384	0.1392	0.1398	0.1405	0.1410	0.1415	0.1420	0.1423	0.1427	0.1430
9	0.1249	0.1259	0.1269	0.1278	0.1286	0.1293	0.1300	0.1306	0.1312	0.1317
10	0.1123	0.1136	0.1149	0.1160	0.1170	0.1180	0.1189	0.1197	0.1205	0.1212
11	0.1004	0.1020	0.1035	0.1049	0.1062	0.1073	0.1085	0.1095	0.1105	0.1113
12	0.0891	0.0909	0.0927	0.0943	0.0959	0.0972	0.0986	0.0998	0.1010	0.1020
13	0.0782	0.0804	0.0824	0.0842	0.0860	0.0876	0.0892	0.0906	0.0919	0.0932
14	0.0677	0.0701	0.0724	0.0745	0.0765	0.0783	0.0801	0.0817	0.0832	0.0846
15	0.0575	0.0602	0.0628	0.0651	0.0673	0.0694	0.0713	0.0731	0.0748	0.0764
16	0.0476	0.0506	0.0534	0.0560	0.0584	0.0607	0.0628	0.0648	0.0667	0.0685
17	0.0379	0.0411	0.0442	0.0471	0.0497	0.0522	0.0546	0.0568	0.0588	0.0608
18	0.0283	0.0318	0.0352	0.0383	0.0412	0.0439	0.0465	0.0489	0.0511	0.0532
19	0.0188	0.0227	0.0263	0.0296	0.0328	0.0357	0.0385	0.0411	0.0436	0.0459
20	0.0094	0.0136	0.0175	0.0211	0.0245	0.0277	0.0307	0.0335	0.0361	0.0386
21	—	0.0045	0.0087	0.0126	0.0163	0.0197	0.0229	0.0259	0.0288	0.0314
22	—	—	—	0.0042	0.0081	0.0118	0.0153	0.0185	0.0215	0.0244
23	—	—	—	—	—	0.0039	0.0076	0.0111	0.0143	0.0174
24	—	—	—	—	—	—	—	0.0037	0.0071	0.0104
25	—	—	—	—	—	—	—	—	—	0.0035

附表8　正态性检验统计量 W 的 α 分位数表

n	α		n	α		n	α	
	0.01	0.05		0.01	0.05		0.01	0.05
8	0.749	0.818	23	0.881	0.914	38	0.916	0.938
9	0.764	0.829	24	0.884	0.916	39	0.917	0.939
10	0.781	0.842	25	0.888	0.918	40	0.919	0.940
11	0.792	0.850	26	0.891	0.920	41	0.92	0.941
12	0.805	0.859	27	0.894	0.923	42	0.922	0.942
13	0.814	0.866	28	0.896	0.924	43	0.923	0.943
14	0.825	0.874	29	0.898	0.926	44	0.924	0.944
15	0.835	0.881	30	0.9	0.927	45	0.926	0.945
16	0.844	0.887	31	0.902	0.929	46	0.927	0.945
17	0.851	0.892	32	0.904	0.930	47	0.928	0.946
18	0.858	0.897	33	0.906	0.931	48	0.929	0.947
19	0.863	0.901	34	0.908	0.933	49	0.929	0.947
20	0.868	0.905	35	0.91	0.934	50	0.93	0.947
21	0.873	0.908	36	0.912	0.935			
22	0.878	0.911	37	0.914	0.936			

附表9　柯尔莫哥洛夫检验统计量 D_n 精确分布的临界值 $D_{n,\alpha}$ 表

n	$1-\alpha$			
	0.9	0.95	0.975	0.99
8	0.271	0.347	0.426	0.526
9	0.275	0.350	0.428	0.537
10	0.279	0.357	0.437	0.545
15	0.284	0.366	0.447	0.560
20	0.287	0.368	0.450	0.564
30	0.288	0.371	0.459	0.569
50	0.290	0.374	0.461	0.574
100	0.291	0.376	0.464	0.583
200	0.290	0.379	0.467	0.590

附表 10　柯尔莫哥洛夫检验统计量 D_n 的极限分布函数表

$$P(D_n > D_{n,\alpha}) = \alpha$$

α \ n	0.20	0.10	0.05	0.02	0.01
1	0.90000	0.95000	0.97500	0.99000	0.99500
2	0.68377	0.77639	0.84189	0.90000	0.92929
3	0.56481	0.63604	0.70760	0.78456	0.82900
4	0.49265	0.56522	0.62394	0.68887	0.73424
5	0.44689	0.50945	0.56328	0.62718	0.66863
6	0.41037	0.46799	0.51926	0.57741	0.61661
7	0.38148	0.43607	0.48342	0.63844	0.57581
8	0.35831	0.40962	0.45427	0.50654	0.54179
9	0.33910	0.38746	0.43001	0.47960	0.51332
10	0.32260	0.36866	0.40925	0.45662	0.48893
11	0.30829	0.35242	0.39122	0.43670	0.46770
12	0.29577	0.33815	0.37543	0.41918	0.44905
13	0.28470	0.32549	0.96143	0.40362	0.43247
14	0.27481	0.31417	0.34890	0.38970	0.41762
15	0.26588	0.30397	0.33760	0.37713	0.40420
16	0.25778	0.29472	0.32733	0.36571	0.39201
17	0.25039	0.28627	0.31796	0.35528	0.38086
18	0.24360	0.27851	0.30936	0.34569	0.37062
19	0.23735	0.27136	0.30143	0.33685	0.36117
20	0.23156	0.26473	0.29403	0.32866	0.35241
21	0.22617	0.25858	0.28724	0.32104	0.34427
22	0.22115	0.25283	0.28087	0.31394	0.33666
23	0.21645	0.24746	0.27490	0.30728	0.32954
24	0.21206	0.24242	0.26931	0.30104	0.32286
25	0.20790	0.23768	0.26404	0.29516	0.31657
26	0.20399	0.23320	0.25907	0.28962	0.31064
27	0.20030	0.22898	0.25438	0.28438	0.30502
28	0.19680	0.22497	0.24993	0.27942	0.29971
29	0.19343	0.22117	0.24571	0.27471	0.29466

续表

α \ n	0. 20	0. 10	0. 05	0. 02	0. 01
30	0. 19032	0. 21756	0. 24170	0. 27023	0. 28987
31	0. 18732	0. 21412	0. 23788	0. 26596	0. 28530
32	0. 18445	0. 21085	0. 23424	0. 26189	0. 28094
33	0. 18171	0. 20771	0. 23076	0. 25801	0. 27677
34	0. 17909	0. 20472	0. 22743	0. 25429	0. 27279
35	0. 17659	0. 20185	0. 22425	0. 25073	0. 26897
36	0. 17418	0. 19910	0. 22119	0. 24732	0. 26532
37	0. 17188	0. 19646	0. 21826	0. 24401	0. 26180
38	0. 16966	0. 19392	0. 21544	0. 24089	0. 25843
39	0. 16753	0. 19148	0. 21273	0. 23786	0. 25518
40	0. 16547	0. 18913	0. 21012	0. 23494	0. 25205
41	0. 16349	0. 18687	0. 20760	0. 23213	0. 24904
42	0. 16158	0. 18468	0. 20517	0. 22941	0. 24613
43	0. 15974	0. 18257	0. 20283	0. 22679	0. 24332
44	0. 15796	0. 18053	0. 20056	0. 22426	0. 24060
45	0. 15623	0. 17856	0. 19837	0. 22181	0. 23798
46	0. 15457	0. 17665	0. 19625	0. 21944	0. 23544
47	0. 15295	0. 17481	0. 19420	0. 21715	0. 23298
48	0. 15139	0. 17302	0. 19221	0. 21493	0. 23059
49	0. 14987	0. 17128	0. 19028	0. 21277	0. 22828
50	0. 14840	0. 16959	0. 18841	0. 21068	0. 22604
55	0. 14164	0. 16186	0. 17981	0. 20107	0. 21574
60	0. 13573	0. 15511	0. 17231	0. 19267	0. 20673
65	0. 13052	0. 14913	0. 16567	0. 18525	0. 19877
70	0. 12586	0. 14381	0. 15975	0. 17863	0. 19167
75	0. 12167	0. 13901	0. 15442	0. 17268	0. 18528
80	0. 11787	0. 13467	0. 14960	0. 16728	0. 17949
85	0. 11442	0. 13072	0. 14520	0. 16236	0. 17421
90	0. 11125	0. 12709	0. 14117	0. 15786	0. 16938
95	0. 10833	0. 12375	0. 13746	0. 15371	0. 16493
100	0. 10563	0. 12067	0. 13403	0. 14987	0. 16081

附表 11　柯尔莫哥洛夫检验统计量 D_n 的极限分布函数表

$$K(\lambda)=\lim_{n\to\infty}P(D_n\leqslant\lambda/\sqrt{n})=\sum_{j=-\infty}^{\infty}(-1)^j\cdot\exp(-2j^2\lambda^2)$$

λ	0	0.01	0.02	0.03	0.04	0.05	0.06	0.07	0.08	0.09
0.2	0.000000	0.000000	0.000000	0.000000	0.000000	0.000000	0.000000	0.000000	0.000001	0.000004
0.3	0.000009	0.000021	0.000046	0.000091	0.000171	0.000303	0.000511	0.000826	0.001285	0.001929
0.4	0.002808	0.003972	0.005476	0.007377	0.009730	0.012590	0.016005	0.020022	0.024682	0.030017
0.5	0.036055	0.042814	0.050306	0.058534	0.067497	0.077183	0.087577	0.098656	0.110395	0.122760
0.6	0.135718	0.149229	0.163225	0.177153	0.192677	0.207987	0.223637	0.239582	0.255780	0.272189
0.7	0.288756	0.305471	0.322265	0.339113	0.355981	0.372833	0.389640	0.406372	0.423002	0.439505
0.8	0.455857	0.472041	0.488030	0.503808	0.519366	0.534682	0.549744	0.564546	0.579070	0.593316
0.9	0.607270	0.620928	0.634286	0.647338	0.660082	0.672516	0.684630	0.696444	0.707940	0.719126
1.0	0.730000	0.740566	0.750826	0.760780	0.770434	0.779794	0.788860	0.797636	0.806128	0.814342
1.1	0.822282	0.829950	0.837356	0.844502	0.851394	0.858038	0.864442	0.870612	0.876548	0.882258
1.2	0.887750	0.893030	0.898104	0.902972	0.907643	0.912132	0.916432	0.920556	0.924505	0.928283
1.3	0.931908	0.925370	0.938682	0.941848	0.944872	0.947756	0.950512	0.953142	0.955650	0.958040
1.4	0.960318	0.962486	0.964552	0.966516	0.968382	0.970158	0.971846	0.973448	0.974970	0.976412
1.5	0.977782	0.979080	0.980310	0.981476	0.982578	0.983622	0.984610	0.985544	0.986426	0.987260
1.6	0.988048	0.988791	0.939492	0.990154	0.990777	0.991364	0.991917	0.992438	0.992928	0.993389
1.7	0.993823	0.994230	0.994612	0.994972	0.995309	0.995625	0.995922	0.996200	0.996460	0.996704
1.8	0.996932	0.997146	0.997346	0.997533	0.979707	0.997870	0.998023	0.998145	0.998297	0.998421
1.9	0.998536	0.998644	0.998744	0.998837	0.998924	0.999004	0.999079	0.999149	0.999133	0.999273
2.0	0.999329	0.999380	0.999428	0.999474	0.999516	0.999552	0.999588	0.999620	0.999650	0.999680
2.1	0.999705	0.999728	0.999750	0.999770	0.999790	0.999806	0.999822	0.999838	0.999852	0.999864
2.2	0.999874	0.999886	0.999896	0.999904	0.999912	0.999920	0.999926	0.999934	0.999940	0.999944
2.3	0.999949	0.999954	0.999958	0.999962	0.999965	0.999968	0.999970	0.999973	0.999976	0.999978
2.4	0.999980	0.999982	0.999984	0.999986	0.999987	0.999988	0.999988	0.999990	0.999991	0.999992

附表12　随机数表

53 74 23 99 67	61 32 28 69 84	94 62 67 86 24	98 33 41 19 95 47	53 53 38 09
63 38 06 86 54	99 00 65 26 94	02 82 90 23 07	79 62 67 80 60 75	91 12 81 19
35 80 53 21 46	06 72 17 10 91	25 21 31 75 96	49 28 24 00 49 55	65 79 78 07
63 43 36 82 69	65 51 18 37 88	61 38 44 12 45	32 92 85 88 65 54	34 81 85 35
98 25 37 55 26	01 91 82 81 46	74 71 12 94 97	24 02 71 37 07 03	92 13 66 75
02 63 21 17 69	71 50 80 89 56	38 15 70 11 48	43 40 45 86 98 00	83 26 91 03
64 55 22 21 82	48 22 28 06 00	61 54 13 43 91	82 78 12 23 29 06	66 24 12 27
85 07 26 13 89	01 10 07 82 04	59 63 69 36 03	69 11 15 83 80 13	29 54 19 28
58 54 26 24 15	51 54 44 82 00	62 61 65 04 69	38 18 65 18 97 85	72 13 49 21
35 85 27 84 87	61 48 64 56 26	90 18 48 13 26	37 70 15 42 57 65	64 80 39 07
03 92 18 27 46	57 99 16 95 56	30 33 72 85 22	84 64 38 56 98 99	01 30 98 64
62 63 30 27 59	37 75 41 66 48	86 97 80 61 45	23 53 04 01 63 45	76 08 64 27
08 45 93 15 22	60 21 75 46 91	93 77 27 85 42	23 88 61 08 84 69	62 03 42 73
07 08 55 18 40	45 44 75 13 90	24 94 96 61 02	57 55 66 83 15 73	42 37 11 61
01 85 89 95 66	51 10 19 34 88	15 84 97 19 75	12 76 39 46 78 64	63 91 08 25
72 84 71 14 35	19 11 58 49 26	50 11 17 17 76	86 31 57 20 18 95	60 78 46 75
88 78 28 16 84	13 52 53 94 53	75 45 69 30 96	73 89 65 70 31 99	17 43 48 76
45 17 75 65 57	23 40 19 72 12	25 12 74 75 67	60 40 60 81 19 24	62 01 61 16
96 76 28 12 54	22 01 11 94 25	71 96 16 16 83	68 64 36 74 45 19	59 50 88 92
43 31 67 72 30	24 02 94 03 63	38 32 36 66 02	69 36 38 25 39 48	03 45 15 22
50 44 66 44 21	66 06 53 05 62	68 15 54 35 02	42 35 48 96 32 14	52 41 52 48
22 66 22 15 86	26 63 75 41 99	58 42 36 72 24	58 37 52 18 51 03	37 18 39 11
96 24 40 14 51	23 22 30 88 57	95 67 47 29 83	94 69 40 06 07 18	16 36 78 86
31 73 91 61 19	60 20 72 93 48	98 57 07 23 69	65 95 39 69 58 56	80 30 19 44
78 60 73 99 84	43 89 94 36 45	56 69 47 07 41	90 22 91 07 12 78	35 34 08 72

参考文献

[1] 茆诗松，吕晓玲．数理统计学（第2版）[M]．北京：中国人民大学出版社，2016.

[2] 师义民，徐伟，秦超英，许勇．数理统计（第四版）[M]．北京：科学出版社，2015.

[3] 陈希孺．数理统计引论 [M]．北京：科学出版社，1981.

[4] 茆诗松，王静龙，濮晓龙．高等数理统计（第二版）[M]．北京：高等教育出版社，2006：347－348.

[5] 复旦大学编．概率论 [M]．北京：人民教育出版社，1979：164－166.

[6] Andrew Geman, John B. Carlin. 贝叶斯数据分析（Bayes Data Analysis）[M]．机械工业出版社，2016.

[7] 吴喜之．贝叶斯数据分析——基于 R 与 Python 的实现 [M]．北京：中国人民大学出版社，2020.

[8] 陈希孺．数理统计学简史 [M]．长沙：湖南教育出版社，2002.

[9] E. L. Lehmann. 点估计理论（第二版）[M]．郑忠国等译．北京：中国统计出版社，2005.

[10] 李贤平．概率论基础（第三版）[M]．北京：高等教育出版社，2010.

[11] 茆诗松，汤保材．贝叶斯统计 [M]．北京：中国统计出版社，1999.